Gunther Geserick/Klaus Vendura/Ingo Wirth

Endstation Tod

Gunther Geserick/Klaus Vendura/Ingo Wirth

END STATION TOD

Gerichtsmedizin im Katastropheneinsatz

Militzke Verlag

Die Autoren danken allen, die zum Gelingen des Buches beigetragen haben.

*Besonders sollen genannt werden: Herr Peter Jacobs,
Herr Michael Rossow, Herr Detlef Kuhlmann,
Frau Lilo Berg, Frau Kerstin Banck und Herr Christoph Weber.*

Die Quellentexte wurden, um die Authentizität zu wahren, in der zur jeweiligen Zeit üblichen Rechtschreibung und Zeichensetzung belassen.

Bibliografische Information der Deutschen Bibliothek

Die Deutsche Bibliothek verzeichnet diese Publikation in der Deutschen Nationalbiografie; detaillierte bibliografische Daten sind im Internet über http://dnb.dbb.de abrufbar.

1. Auflage

ISBN 3-86189-284-7

Lektorat: Monika Werner
Umschlaggestaltung und Layout: Ralf Thielicke
Satz und Gestaltung: Claudia Hofmann
Druck und Bindung: Jütte-Messedruck Leipzig GmbH

Inhalt

Leben mit der Gefahr

Uns modernen Menschen geht der Begriff Katastrophe meist leicht von den Lippen. Wir gebrauchen ihn selbst dann, wenn nur kleine Missgeschicke, harmlose Unpässlichkeiten oder andere, ganz banale Negativerlebnisse gemeint sind.

Das Wort kommt aus der altgriechischen Tragödie. Es bezeichnete ursprünglich ein Geschehen auf der Bühne: nämlich die jähe Wende der Handlung zum Schlimmen. Mit der Zeit übertrug sich der Begriff auf das Geschehen in der entfesselten Natur. Und schließlich – mit dem technischen Fortschritt – kamen auch immer mehr von Menschen verursachte Katastrophen hinzu.

In diesem Buch ist von Katastrophen die Rede, die durch Leichtsinn, technische Mängel, Unachtsamkeit, unzureichende Baukontrolle, überzogenen Ehrgeiz und anderes menschliches Versagen ausgelöst worden sind und die meist viele Menschenleben gekostet haben. Von Katastrophen, die in Berlin oder im näheren und weiteren Umland geschehen sind und den Einsatz von Berliner Gerichtsmedizinern erforderlich gemacht haben. Die Namen der Opfer füllen viele Seiten in den Archivbüchern der ältesten gerichtsmedizinischen Einrichtung in Deutschland, des heutigen Instituts für Rechtsmedizin der zur Humboldt-Universität gehörenden Charité.

Welcher Art auch immer die Katastrophen sind, der Mensch versucht sich dagegen zu wappnen, indem er für den Ernstfall übt. Zum Beispiel so:

Am Sonnabend, dem 9. März 2002, geht im Tower des Flughafens Berlin-Schönefeld eine Meldung ein, die eine Notlandung ankündigt. Der Pilot einer im Anflug befindlichen Verkehrsmaschine teilt mit: »Explosion des rechten Triebwerks, sichtbare Schäden an der rechten Tragfläche, Kraftstoffaustritt.« Die Landung um 11.01 Uhr misslingt. Das Flugzeug zerbirst in drei Teile. Weitere Explosionen folgen, ein Brand bricht aus.

Es handelt sich um eine Notfallübung, die unter dem Namen Crash 2002 von mehreren hundert Rettungskräften (Feuerwehr, Hilfsorganisationen, Technisches Hilfswerk, Polizei, Bundesgrenzschutz, Flughafendienste) der Länder Berlin und Brandenburg durchgeführt wird. Eine große Berliner Tageszeitung schildert das imitierte Schreckensszenario: »Zwischen verstreuten Koffern liegen reglose Körper auf der Landebahn, aus den Wrackteilen gellen Hilfeschreie, über die Wiese irren rot angemalte ›Überlebende‹ des Unglücksfluges.«

Nichts ist improvisiert. Jeder Statist spielt eine vorgegebene Rolle. Die Rettungskräfte jedoch haben bis dahin nicht gewusst, was sie erwartet. Der Einsatz soll alle Beteiligten wie bei einem echten Massenunfall fordern.

Derartige Übungen können Katastrophen nicht verhindern, aber die Schadensfolgen mindern. Statistische Erhebungen weisen nach, wie notwendig solche Vorsorge ist. Weltweit geschehen kapitale Flugunfälle mit Toten und Verletzten in einem durchschnittlichen Abstand von etwa drei Wochen, ermittelte der Luftfahrtexperte Tim van Beveren im Jahr 1995. Andere Berechnungen ergaben einen schweren Unfall pro eine Million Starts und 15 zerstörte Flugzeuge mit durchschnittlich 1 000 Toten pro Jahr. Daran konnten auch die Weiterentwicklung der Sicherheitsvorschriften für die Zivilluftfahrt und die ständige technische Vervollkommnung der Flugzeuge kaum etwas ändern. Und dabei weisen die Zahlen aus dem zivilen Luftverkehr nur ein relativ geringes statistisches Risiko aus. Die Gefahren, im Straßen- und Schienenverkehr zu verunglücken, sind weitaus größer.

In früheren Jahrhunderten verursachten Überschwemmungen, Stürme, Erdbeben, Vulkanausbrüche oder Feuersbrünste die größten Unglücksfälle. Einen perfekten Schutz vor deren Folgen wird es nie geben. Von den knapp 40 größeren Naturkatastrophen der letzten drei Jahrzehnte in Deutschland forderten fünf mehr als ein Dutzend Todesopfer. Im November 1972 kamen beim so genannten Niedersachsen-Orkan 47 Menschen ums Leben. Vier Jahre später richtete der Orkan Capella vor allem an der Nordseeküste schwere Schäden an und löschte 27 Menschenleben aus. Infolge der extremen Kältewelle im Dezember 1996 und Januar 1997 starben 45 Menschen. Der Wintersturm Lothar am zweiten Weihnachtsfeiertag 1999 forderte 15, das Hochwasser an der Elbe und an der Donau im August 2002 insgesamt 13 Opfer. Doch die Zahlenverhältnisse haben sich geändert. Heute sind es menschliches Versagen und technische Ursachen, die zu den schwersten Unglücken führen. Solche Ereignisse wie die Reaktorexplosion in Tschernobyl mit tausenden Toten oder das Zugunglück von Eschede mit 101 Todesopfern machen deutlich, wie verletzlich unsere moderne Zivilisation ist. Wir leben in einer Weltrisikogesellschaft. Noch vor wenigen Jahren hielten die Menschen den Absturz eines Flugzeugs auf bewohntes Gebiet oder die Kollision von Schnellzügen für das gefährlichste Risiko. Mittlerweile wissen wir: Nicht nur mit dem technischen Fortschritt sind die Gefahren enorm gewachsen, es droht auch die organisierte Katastrophe, seit der Terrorismus den Zufall durch Absicht ersetzt hat.

Bei den Experten von Feuerwehr, Notfallmedizin, Polizei und Rechtsmedizin ist der Begriff Katastrophe umstritten. Sie verwenden eher Termini wie Großschadensereignis oder Massenunfall. Aus der Sicht der Opfer, aber auch von Augenzeugen und Hilfskräften, sind es immer entsetzliche Ereignisse. Im medizinischen Sinne handelt es sich um extreme Notsituationen, bei denen so viele Menschen getötet oder verletzt worden sind, dass die üblichen regionalen Versorgungsstrukturen nicht mehr ausreichen.

Sind die Interessen der Bundesrepublik betroffen, so dass sich der Generalbundesanwalt einschaltet, oder werden aus dem Ausland an die Bundesrepublik Anfragen zur Unterstützung gerichtet, wird die Identifizierungskommission (IDKO) des Bundeskriminalamtes aktiviert. Ihr gehören als ständige Mitglieder auch ein Rechtsmediziner und ein Zahnarzt an.

Auf Länderebene organisieren die Landeskriminalämter derartige Einsätze. Das Land Berlin darf in dieser Hinsicht als vorbildlich organisiert bezeichnet werden. Hier gibt es seit vielen Jahren eine Katastrophenkommission (KatKom) unter Führung eines leitenden Kriminalpolizisten. Von der KatKom werden seit 1991 jährlich Seminare abgehalten, auf denen Experten verschiedener Fachgebiete aus dem In- und Ausland über neue Erfahrungen und Forschungsergebnisse referieren, die bei der Bekämpfung von Katastrophenfolgen wichtig sein könnten. In zweijährlichen Abständen werden Übungen durchgeführt, die jeweils unterschiedliche Schadensfälle realitätsnah simulieren, um das Zusammenwirken der verschiedenen Dienststellen und medizinischen Einrichtungen wie der Polizei, der Feuerwehr, der Gesundheitsverwaltung, der Krankenhäuser, des Deutschen Roten Kreuzes, des Technischen Hilfswerkes und der Sachverständigen, speziell Rechtsmediziner und Zahnärzte, zu üben.

Dabei wird auch an der zentralen Sammel- und Untersuchungsstelle der Ernstfall geprobt. Im Krematorium Ruhleben sind Lagerungsmöglichkeiten für 600 Leichen sowie Sektionsräume mit vier Sektionstischen vorbereitet. Neben den Berliner Rechtsmedizinern beteiligen sich an den Übungen auch Kriminalpolizisten. Überdies obliegt der KatKom die Betreuung von überlebenden Opfern, Angehörigen und Helfern.

Das Regelwerk der Berliner Gesundheitsverwaltung über die medizinische Versorgung im Schadensfall unterscheidet größere Schadensereignisse mit örtlich begrenzten Schäden, deren Abwehr mit landeseigenen Kräften und Mitteln möglich ist, von Katastrophen, also Großschadensereignissen, die von den zuständigen Behörden mit eigenen Kräften und Mitteln nicht angemessen bewältigt werden können. Die rechtlichen Grundlagen werden durch das Katastrophenschutzgesetz, das Rettungsdienstgesetz und das Landeskrankenhausgesetz bestimmt. Darin sind unter anderem Alarmierung, Einsatzleitung, Erstversorgung, Verletztentransport, Aufnahmekrankenhäuser, Versorgung von Brandverletzten, Blutspendedienst und auch Leichenschau und Identifizierung von Leichen geregelt.

Berlin hat nicht nur im Zweiten Weltkrieg, der bisher größten von Menschen verursachten Katastrophe, bittere Erfahrungen gemacht. Seit dem ausgehenden 19. Jahrhundert mit der immer dichter werdenden Besiedelung und dem Ausbau der Verkehrswege blieben die deutsche Hauptstadt und ihr Umland von Massenunfällen nicht verschont.

Schwere Zugunglücke, wie das im Jahr 1883 in Steglitz oder das von 1908 am U-Bahn-Knotenpunkt Gleisdreieck, große Baustellenkatastrophen, so der Einsturz eines S-Bahn-Tunnels 1935, Sportunfälle wie der Brand auf der Schöneberger Radrennbahn 1909 oder Schiffsexplosionen wie 1951 am Treptower Hafen forderten viele Menschenleben. Drei Flugzeugunglücke 1972, 1986 und 1989 im Umkreis des Flughafens Schönefeld sind tragische Daten der Berliner Luftfahrt.

In der DDR-Zeit wurden die Gerichtsmediziner des Berliner Charité-Instituts aufgrund der personellen Stärke und des großen Versorgungsgebiets – neben dem Ostteil der Stadt gehörte dazu auch das Gebiet des heutigen Landes Brandenburg bis zur Errichtung von Bezirksinstituten in Potsdam und Frankfurt/Oder 1983/84 – wiederholt zu Einsätzen bei Massenunfällen auch nach außerhalb gerufen. Die folgenschwersten waren die Zugunglücke von Langenweddingen 1967 und Lebus 1977.

Wir Berliner Rechtsmediziner waren gezwungen, unsere Erfahrungen bei Großeinsätzen verschiedener Art zu sammeln. Darüber möchten wir – soweit möglich und zumutbar – dem Leser Auskunft geben, um Einsichten zu vermitteln und das Verständnis für die auftretenden Probleme, Grenzen und Möglichkeiten der Rechtsmedizin bei derartigen Ereignissen zu fördern.

Nicht selten hören wir die Frage, was denn eine Untersuchung von verstümmelten oder verbrannten Katastrophenopfern noch für einen Sinn mache. In den nachfolgenden Abschnitten wollen wir erläutern, dass Rechtsmediziner nicht nur bei der Feststellung der Todesursachen gebraucht werden, sondern dass wir auch bei der Bergung und Identifizierung von Leichen sowie bei der Ermittlung des Todeszeitpunkts und des Unfallhergangs helfen können. Der Leser erfährt, wie die Rechtsmedizin in die Katastrophenbekämpfung eingegliedert ist und welchen Beitrag unser Fach speziell bei der Ursachenermittlung leisten kann. In diesem Sinne ist der vorliegende Band auch eine Fortsetzung unseres Buches »Zeitzeuge Tod«, das vor zwei Jahren in demselben Verlag erschien und spektakuläre Einzelfälle der Berliner Gerichtsmedizin – Serienmorde, politische Morde und Selbstmorde – behandelte.

Zu den Kollegen mit den meisten Erfahrungen bei der gerichtsmedizinischen Untersuchung von Massenunfällen gehört Herr Professor Dr. Hansjürg Strauch, stellvertretender Direktor des Instituts für Rechtsmedizin der Berliner Charité. Er gab uns viele Anregungen und begleitete die Entstehung dieses Buches mit wertvollen Hinweisen. Für die gewährte Unterstützung gilt Herrn Professor Strauch unser besonderer Dank.

Berlin, im Januar 2003
Gunther Geserick, Klaus Vendura, Ingo Wirth

Lilienthals Tod

Stölln, 1896

Der erste Mensch, der dem Traum vom Fliegen ganz nahe kam, bezahlte das mit seinem Leben. Sein Ende ist in einem frühen Archivbuch des Berliner Leichenschauhauses verzeichnet. Es enthält die Eintragungen über die eingelieferten Toten der Jahre 1896 und 1897. Der Einband ist aus feinem, braunem Leinen gefertigt und schon etwas abgegriffen. Der Foliant ist 38 Zentimeter hoch, 24 Zentimeter breit und vier Zentimeter dick. Auf kartonstarkem, vergilbtem Papier mit hauchdünnen blauen Linien sind die Angaben zu den Verstorbenen akkurat festgehalten. Unter der Nummer 801 mit dem Datum 10. August 1896 findet man die Eintragungen zum Flugpionier Otto Lilienthal. Als Todesursache wurde vermerkt: Wirbelbruch.

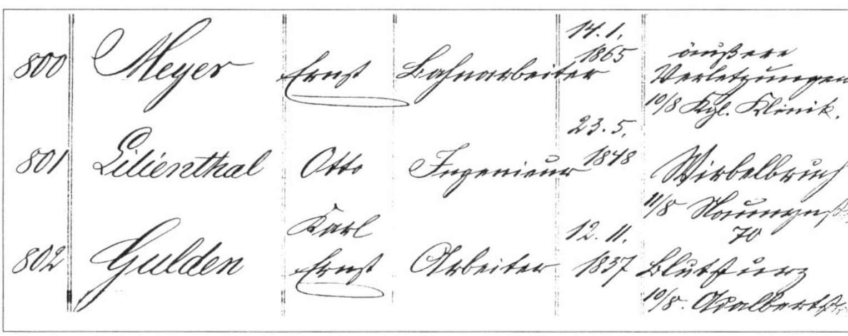

800	Meyer	[illegible]	[illegible]	14.1. 1865	äußere Verletzungen 10/8 Kgl. Klinik.
801	Lilienthal	Otto	Ingenieur	23.5. 1848	Wirbelbruch 11/8 [illegible] 70
802	Gulden	Karl [illegible]	Arbeiter	12.11. 1837	[illegible] 10/8 [illegible]

Eintragungen zu Otto Lilienthal im Archivbuch des Instituts für Rechtsmedizin der Charité

Otto Lilienthal, Ingenieur und Unternehmer, wollte es den Vögeln gleichtun. Seit seiner Kindheit in Anklam bewegte ihn die Frage, ob und wie der Mensch fliegen könne. Als Vierzehnjähriger unternahm er zusammen mit Bruder Gustav im Jahr 1862 erste Flugversuche mit primitiven Gestellen aus Kiefernleisten, Buchenspanbrettchen und Leinen. Das geschah nachts, denn die beiden wollten dem Gespött der Klassenkameraden entgehen. Das Flügelpaar von vier Meter Spannweite, das sie sich anschnallten, erlaubte ihnen nur verlängerte kleine Sprünge. Ein Onkel prophezeite ihnen, sie würden sich dabei »den Hals brechen«.

Flugpionier Otto Lilienthal, abgestürzt 1896

Wohin auch immer der berufliche Lebensweg den jungen Mann aus Vorpommern führte – der Forscherdrang ließ ihn nicht mehr los.

Er besuchte die Provinzialgewerbeschule in Potsdam und die Königliche Gewerbeakademie in Berlin, zog als Gardefüsilier in den Deutsch-Französischen Krieg von 1870/71. In der Köpenicker Straße 113 in Berlin gründete er mit seinem Bruder Gustav eine Fabrik für Heizungen, Transmissionen und schmiedeeiserne Riemenscheiben. Als Spezialität priesen sie einen »gefahrlosen Dampfkessel« an. Sie erfanden einen Schlangenrohrkessel, der laut Firmenwerbung weder Fundament noch Kesselhaus brauchte, und eine Schrämmaschine für den sächsischen Bergbau, die großen Gewinn abwarf. Insgesamt 20 Patente konnten die Brüder anmelden. Eine ihrer frühen Erfindungen war ein steinerner Spielzeugsatz mit Würfeln, Prismen, Säulen und Pyramiden aus einem Gemisch aus Kreide, Sand, Farbe und Firnis. Ihr so genannter Anker-Steinbaukasten wurde weltberühmt.

Seine Überschüsse aus dem Spielzeugverkauf steckte Lilienthal in die Befriedigung seiner Leidenschaften. So wie er den Traum vom Menschenflug pflegte, schwärmte er auch für das Theater, das damals – in einer Zeit ohne Kino und Fernsehen – sehr populär war. Für das Berliner Ostend-Theater in der Großen Frankfurter Straße deckte er die Schulden und übernahm die betriebswirtschaftliche Führung. Als einmal für Schillers »Die Jungfrau von Orleans« der Darsteller des

Herolds ausfiel, sprang Lilienthal ein. Später spielte er in einem heute vergessenen Volksstück den Räuberhauptmann, dann schrieb er sogar selbst eine Art Schwank.

Sonnenbö am Gollenberg

Mit seinen künstlerischen Ambitionen erntete der Unternehmer und Erfinder keinen Ruhm. Dagegen machten seine Bemühungen, »mit dem Wind vertraut zu werden«, und seine technischen Tüfteleien zum Umgang mit dem »trügerischen Gesellen« rasche Fortschritte. Aufsehen erregte er mit seinem Buch »Der Vogelflug als Grundlage der Fliegekunst« aus dem Jahr 1889.

Lilienthal war überzeugt, dass der Gleitflug die notwendige Vorstufe zum motorisierten Flug sein müsse, obwohl sein englischer Konkurrent Hiram Maxim spottete, damit bewege man sich nur wie ein Flughörnchen. In der Nähe seines Hauses in Lichterfelde, das damals noch nicht zu Berlin gehörte, ließ sich Lilienthal einen 15 Meter hohen Sandhügel aufschütten, den er Fliegeberg nannte. Und als dieser zu klein wurde, zog er in die Rhinower Berge nordwestlich von Berlin, wo ihm bis zu 300 Meter weite Flüge gelangen. Als Schutzvorrichtung montierte er an seinen Gleiter eine halbkreisförmig gebogene Weidenrute, die bei einer Bruchlandung als Stoßfänger wirken sollte. Dieser Prellbügel soll ihm einmal bei einem Absturz aus etwa 20 Meter Höhe das Leben gerettet haben.

Ob er die Weidenrute auch an dem Gleiter angebaut hatte, mit dem er am 9. August 1896 seine Flugversuche unternahm, ist strittig. Das Wetter schien günstig. Es war ein Sommertag mit einer stabilen Hochdrucklage. In schwachem Wind trieben Schönwetterwolken am Himmel. Lilienthal hatte sich wie üblich ausgerüstet mit Flanellhemd, Knickerbocker, einer eng anliegenden Kappe und – für den Fall einer harten Landung – mit Polstern an den Knien und festen Stiefeln. Ein Handlanger half, den Gleiter auf den Hügel zu tragen. Dann packte Lilienthal das vordere Querholz und lief mit seinem selbst gebauten »Normal-Segelapparat« den Hang des Gollenbergs hinab, etwa wie es heute Gleitflieger beim Start tun.

Der erste Flug gelang. Von dem Segelpiloten freilich erforderte das artistische Leistungen in 15 Meter Höhe. In einem Augenzeugen-

Otto Lilienthal mit einem
selbst konstruierten Schlagflügelapparat

bericht von einem vorangegangenen Flugversuch Lilienthals ist die ganze Abenteuerlichkeit beschrieben. »Der Apparat neigte sich zur Seite, als sei er von einer Bö unter der linken Tragfläche erfaßt worden«, beobachtete der amerikanische Physiker Dr. Robert W. Wood von der Hügelkuppe. »Ich sah einen Augenblick lang die Oberseite des Fluggeräts; dann brachte er [Lilienthal] die Maschine mit einer Beinbewegung wieder ins Gleichgewicht und segelte unter mir über die Felder am Fuße des Berges davon, wobei er nach dem Heuhaufen trat, über den er hinwegflog. Dicht über dem Boden warf er die Beine nach vorn, und die Maschine kam trotz ihrer hohen Geschwindigkeit sofort zum Stillstand, indem sie sich aufrichtete, so daß der Wind unter die Tragflächen fahren konnte, und er ließ sich sanft auf die Erde nieder.«

Lilienthal selbst war nicht so närrisch, dass er nicht geahnt hätte, in welche Gefahren er sich begab. Einem Ingenieur im bayerischen Landsberg, dem er 1895 einen seiner für kleinere Luftsprünge geeigneten »Normal-Segelapparat zur Übung des Kunstflugs« verkaufte, legte er die Warnung bei: »Es ist wirklich kein Spaß, ohne Boden unter den Füßen in der Luft hin- und hergeschleudert zu werden. Ich rechne es mir selber als mein größtes flugtechnisches Verdienst an, daß ich bei all meinen Versuchen noch keinen Knochen gebrochen habe. Also bedenken Sie, daß Sie nur ein Genick zum Zerbrechen haben.«

Beim zweiten Startversuch am 9. August 1896 vom Gollenberg bei Stölln geschah dem Konstrukteur genau das. Kurz nach dem Start das übliche Rauschen des Windes in den Spanndrähten. Doch dann schien es, als ob der Flugapparat in der Luft still stehe und nach hinten abzukippen drohe. Eine Sonnenbö, dieses von den Segelfliegern auch heute noch gefürchtete plötzliche Ablösen erwärmter Luft in Bodennähe, hatte den Experimentator erfasst. Lilienthal warf Oberkörper und Beine nach vorn, um Ausgleich zu schaffen und die Balance wiederzugewinnen. In diesem Moment sprang der Wind um, und so stürzte der Gleitflieger aus 15 bis 20 Meter Höhe zu Boden. Ob ihn der Prellbügel vor den schweren Verletzungen hätte bewahren können, erscheint zweifelhaft.

Die Helfer fanden den Verunglückten am Fuße des Gollenbergs mit gelähmtem Unterkörper. Sie holten einen Pferdewagen und brachten den Verletzten in den Gasthof von Stölln. An einen Rettungsdienst war damals noch nicht zu denken. Erst anderentags konnte der Abgestürzte in einem Güterwagen nach Berlin transportiert werden. Brandenburgs Straßen waren – wenn überhaupt – mit Kopfstein gepflastert, einen Autoverkehr gab es praktisch noch nicht. Der Verunglückte hatte von den Strapazen des Transports kaum noch etwas mitbekommen. Er war nicht mehr bei Bewusstsein. Am Abend starb er.

Wirbelbruch und hoher Querschnitt

Welcher Art der Wirbelsäulenbruch bei Lilienthal war, lässt sich heute nicht mehr sagen. Zur Absturzhöhe und zum Sturzablauf ebenso wie zu den medizinischen Befunden liegen keine genauen Informationen vor. Selbst wenn Krankenunterlagen zur Verfügung stünden, die Basis für bildgebende Verfahren in der medizinischen Diagnostik war gerade erst im Jahr zuvor durch Professor Dr. Wilhelm Conrad Röntgen mit der Entdeckung der nach ihm benannten Strahlen gelegt worden. Er hatte am Physikalischen Institut der Universität Würzburg bei Experimenten mit Kathodenstrahlen eine neue Strahlungsart gefunden, die er X-Strahlen nannte. Dafür erhielt er 1901 den ersten Nobelpreis für Physik. An den praktischen Einsatz war mithin im Sommer 1896 noch nicht zu denken.

Lilienthal überlebte den Sturz um etwa einen Tag. Demnach waren die inneren Verletzungen nicht sofort tödlich. Als Todesursache ist im Archivbuch des Berliner Instituts ein *Wirbelbruch* verzeichnet.

Ein Bruch der Wirbelsäule kann – wie im Fall Lilienthal – beim Sturz aus großer Höhe entstehen. In erster Linie ist dabei mit einer Stauchung durch axiale Kräfte, gleichzeitig aber auch mit Drehmomenten zu rechnen. Überdies kann ein wuchtiges Aufschlagen des Körpers neben diversen Knochenbrüchen des übrigen Rumpfskeletts und der Gliedmaßen zu einem Auseinanderbrechen der Wirbelsäule mit gegenseitiger Verschiebung der Bruchenden führen.

Das eigentliche Problem liegt in der Verletzung des Rückenmarks. Diese kann von einer Prellung oder Quetschung bis zur vollständigen Zerreißung reichen. Die Lähmung einzelner oder aller vier Gliedmaßen ist eine gemeinhin bekannte Folge und oft nicht oder nicht vollständig rückbildungsfähig. Das Ausmaß der Schäden hängt neben der Schwere auch von der Höhenlokalisation der Verletzung ab.

Besonders gefährlich ist ein so genannter hoher Querschnitt, bei dem die Hals- oder die obere Brustwirbelsäule mit dem zugehörigen Rückenmarkabschnitt betroffen sein können. Bei einer solchen Schädigung kommt es zu einer Lähmung von Teilen der Atemmuskulatur des Brustkorbs. Moderne Diagnostik und Therapie einschließlich der vorübergehenden maschinellen Beatmung bei Ausfall der Atemtätigkeit bieten heute solchen Patienten weit bessere Überlebenschancen als vor gut einhundert Jahren.

Bezeichnend für den Kenntnisstand und die geringen medizinischen Möglichkeiten der damaligen Zeit bei einer Wirbelsäulenverletzung ist im Übrigen auch die Art der Lagerung und des Transports. Sehr leicht könnten bei der Beförderung des Verletzten in einem Pferdewagen und in einem Güterwagen zusätzliche Schäden entstanden sein. Bereits bei der Bergung eines solchen Patienten am Unfallort bemüht man sich heute, durch Einsatz von mindestens drei Helfern, Benutzung einer stabilisierenden Halskrause und möglichst gleichförmig-waagerechtes Anheben des Verletzten jegliche unnötige Bewegung im geschädigten Wirbelsäulenabschnitt zu vermeiden.

Otto Lilienthal, ein Berliner Ikarus, bezahlte seinen Forschergeist mit dem Leben wie einst der Schneider von Ulm. Der Schwabe Albrecht Ludwig Berblinger hatte im Jahr 1811 versucht, von der Adlerbastei im Südosten seiner Heimatstadt herabzusegeln, und war dabei in der Donau gelandet. Bertolt Brecht schrieb über diesen frühen Gleitflieger ein Gedicht. Nach dem Absturz des Schneiders hämt der fortschrittsfeindliche Bischof: »Der Mensch ist kein Vogel. Es wird nie ein Mensch fliegen.«

Die Nachfahren, die sich kaum noch einen Urlaub ohne Flugreise vorstellen können, haben dem Flugpionier in Anklam ein Denkmal gesetzt. Dort existiert auch seit Jahren ein Otto-Lilienthal-Museum. An seinem 106. Todestag wurde im August 2002 an seiner Wirkungsstätte in Stölln ein Lilienthal-Centrum gegründet. In einer alten Brennerei will der Otto-Lilienthal-Verein auf einer Fläche von 800 Quadratmetern Fotos, Dokumente und Flugapparate ausstellen, aber noch fehlen finanzielle Mittel und auch Exponate. Ganz in der Nähe liegt der jetzige Gasthof »Zum 1. Flieger«, in dem schon Lilienthal logiert und auch seinen letzten Lebenstag verbracht hat.

Die Geschichte hat nicht den Ignoranten Recht gegeben, sondern den Lilienthals. Tragische Unfälle freilich blieben nicht ausgeschlossen und begleiten die Berliner Luftfahrt von ihren Anfängen bis heute.

Feuerball in der Küche

Britz, 1935

Knapp vier Jahrzehnte nach Lilienthals Tod hatte der technische Fortschritt aus Berlin eine moderne Weltstadt mit regem Flugverkehr gemacht. Ratternde Propellermaschinen über ihren Dächern waren für die Berliner zu einer täglichen Selbstverständlichkeit geworden.

Die Stadt dehnte sich aus wie ein Hefekuchen. Im Süden der deutschen Metropole wurde das Tempelhofer Feld, ein alter kaiserlicher Exerzierplatz, in einen Großflughafen verwandelt. Dazu mussten 1,5 Millionen Quadratmeter Gelände mit einem Höhenunterschied von bis zu vier Metern eingeebnet werden. Verschiedene Erdschichten waren zu vermischen, um zusammen mit den anschließend ausgebrachten 850 Zentnern Grassamen die damals notwendige Grasnarbe für die Rollbahnen anzulegen.

Am 8. Oktober 1923 konnte ein erster Teilabschnitt freigegeben werden, bestehend aus zwei Holzschuppen zur Wartung und Reparatur der Flugzeuge sowie einer Baracke als Abfertigungsgebäude. Inzwischen war Leichtmetall der dominierende Stoff, aus dem das Fluggerät gebaut wurde, doch bequem und gefahrlos war eine Luftreise noch nicht. In einer Verhaltensanweisung wurden die damaligen Passagiere unter anderem belehrt: Beim Einstieg nicht den Propeller berühren, Schutzbrille und Lederkappe mitnehmen, beim Abflug nicht mit Schal oder Hut über Bord winken, keine Gegenstände über Bord werfen, Alkoholgenuss meiden. Wichtig auch: »Hochflieger sollten vorher Wasser abschlagen und keine Speisen wie Erbsen, Bohnen oder Schwarzbrot zu sich nehmen, die zu übermäßiger Gasbildung in den Därmen führen.«

Bereits 1925 wurden 19 in- und ausländische Verbindungen regelmäßig beflogen, so nach Moskau, London, Zürich und Amsterdam. Am 1. Mai 1926 richtete man die erste Nachtflugstrecke der Welt nach Königsberg ein. Ab 1927 starteten und landeten die Piloten nicht mehr einfach auf Sicht, sondern auch im Blindflug – dank Höhenmesser, Wendezeiger, Steigegeschwindigkeitsmesser, Funkpeilung

Flughafen Berlin-Tempelhof, um 1935

und Kompass, Geräten also, von denen Lilienthal noch nicht einmal träumen konnte.

In Tempelhof war das weltweit bewunderte Luftkreuz Europas entstanden. Zwischen 1924 und 1928 stieg die Zahl der abgefertigten Flüge pro Jahr von 940 auf 20 800, die der Fluggäste von 1 700 auf 40 700. Im Jahr 1935 wurden 200 000 Passagiere registriert. Im Sommer 1937 zählte man täglich 84 Abflüge und Landungen allein im Personenverkehr, die Post-, Fracht- und Sonderflüge nicht mitgerechnet. Berlin lag damit deutlich vor den Flugfrequenzen der anderen großen europäischen Flugplätze in London, Paris und Amsterdam. Die Nationalsozialisten, seit 1933 an der Macht, planten den Ausbau des Tempelhofer Feldes für die Abfertigung von sechs Millionen Luftreisenden.

Routineflug in den Tod

Die Folgen für die Anwohner waren nicht immer angenehm. Seit mehr als einem Dutzend Jahren ertrugen die Leute in Neukölln und Tempelhof den Fluglärm und manches andere Ungemach. Ein erster scheuer Bürgerprotest kam auf. Den Tempelhofer Hausfrauen missfiel die Art und Weise, wie Passagiere nach dem Start mit der Luftkrankheit fertig zu werden versuchten. Man konnte damals die Schiebefenster der niedrig fliegenden Maschinen ohne Probleme per Hand öffnen, um Erbrochenes selbst zu entsorgen. Manche Tüte landete mit leisem Knall auf einem der Balkons zwischen der Wäsche. Die erbosten Hausfrauen schlossen sich deshalb zu einer Notgemeinschaft gegen die Verschmutzungsgefahren zusammen und beschwerten sich beim Verkehrsleiter des Flugplatzes. Der reichte den Protest weiter an die Flugplatzdirektion. Diese wollte für den Schaden nicht aufkommen und formulierte das Startreglement neu. Fortan sammelte man von Passagieren mit Magenproblemen die Tüten an Bord ein.

Dass von einem innerstädtischen Flughafen in dicht besiedeltem Stadtgebiet auch größere Gefahren drohen, ahnte man zu dieser Zeit durchaus. Aber im Rausch des verkehrstechnischen Fortschritts wurde das weitgehend verdrängt. Die Faszination der modernen Technik und die Bequemlichkeit der kurzen Anreise galten als die stärkeren Argumente und stimmten die Berliner stolz. So auch, als der Diplom-Ingenieur Berthold von Freydorf am 5. Juli 1935 als Flugzeugführer gemeinsam mit weiteren Ingenieuren und Technikern sein Flugzeug von der Rollbahn des Flughafens Tempelhof aufsteigen ließ. Sie starteten zu einem technischen Versuchsflug für die Firma Siemens. Ein Routineflug.

Am Boden, in den anliegenden Wohnbezirken, geht das Leben an diesem Vormittag seinen gewohnten Gang. Der Verwalter des Hauses Jahnstraße 58/60 in Britz, Kurt Otte, sitzt in seiner Küche. Es ist halb zwölf, seine Frau bereitet das Mittagsmahl. Das Fenster steht weit offen. In einiger Entfernung ist ein Flugzeug zu hören. Aber das ist am Rande der Millionenstadt und dazu in unmittelbarer Nähe zum größten Flughafen Europas etwas Alltägliches.

Doch plötzlich verändert sich das Motorengeräusch. Otte findet das merkwürdig. Neugierig erhebt er sich, will zum Fenster, schafft es aber nicht mehr bis dorthin. Die näher kommende Maschine hat an Höhe verloren und stürzt in die Häuser der Jahnstraße. Ein Flammenmeer schlägt durch berstende Fenster und Türen und reißt in das Mauerwerk ein Loch, das später auf sechs Meter Höhe und drei Meter Breite geschätzt wird. Der Feuerball rast auch durch die Küche der Ottes – es ist das Letzte, das beide wahrnehmen.

In rascher Folge werden dreizehn Löschzüge zum Unglücksort beordert. Mit Sprungtüchern und Leitern kann die schnell herangeführte Feuerwehr mehrere Personen retten. Zehn C-Rohre werden aufgeboten, um das Feuer zu bekämpfen. Vier Menschen müssen mit Rauchvergiftungen und Brandverletzungen in Krankenhäuser gebracht werden.

Von den sechs Flugzeuginsassen überlebte keiner den Absturz. Auch das Hausverwalterehepaar Kurt und Charlotte Otte konnte nur noch tot geborgen werden. Beide sind im Archivbuch des Berliner Leichenschauhauses aus dem Jahr 1935 verzeichnet, und zwar mit den Nummern 1607 und 1608. Zu ersehen ist auch, dass die Firma Siemens für die Flugzeugbesatzung die Bestattung übernahm.

Anderthalb Jahre später, am 11. Februar 1937, entgingen die Anwohner der Kreuzung See- und Müllerstraße im Norden Berlins mit knapper Not einer Katastrophe. Ein »Reiseflugzeug der Luftwaffe« – so die Bezeichnung in der gleichgeschalteten Presseberichterstattung der Nazizeit – prallte bei Schneetreiben gegen eine Hochspannungsleitung. Die Maschine befand sich auf dem Weg vom pommerschen Stargard nach dem brandenburgischen Jüterbog. Wahrscheinlich hatte der Pilot wegen des Schnees die Orientierung verloren und flog deshalb zu niedrig. Die Maschine stürzte ab und geriet in Brand. Die fünfköpfige Besatzung, allesamt Angehörige der Luftwaffe, fand den Tod. Die Passanten an der Weddinger Straßenkreuzung kamen größtenteils mit dem Schrecken davon. Fünf von ihnen, darunter vier Beamte der Berliner Verkehrsbetriebe, wurden durch ein herabfallendes Starkstromkabel verletzt.

Da das Unglück die Reichshauptstadt betroffen hatte und die Luftwaffe der Verursacher war, ging es nicht ohne pompöse Totenfeier ab. Die abgestürzten Militärflieger wurden in der Leichenhalle des Instituts für Gerichtliche Medizin in der Hannoverschen Straße aufgebahrt. Die Särge waren mit der Reichskriegsflagge bedeckt. Für jeden der Toten hatte der Reichsminister für Luftfahrt und Oberbefehlshaber der Luftwaffe, Generaloberst Hermann Göring, einen Kranz entsandt. Das Stabsmusikkorps des Wachbataillons spielte in dem Totenhaus einen Choral. Eine Ehrenkompanie salutierte. Zwei Heerespfarrer sprachen salbungsvoll von »soldatischen Tugenden und wiesen auf die stete opferbereite Pflichterfüllung hin, die in dem Einsatz des Lebens für das Vaterland gipfelt«, wie es in einem zeitgenössischen Pressebericht hieß.

Luftkrieg und Luftbrücke

Zwei Jahre später begann Deutschland den Krieg, der ein Blitzkrieg werden sollte. Eine besondere Rolle spielte in dieser Strategie die Luftwaffe, befehligt von dem eitlen Göring, der sich sukzessive zum Generalfeldmarschall und zum Reichsmarschall ernennen ließ. Seine Sturzkampfflieger – abgekürzt: Stukas – stießen in Polen und Frankreich auch auf Flüchtlingstrecks nieder. Die Bomberverbände führten den Krieg nicht nur gegen militärische Ziele, sondern ebenso gegen die Zivilbevölkerung und legten bald auch englische Städte in Schutt und Asche.

Ab 1940 schlug das, was Deutschland den Städten und Dörfern der überfallenen europäischen Länder antat, auf Berlin zurück. Am 26. August 1940 erschienen die ersten britischen Bomber über der deutschen Hauptstadt, und es begannen die Angriffe auf militärische, wirtschaftliche und nicht selten auch zivile Ziele. Ab 1943 nahmen die

Luftangriffe auf Berlin an Intensität zu. Allein von Januar bis März forderten die Bombardements 1 164 Menschenleben. Tausende weiterer Bewohner der Reichshauptstadt kamen in den nächsten zwei Jahren durch Luftangriffe ums Leben. Manchmal stürzte auch eine von Flakfeuer getroffene angreifende Maschine ab.

Viele blieben unter den Trümmern begraben. Die geborgenen Toten wurden oft nicht in das Leichenschauhaus verbracht, sondern in eilig ausgehobenen Massengräbern bestattet. Kein Leichenschauhaus der Welt hätte gereicht, um alle diese Toten zu identifizieren. Dennoch sind die Akten der Berliner Gerichtsmedizin mit Eintragungen zu Luftkriegsopfern aus der Reichshauptstadt übervoll. Nach dem schweren Bombenangriff am 23./24. August 1943 wurden allein aus dem Gefängnis Bessemer Straße die Leichen von 40 getöteten Frauen in die Hannoversche Straße gebracht. Dies sei hier nur als Beispiel genannt. Als Todesursache ist »Verbrennung IV. Grds.« vermerkt. Aufgrund der schweren brandbedingten Verstümmelungen konnte nur von drei ehemaligen Gefangenen die Identität festgestellt werden. Die übrigen Frauenleichen wurden unbekannt bestattet.

Wie die Archivbücher zeigen, nahm in den letzten beiden Kriegsjahren der Anteil nicht identifizierter Todesopfer stetig zu. Es gab zeitweilig sogar eine gesonderte Buchführung für die Opfer von Luftangriffen. Darin überwiegen die Eintragungen U. F. für unbekannte Frau, U. M. für unbekannter Mann und Teile, wenn nur Leichenteile aus den Trümmern der zerstörten Häuser geborgen werden konnten.

Im Jahr 1945, nach dem Ende des Zweiten Weltkriegs, wurde Berlin von den vier Besatzungsmächten in vier Sektoren aufgeteilt und verwandelte sich in ein Objekt heftiger machtpolitischer Auseinandersetzungen zwischen West und Ost. Die Lufthoheit lag nun beim Alliierten Kontrollrat, in dem die vier Siegermächte Sowjetunion, USA, Großbritannien und Frankreich vertreten waren.

Die Risiken von Luftunfällen nahmen schlagartig wieder zu, als die Sowjetunion am 24. Juni 1948 auf die Einführung einer Sonderwährung in den Westsektoren mit der Blockade aller Land- und Wasserwege nach Westberlin antwortete. Die US Air Force, unterstützt von britischen Maschinen ziviler Fluglinien, errichtete eine Luftbrücke zur Versorgung der eingeschlossenen zwei Millionen Westberliner. Mit fast 280 000 Flügen wurden bis Anfang Oktober

1949 mehr als 2,1 Millionen Tonnen Versorgungsgüter in die Westsektoren gebracht. In dieser Zeit verloren 55 Angehörige des Flugpersonals ihr Leben. Die Toten wurden nicht von deutschen Gerichtsmedizinern untersucht, das übernahmen die Experten der Alliierten.

Bis 1989 war der Anflug auf die Westberliner Flughäfen nur Maschinen der drei westlichen Siegermächte gestattet. Das galt auch für Passagiermaschinen. Die Stadtväter, die Feuerwehrleute, die Rettungskräfte, die Bewohner Berlins in West wie Ost wurden den Alptraum nicht los, dass eines Tages auch ein voll besetztes Großraumflugzeug auf die Stadt stürzen könnte. Zumal nach der Berliner Blockade im Westen der Flughafen Tegel hinzukam und im Osten während der sechziger Jahre der einst bescheidene Landeplatz in Schönefeld zum Zentralflughafen der DDR ausgebaut wurde.

Absturz über Neukölln

Niemals bis zur Drucklegung dieses Buches war ein Berliner Wohngebiet von einem schweren Flugzeugabsturz betroffen. Ein Unglück kleineren Ausmaßes, etwa wie es 1935 im Umfeld des Flughafens Berlin-Tempelhof und 1937 an der Straßenkreuzung in Wedding geschah, ereignete sich erst wieder am 24. Mai 2001.

Ein einmotoriges Kleinflugzeug vom Typ Beech B 36 TC war um 16.13 Uhr von Heringsdorf auf der Insel Usedom gestartet. Nach 30 Flugminuten, bei wolkenlosem Himmel und einer Sichtweite von mehr als zehn Kilometern, erreichte es den Luftraum über Berlin. Zehn Minuten später wurde dem Flugzeugführer die Landefreigabe erteilt, die er um 16.54.11 Uhr wiederholte. Sieben Sekunden danach, im Anflug auf die Landebahn in Tempelhof, meldete der Pilot der Flugsicherung auf Englisch, er habe ein großes Problem.

Im Untersuchungsbericht, der den Flugverlauf auf die Sekunde genau wiedergibt und die für den internationalen Luftverkehr üblichen englischen Maßeinheiten benutzt, werden die weiteren Ereignisse wie folgt beschrieben: »Das Luftfahrzeug befand sich zu diesem Zeitpunkt auf der Anfluggrundlinie 1,8 NM vor der Schwelle der Piste 27R in einer Höhe von 1 000 ft MSL. Auf Nachfrage des Lotsen antwortete er [der Pilot]: ›have a problem, we will crash down.‹ Um 16:54:55 Uhr wurde die Meldung des Luftfahrzeugführers: ›Mayday,

Absturzstelle eines Kleinflugzeugs am 24. Mai 2001 nahe Berlin-Tempelhof

motor is out, I come down‹ aufgezeichnet. Die Funkübertragung endete um 16:55:00 Uhr. Die in diesem Zeitraum erfassten Radarziele dokumentieren, dass das Flugzeug die Anfluggrundlinie in südliche Richtung verließ. Das letzte Radarziel wurde um 16:55:04 Uhr erfasst. Dabei wurde eine Flughöhe von 300 ft MSL und eine Geschwindigkeit von 70 kt über Grund aufgezeichnet. Aus der Auswertung der Radardaten ging hervor, dass das Luftfahrzeug nach dem Triebwerksausfall in dem Zeitraum von 48 s 700 ft an Höhe verlor. Daraus ergab sich eine mittlere Sinkrate von ca. 875 ft/min.«

NM bedeutet nautical mile oder nautische Meile, das sind 1,852 Kilometer, MSL heißt mean sea level und ist die Meeresspiegelhöhe, ft steht für die im Englischen verwendete Längeneinheit foot (0,3048 m), kt ist das Kürzel für knot oder Knoten, die Maßeinheit für eine nautische Meile pro Stunde. Das Flugzeug befand sich also noch in gut drei Kilometer Entfernung von der Landebahn, verlor in weniger als einer Minute mehr als 200 Meter an Höhe und konnte mit der Flugsicherung keinen Kontakt mehr halten.

Wenige Augenblicke später streifte die Maschine über dem Berliner Bezirk Neukölln mit der rechten Tragfläche einen Baum, wurde um die Hochachse nach rechts gerissen und prallte gegen das Wohnhaus Karl-Marx-Straße 162. Dabei stieß sie ein vier Quadratmeter großes Loch in die Giebelwand. Durch den Aufschlag geriet die Maschine in Brand und stürzte in den Innenhof auf ein hölzernes Gartenhaus.

Der 56-jährige Pilot und seine ein Jahr jüngere Frau fanden den Tod. Von den Anwohnern wurde zum Glück niemand verletzt. Die Obduktion der Leichen beider Insassen des Flugzeugs ergab Befunde, die der massiven Gewalteinwirkung beim Aufprall der Maschine auf die Hauswand entsprachen. In den Körper des Piloten waren zwischen Gesicht und linker Schulter Teile der Armaturen eingedrungen. Vor der linken Schulter fand man Reste des Gurtes. Bei der toxikologisch-chemischen Untersuchung wurde keine Beeinflussung durch Alkohol oder andere Substanzen festgestellt.

Die Ingenieure und Techniker, die sich mit der Suche nach der Ursache des Triebwerksausfalls befassten, kamen nicht zu einem Erfolg. Nur so viel konnte ermittelt werden: Der sechssitzige Tiefdecker, ausgestattet mit einem Boxermotor mit Turbolader, hatte schon einen Unfall hinter sich. Bei einer Landung in Frankreich ein Jahr zuvor hatte der Pilot das Fahrwerk notausgefahren. Es war dabei nicht verriegelt und knickte beim Aufsetzen ein. Dabei war die Beech B 36 TC schwer beschädigt worden. Luftfahrttechnische Werkstätten hatten die Flugzeugzelle und das Triebwerk wieder instand gesetzt. Eine Überprüfung zwölf Wochen vor dem Absturz in Berlin hatte keine Beanstandungen ergeben.

Der Absturz am 24. Mai 2001 über dem dicht besiedelten Neukölln setzte ein neues Warnzeichen für die Berliner Flugsicherung. Die Gefahr ist trotz der immer weiter perfektionierten Sicherheitssysteme nicht auszuschließen und wird sich erst deutlich vermindern, wenn der Luftverkehr auf den neuen Großflughafen Schönefeld verlagert wird.

Leichenteile im Vorgarten

Königs Wusterhausen, 1972
Es war der 14. August 1972. Bei hochsommerlichem Wetter und zu bester Ferienzeit startete ein vierstrahliges Verkehrsflugzeug vom Typ IL-62 mit dem Kennzeichen DM-SEA vom Zentralflughafen Berlin-Schönefeld nach Burgas in Bulgarien. Es war ein Charterflug. An Bord 148 Passagiere, frohgestimmt, einen begehrten Urlaubsplatz am Schwarzen Meer erworben zu haben. Viel weiter weg kam damals kaum einer aus dem Osten. Nicht in die Karibik, nicht zu den Malediven, nicht nach Mallorca. Die Welt war eng, solange die Mauer stand. Ein singender sächsischer Kabarettist beschrieb den Reiseradius des DDR-Urlaubers mit dem Refrain: »Von Rosdock bis Bulgarschn, tun mir die Welt beschnarch'n«. Das Lied erlangte in den siebziger Jahren große Popularität.

Bei den Startvorbereitungen war alles glatt gegangen. Die achtköpfige Besatzung war pünktlich um 14.35 Uhr zur Übernahme des Fluges IF 450 von Berlin nach Burgas erschienen und hatte die medizinische Kontrolle ohne Beanstandungen passiert. Der Bordingenieur Ingolf Stein überprüfte die Maschine unter akkurater Einhaltung aller bestehenden Vorschriften. Was er nicht erkennen konnte, waren winzige Mängel an Rohrleitungen der Klima- und Enteisungsanlage. Seit der letzten so genannten C-Kontrolle vier Monate zuvor war dieser Bereich unterhalb des Fußbodens im Gepäckraum 4 nicht mehr überprüft worden.

Um 16.30 Uhr hob die IL-62 DM-SEA in Schönefeld ab. Ein problemloser Start. Auch der Steigflug entsprach anfänglich den im Handbuch der Interflug vorgegebenen Daten. Die Radarbilder stimmten mit dem freigegebenen Flugweg überein.

Doch weit kam die Maschine nicht. Um 16.43.23 Uhr meldete die Besatzung an die Kontrollstelle, es gebe Schwierigkeiten mit der Stabilisierungsflosse. Zu diesem Zeitpunkt hatte die IL-62 DM-SEA schon den Raum Cottbus erreicht und flog in einer Höhe von 8 900 Metern. Mit dem Instrumentarium, das die Crew im Cockpit zur Verfügung hatte, ließ sich der Schaden nicht genauer bestimmen. Um 16.44.07 Uhr erhielt die Besatzung die Erlaubnis zur Rückkehr nach Schönefeld. Mit einer Rechtskurve von 180 Grad kurz vor Hoyerswerda begann der Rückflug. Niemand an Bord ahnte in diesem Moment, dass sich im nicht hermetisierten Heckteil der Maschine ein verheerendes Unglück anbahnte. Unterhalb des Fußbodens strömte zwischen den Spanten 87 und 90 Heißluft mit 300 Grad Celsius und einem Druck von sieben Atmosphären gegen die dort verlaufenden stromführenden Kabel und Leitungen des 27-Volt-Gleichstrombordnetzes.

Der Pilot hieß Heinz Pfaff, er galt als einer der erfahrensten Kapitäne bei der Interflug. Als er die Maschine auf Gegenkurs brachte, wusste er: Das Schicksal von 156 Menschen, unter ihnen 40 Ehepaare, lag jetzt in seiner Hand. Schönefeld hielt eine Landebahn frei. Flugkapitän Pfaff ließ Treibstoff ab, um das Landegewicht der mit 46 000 Liter Kerosin betankten Maschine zu verringern. Die IL-62 DM-SEA hielt die vorgeschriebene Flughöhe von 1 850 Metern und flog erneut eine Rechtskurve. Um 16.59.25 Uhr setzte die Besatzung die Notmeldung »mayday« ab, 17 Sekunden später die Mitteilung: »Unmöglich, Höhe zu halten. Hatten Brand. Haben Schwierigkeiten mit der Höhensteuerung.« Im Gepäckraum 4 blitzten zu diesem Zeitpunkt längst Kurzschlüsse, weil das Isolationsmaterial des Kabelbaums der Heißluft nicht standgehalten hatte. Die kriminaltechnischen Untersuchungen ergaben später, dass es Lichtbogenbildungen mit maximalen Stromstärken von 2 000 Ampere gegeben haben muss, wodurch das Aluminium der Leiter schmolz und in etwa 600 Grad heißen Tropfen gegen die umliegenden Materialien geschleudert wurde. Es begann zu brennen. Die Temperatur erreichte schnell 1 000 Grad und so gerieten auch die Magnesiumbauteile in Brand.

Es war genau 17 Uhr, als die Bewohner der Stadt Königs Wusterhausen hoch über ihren Dächern ungewöhnlich veränderte Triebwerksgeräusche wahrnahmen. Gleich darauf beobachteten Zeugen, dass sich das Heckteil der Maschine einschließlich des Höhen- und Seitenleitwerks hinter den Triebwerken vom Rumpf löste und noch kurzzeitig die ursprüngliche Flugbahn beibehielt, während der Hauptteil des Flugzeugs mit einer Rechtsdrehung bis zur Rückenlage bei einem ständig größer werdenden Sturzwinkel herabstürzte. Dann brachen ein Teil der linken Tragfläche und das Vorderteil der Maschine ab.

Wenige Sekunden später regnete es Metallteile. Sie verteilten sich wie ein Meteoriteneinschlag auf eine Fläche mit einem Umkreis von

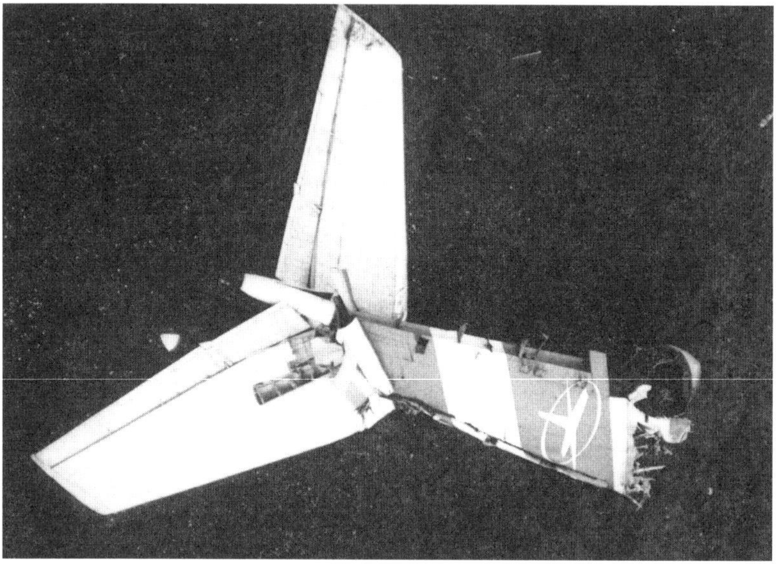

Abgerissenes Heckteil der 1972 bei
Königs Wusterhausen abgestürzten IL-62

Flugzeugtrümmer an der Absturzstelle bei Königs Wusterhausen

zwei Kilometern nordöstlich des Güterbahnhofs von Königs Wusterhausen, nur einige Kilometer von Berlin entfernt. Mit den Trümmerteilen und dem Frachtgepäck fielen auch Menschen vom Himmel, viele von der Wucht der Zerstörung schon getötet und zerrissen. Später berichteten Anwohner, sie hätten in ihren Gärten nicht nur Kleidungsstücke, sondern auch Leichenteile gefunden.

Sektionen in der Lagerhalle

In Königs Wusterhausen wurde Katastrophenalarm ausgelöst. Schon Minuten nach dem Aufschlag rasten Löschzüge des Brandschutzkommandos zu dem Absturzgelände. Aus Senzig, Niederlehme, Eichwalde und anderen Orten kamen die Freiwilligen Feuerwehren. Mehr als 100 Bürger, DRK-Angehörige und Ärzte des Kreiskrankenhauses durchsuchten das Gelände in der Hoffnung, Überlebenden Erste Hilfe leisten zu können. Doch nirgendwo konnten die Helfer noch Lebenszeichen entdecken, so die Mitteilung des Verkehrsministers Otto Arndt, der die eilends eingesetzte Regierungskommission leitete, am nächsten Tag.

Tragisches Flugzeugunglück

148 Passagiere und die Besatzung kamen ums Leben

Berlin. ADN

Zu einem folgenschweren Flugzeugunglück kam es am Montag gegen 17.10 Uhr in der Nähe des Zentralflughafens Berlin-Schönefeld. Eine Maschine der INTERFLUG vom Typ IL 62, die sich auf einem Charterflug nach Burgas in der Volksrepublik Bulgarien befand, stürzte bei Königs Wusterhausen aus bisher noch ungeklärter Ursache ab. Trotz sofort einsetzender Rettungsarbeiten von Feuerwehren und Ärzten kam jede Hilfe zu spät. Sämtliche 148 Passagiere sowie die acht Besatzungsmitglieder verunglückten tödlich. Unmittelbar nach dem tragischen Ereignis wurde eine Regierungskommission unter Leitung des Ministers für Verkehrswesen, Otto Arndt, zur Klärung der Ursache des Flugzeugabsturzes eingesetzt.

Die Regierung traf Maßnahmen, um den betroffenen Familien sofort Beistand und Hilfe zu leisten. Den nächsten Angehörigen der Opfer des Flugzeugunglücks wurde noch in den Abendstunden des Montag tiefempfundenes Beileid ausgesprochen.

Bericht der Berliner Zeitung vom 15. August 1972

Zweieinhalb Stunden nach der Katastrophe meldeten die Rundfunkstationen der DDR das Unglück und begannen, Trauermusik zu senden. Der kleinere der beiden deutschen Staaten, der zu dieser Zeit so angestrengt versuchte, im internationalen Passagiergeschäft zu bestehen, beklagte das bis dahin schwerste Flugzeugunglück auf deutschem Boden.

Zu den Experten, die bei solchen Katastropheneinsätzen zuerst gefordert sind, gehören die Gerichtsmediziner. Schon am Abend des Unglückstages fuhren der Direktor des Instituts für Gerichtliche Medizin der Charité, Professor Dr. Otto Prokop, und alle verfügbaren Ärzte des Instituts nach Königs Wusterhausen. Bald kamen Gerichtsärzte aus anderen Instituten der DDR dazu. Am Unglücksort erschienen auch der Minister für Gesundheitswesen, Professor Dr. Ludwig Mecklinger, und der Bezirksarzt des Bezirks Potsdam, Dr. Jerzy Blaszczyk.

Die Anordnung für die Untersuchungen gemäß Strafprozessordnung kam von der Generalstaatsanwaltschaft der DDR. Man beriet sich in der Feuerwache der Stadt. Die Räume der Pathologie des Kreiskrankenhauses erwiesen sich als viel zu beengt. Niemand von den 156 Menschen an Bord der IL-62 DM-SEA hatte das Unglück überlebt. Als zentraler Sammel- und Untersuchungsort wurde eine große Lagerhalle in Königs Wusterhausen bestimmt.

Für die Berliner Gerichtsmediziner hatte es bis zu diesem Zeitpunkt keine organisierten Vorbereitungen oder Übungen gegeben. An erforderlicher Ausrüstung war im Institut nur Arbeitsschutzkleidung wie Kittel, Gummischürzen und Latexhandschuhe vorhanden. Das Sektionsbesteck für die so genannten Außensektionen, also Messer, Scheren, Pinzetten, Sonden, Sägen, Meißel, Holzhammer, Zange, Schöpfkelle, Messstab und anderes, war nur zweifach in Koffern vorbereitet. Die transportable Ausrüstung stand bereit, weil damals noch Berliner Gerichtsärzte zu Leichenöffnungen in Krankenhäuser der Bezirke Frankfurt/Oder und Potsdam (heute Land Brandenburg) fuhren.

An der Unglücksstelle errichteten Einheiten der Bereitschaftspolizei einen großen Sperrkreis, um Gaffer und Plünderer fern zu halten. Von einem Hubschrauber aus wurde das unübersehbare Trümmerfeld eingegrenzt. Die Toten waren fast alle grausam verstümmelt oder auch verbrannt. Abgerissene und zerfetzte Körperteile lagen in weitem Umkreis verstreut, dazwischen Gepäck- und Kleidungsstücke sowie Flugzeugteile. Die Fundorte mussten genau markiert werden. Mit Kettenfahrzeugen wurden Wrackteile auseinander gezogen. Mehrere Tauchergruppen suchten in dem seenreichen Gebiet nach weiteren Spuren. Die Einsatztrupps aus Kriminalisten und Gerichtsärzten bargen zusammen mit ihren Helfern die sterblichen Überreste der Katastrophenopfer und sargten sie ein.

Für eine so große Zahl von Leichen und Leichenteilen wie nach dem Flugzeugabsturz bei Königs Wusterhausen fehlten spezielle Transportfahrzeuge, ebenso geeignete Räume für die Lagerung mit Licht, Belüftung, Kühlung, Wasser und wenigstens minimalen hygienischen Verhältnissen. Der Keller im Charité-Institut fasste damals maximal 80 Leichen, was ohnehin nicht ausgereicht hätte. Er war außerdem 1972 nicht in technischem Bestzustand, die veralteten Lüftungs- und Kühlaggregate konnten nur durch ständige und intensive Wartung in Betrieb gehalten werden.

Während im Bereich der Absturzstelle die Bergungstrupps noch nach weiteren Opfern suchten, wurden einige der Toten schon in das Charité-Institut in der Hannoverschen Straße transportiert. Dort nahmen drei Obduktionsgruppen ihre Arbeit auf. In der ersten Nacht wurden 14 Leichen obduziert. Das bedeutete äußere und innere Untersuchung einschließlich Protokollierung der Leichenbefunde und Feststellung der Todesursache.

Am folgenden Tag standen insgesamt fünf Obduktionsgruppen zur Verfügung, teils im Institut, teils in Königs Wusterhausen. Dort waren in der umfunktionierten Lagerhalle provisorische Sektionstische hergerichtet worden, und zwar aus Türblättern, die man auf Böcke gelegt hatte. Das Wasser für die Sektionen musste in Eimern herangeschafft werden. Um die Leichen zu kühlen, wurden sie mit Stangeneis umgeben. In der Halle zog es und trotz des Sommers war es irgendwie kühl, besonders in der Nacht. Die Obduzenten mit ihren Gummischürzen und Gummistiefeln mussten nicht nur Brandgeruch und Gestank von Kerosin ertragen, sondern auch Neugierige und überkluge Ratgeber. Obendrein kamen ständig Anfragen nach Ergebnissen von Funktionären verschiedener Institutionen und von Vorgesetzten.

Die Gerichtsmediziner und ihre Helfer arbeiteten bis zur Erschöpfung. Sie untersuchten am zweiten Tag 38 Leichen. Wegen der sommerlichen Temperaturen waren konservierende Maßnahmen erfor-

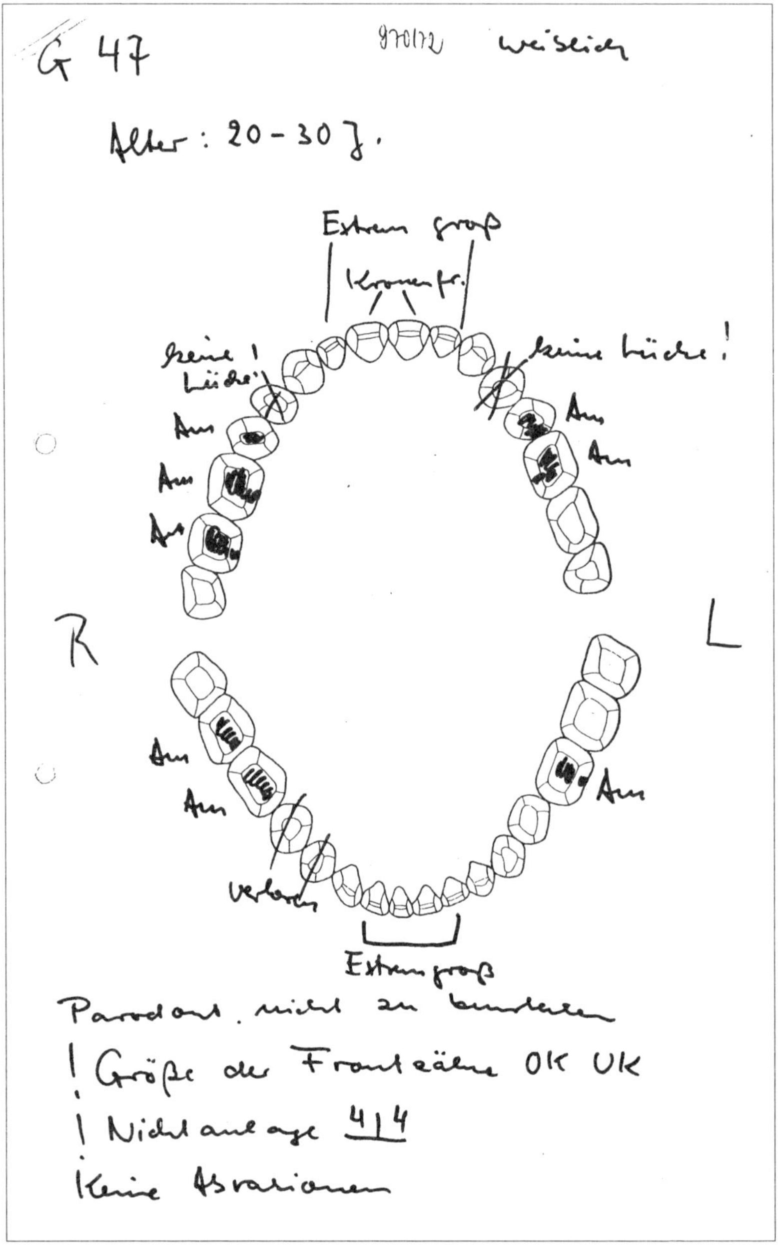

Zahnärztlicher Befund eines Katastrophenopfers des Flugzeugabsturzes 1972

derlich. Die sterblichen Überreste der Abgestürzten wurden mit Formalin behandelt, ein Verfahren, wie es auch bei internationalen Überführungen von Verstorbenen üblich ist. Einige Gerichtsärzte gingen von Leiche zu Leiche und injizierten große Mengen des stark riechenden und schleimhautreizenden Formalins. Allein diese Maßnahmen zogen sich über Stunden hin.

Am dritten Tag, dem 16. August, wurde weiter obduziert. Wiederum musste man auch alle verbliebenen Identitätsmerkmale erfassen. Jede Identifizierung durch Leichenöffnung unterliegt strengen Kriterien.

Die Körpergröße muss bei schweren Zerstörungen von Kopf, Rumpf oder Gliedmaßen aus der Vermessung von Extremitätenknochen berechnet werden. Das Lebensalter wird aus äußeren und inneren Befunden sowie aus dem Zahnstatus geschätzt. Sorgfältig werden alle individuellen Körpermerkmale wie Operationsfolgen oder Anzeichen einer länger zurückliegenden Entbindung registriert.

Erleichtert wird die Identifizierung, wenn bei den Toten Personalausweis, Führerschein, Sozialversicherungsausweis oder andere Papiere gefunden werden. Weitere wichtige Anhaltspunkte liefert die Bekleidung. Die Besatzungsmitglieder konnten anhand von Uniformstücken oder Resten davon identifiziert werden. Sorgfältig beschreibt und asserviert man auch Uhren, Eheringe, Schmuck und alle anderen Fundstücke aus persönlichem Besitz.

Einen wichtigen Beitrag zur Identifizierung leistete Dr. Rainer Zuhrt von der Zahnklinik der Charité. Für 50 Tote fertigte er Befundblätter der Gebisse an. So gewann man wertvolle Hinweise auf das Lebensalter und auf individuelle Identitätsmerkmale. Bei 38 Toten wurden Blutgruppenbestimmungen vorgenommen. In 24 Fällen waren keine Blutproben mehr zu gewinnen. Dort musste Fingernagel- oder Haarmaterial weiterhelfen.

Keine vitalen Zeichen

Bei allen Verstorbenen kamen die Gerichtsmediziner zu dem übereinstimmenden Ergebnis: Der Tod war eingetreten infolge schwerer bis schwerster stumpfer Gewalteinwirkung. Das erklärt sich durch den Absturz aus mehreren hundert Metern Höhe.

So genannte vitale Zeichen, die eine Brandeinwirkung noch zu Lebzeiten – also während des Brandes an Bord der Unglücksmaschine – hätten belegen können (Einatmung von Ruß, erhöhter Gehalt des Blutes an Kohlenmonoxid = CO-Hb), waren nur gering ausgebildet. Die gemessenen CO-Hb-Werte bei den Leichen lagen meist unter fünf Prozent, lediglich vereinzelt traten etwas höhere Werte auf. Nur zum Teil fanden sich als Folgen der Hitzeeinwirkung Verbrennungen IV. Grades, womit die Verkohlung (lateinisch Karbonisation) medizinisch bezeichnet wird. Es gab kaum Unterblutungen, Einblutungen in Körperhöhlen oder Einatmung von Blut und Gewebeteilen. Ein Befund, der zumindest den Trost zuließ, dass in allen Fällen der Tod vor der Brandeinwirkung und rasch eingetreten war.

Die Gutachter interpretierten die Befunde wie folgt:

»Die ermittelten CO-Hb-Konzentrationen im Bereich von 0 bis etwa 5 % treten erfahrungsgemäß auch bei nicht CO-exponierten Personen und bei Nichtrauchern auf. Die Werte darüber bis 13 % unterscheiden sich nicht signifikant von den CO-Konzentrationen bei mehr oder weniger starken Rauchern. Es können daher selbst aus den höchsten Werten keine Rückschlüsse auf eine eventuelle Einatmung von Rauchgasen gezogen werden.« An anderer Stelle wurde darauf hingewiesen, dass »bei den niedrigen Werten zu bedenken ist, daß auch bei postmortalem Verbrennen eine CO-Beladung geringeren Grades selbst im Herzblut zustande kommen kann«.

Die Obduktionen in Königs Wusterhausen wurden von insgesamt elf Gerichtsärzten, vier Sektionsassistenten und drei Sekretärinnen durchgeführt. Nach drei Tagen härtester Arbeit waren die Beteiligten mit ihren Kräften ziemlich am Ende. Der Institutsdirektor notierte am 17. August: »In den frühen Morgenstunden des Donnerstag sind Mitarbeiter während der Arbeit an den Schreibtischen vor Erschöpfung eingeschlafen.« Zu diesem Zeitpunkt waren etwas mehr als die Hälfte der 156 Toten identifiziert. Trotzdem wurde am Ende dieses Tages auf zentrale Weisung die Untersuchung der übrigen Fälle abgebrochen.

Die Beisetzung der 72 Toten, die nicht identifiziert werden konnten, erfolgte bei einem Trauerakt des Ministerrats der DDR auf dem Waldfriedhof Wildau-Hoherlehme nahe Königs Wusterhausen. Dort wurde ein Gedenkstein mit den Namen der Verstorbenen errichtet. Im ganzen Land wehte Trauerbeflaggung. Die Tageszeitungen in der DDR erschienen mit schwarzem Trauerrand und druckten die Namen aller 156 Opfer ab. DDR-Ministerpräsident Willi Stoph sagte in einer Trauerrede: »Über dieses Unglück mit solch einem Ausmaß sind wir alle zutiefst erschüttert.«

Für die Experten blieben Fragen. Viele kamen zu der Ansicht, dass die zuständigen Institutionen auf Unglücke solchen Ausmaßes ungenügend vorbereitet gewesen seien. Tatsächlich traf man in den folgenden Jahren umfangreiche Maßnahmen zur Bewältigung ähnlicher Vorkommnisse.

Gerüchte aus der Westpresse

Noch war überdies nicht ganz klar, was sich am 14. August in der Luft genau ereignet hatte. Das Hamburger Nachrichtenmagazin Der Spiegel, dessen Korrespondenten keine Gelegenheit zu eigenen Recherchen bei den Behörden und Mitarbeitern der Untersuchungskommission gewährt wurde, stützte seine Berichterstattung eine Woche später zum Teil auf Informationen von Journalistenkollegen und zum Teil auf Gerüchte. »Augenzeugenberichte gaben lediglich Aufschluß über die letzte Flugphase der Unglücksmaschine. Danach hatte Pilot Heinz Pfaff, 51, der seit 16 Jahren in Interflug-Diensten steht, offenbar versucht, eine Schleife zu fliegen und nach Schönefeld zurückzukehren.« Aus den Wahrnehmungen von stotterndem Motorengeheul und dem offiziell bekannt gegebenen Fakt, dass die Maschine große Mengen Treibstoff abgelassen hatte, folgerten die Schreiber: »Letztlich zum Absturz führte wahrscheinlich, daß Flugkapitän Pfaff versucht hatte, die Maschine durch das Ablassen von Treibstoff (maximale Tankfüllung: fast 100 000 Liter) zu erleichtern, um das erforderliche Landegewicht zu erreichen. Dabei mag sich, so jedenfalls lassen die Zeugenaussagen vermuten, das Kerosin-Luft-Gemisch an einer Düse entzündet haben.« Einschränkend zitierte das Nachrichtenmagazin jedoch anschließend den Leiter der Unfallabteilung im Luftfahrt-Bundesamt. Dieser erfahrene Experte konnte sich an keinen Fall erinnern, »wo ein Düsenflugzeug dadurch in Brand geraten wäre«.

Ein weiterer Spiegel-Bericht stellte das ganze Geschehen in den Kontext des wirtschaftlichen Überlebenskampfes der DDR: »In der Tat traf die zweitschwerste Katastrophe in der Geschichte der Zivil-Luftfahrt die ostdeutsche Gesellschaft empfindlich, und dies gerade zu einem Zeitpunkt, wo sich die IF-Funktionäre anschicken, dem begehrten West-Geschäft noch näher zu treten.«

Insbesondere wurde auf die seit Juni 1963 gültigen Passierscheinregelungen verwiesen, die Hunderttausenden von Westberlinern wieder den Zugang nach Ostberlin ermöglichten. Was nicht wenigen von ihnen erlaubt habe, »ihren Trip in die weite Welt von der billigen Ost-Piste« anzutreten. Ein nicht unumstrittenes Verhalten angesichts der westlichen Bemühungen, der DDR solche Devisengeschäfte vorzuenthalten: »West-Berlins Polit-Prominenz freilich beobachtete diesen West-Ost-Pendelverkehr seit jeher mit gemischten Gefühlen.«

Es war die Zeit des Kalten Krieges. Damals waren Verhaltensweisen der einen Seite gegenüber der anderen von tiefem Misstrauen erfüllt und wurden oft von Unkenntnis geprägt und von Polemik überlagert. Eine abschließende offizielle Verlautbarung von Seiten der DDR gab es nie. Dabei hatte der Abschlussbericht der Untersuchungskommission bereits 1973 der DDR-Führung vorgelegen. Und die Kommission war zu klaren Aussagen über die Absturzursache gekommen.

Erste Hinweise ergaben sich aus Berichten von Augenzeugen. Sie hatten am Heckteil feuerwerksähnliche Verpuffungen, Flammen- und Blitzerscheinungen beobachtet. Auch bei der ersten Einschätzung am Fundort der Unglücksmaschine waren Brandeinwirkungen an Heckteilen festgestellt worden. Deshalb konzentrierten sich die Ermittlungen auf einen Brandausbruch im Heckbereich. Vom Kriminalistischen Institut der Deutschen Volkspolizei wurden umfangreiche Untersuchungen einschließlich zahlreicher Experimente durchgeführt. Sie sind in einem 158 Seiten umfassenden Gutachten ausführlich beschrieben. Darin wurden sechs Versionen als mögliche Unfallursachen geprüft: 1. Brand- oder Sprengsätze, 2. Beschuss, 3. Blitzschlag, 4. elektrostatische Aufladungen, 5. Treibstoff und 6. Heißluft oder elektrische Prozesse.

Das Gutachten konnte die Versionen eins bis fünf ausschließen. Insbesondere hatte es keine Hinweise für Brand- oder Sprengsätze an Bord, also für einen Anschlag gegeben. Auch eine Explosion beim Durchfliegen der selbst verursachten Treibstoffwolke – von Laien immer wieder eifrig diskutiert – wurde durch die Ermittlungen ausgeschlossen. Vielmehr konnte bewiesen werden, dass aus einer undichten Rohrverbindung zwischen Klima- und Bypass-Leitung seit längerer Zeit Heißluft ausgeströmt war. Die umfangreichen kriminaltechnischen Untersuchungen ergaben gleich mehrere Unregelmäßigkeiten in diesem Bereich: Bei zwei von sechs untersuchten Rohrverbindungen waren die Gummidichtungsringe nicht vorschriftsmäßig eingelegt. An anderer Stelle hatte die aufgezogene Gummidichtung eine geringere Breite als der metallische Distanzring. Eine Rohrverbindung war nur durch zwei statt der vorgeschriebenen fünf Gewindegänge hergestellt worden.

Die austretende 300 Grad heiße Luft hatte das Isolationsmaterial von nahe gelegenen elektrischen Leitungen thermisch so erheblich beschädigt, dass es nach dem Start im Laufe von 27 Minuten zu zahlreichen Kurzschlüssen mit intensiver Lichtbogenbildung kam. Dadurch war im Gepäckraum 4 ein lodernder Brand entstanden. Die Flammen brachten Kanister mit Enteisungsflüssigkeit (Ethylenglykol) zur Explosion. Im Verlauf des Brandes fielen verschiedene Systeme und Anlagen aus. So war es zu erklären, dass zuerst Schwierigkeiten mit der Höhensteuerung auftraten. Schließlich kam es durch den Brand an Bord zur Abtrennung des Heckteils mit dem Leitwerk. Die Maschine war nicht mehr zu beherrschen, der Absturz unvermeidlich.

Die Experimente mit nachgebauten Flugzeugteilen bestätigten die ermittelte Ursache. Selbst intakte Heißluftrohre waren wegen der zu großen Nähe für benachbarte elektrische Leitungen gefährlich. Damit war ein technischer Fehler infolge mangelhafter Konstruktion bloßgelegt. Aber von sowjetischer Seite kam kein Eingeständnis.

Verständlicherweise sehen es Konstrukteure und Hersteller nicht gern, dass Unglücksursachen in ihren Produkten begründet sein sollen. Besser für das Geschäft ist die Aufdeckung menschlicher Fehler als Unglücksursache, etwa bei der Bedienung oder Wartung. Damit lässt sich wohl auch erklären, dass die sowjetische Seite den DDR-Bericht nicht anerkennen wollte. Vielmehr wurde in dem Bericht der sowjetischen Kommission ein Fehler der Besatzung als Ursache für den Absturz angegeben. Die Tatsache aber, dass nach dem Abschlussbericht der DDR-Experten vom Hersteller technische Veränderungen in der beanstandeten Baugruppe und in der vorgeschriebenen Wartung eingeführt wurden, kommt einem praktischen Eingeständnis von Konstruktionsfehlern gleich.

Die Öffentlichkeit erfuhr damals nichts von alledem. Die Unglücksmaschine war die erste IL-62 gewesen, die man in der Sowjetunion für die DDR-Fluggesellschaft Interflug gekauft hatte. Doch die DDR-Führung wollte keinen Konflikt mit den sowjetischen Genossen. So wurde zwischen den Verantwortlichen von Partei und Regierung der DDR Stillschweigen über die Unfallursache vereinbart.

Die Ergebnisse der Untersuchungskommission wurden zuerst 1994 in dem Buch »Weg und Absturz der Interflug« von Karl-Dieter Seifert veröffentlicht. Vier Jahre später gingen die Fernsehautoren Titus Richter und Jens Stubenrauch in einem Bericht für den Mitteldeutschen Rundfunk noch einmal detailliert darauf ein.

Anflug auf einen Kiefernwald

Bohnsdorf, 1986

Genau 263 Stundenkilometer schnell war die aus Minsk kommende Aeroflot-Maschine CCCP 65 795 noch, als sie am 12. Dezember 1986 um 17.04 Uhr beim Landeanflug auf den Flughafen Berlin-Schönefeld mit dem ausgefahrenen Fahrwerk die Kronen eines Kiefernwaldes streifte. Das Wetter in Berlin war diesig, aber nicht neblig. Es herrschten Temperaturen um den Gefrierpunkt und ausreichende Sichtweite. Die Sinkgeschwindigkeit von zehn Metern pro Sekunde hielt sich im Bereich des Üblichen, nur manövrierte die TU-134A zu tief. Die Flughöhe hätte in diesem Bereich noch 150 Meter betragen müssen. Die Landebahn begann erst 3 008 Meter weiter südwestlich.

Statt auf der Landebahn ging das zweistrahlige Flugzeug mit 82 Menschen an Bord im Jagen 575 des Berliner Stadtforstes nieder. Die Maschine flog eine Rechtskurve, als es passierte: Bei der Berührung des rechten Hauptfahrwerks und der rechten Tragfläche mit den etwa 20 Meter hohen Kiefernwipfeln riss die rechte Rumpfseite auf, beim Kontakt mit dem Waldboden brach das Heckteil weg. Im selben Moment wurden Passagiere, manche noch angeschnallt in ihren Sitzen, aus den Öffnungen geschleudert. Das weiterrasende Bugstück pflügte eine tiefe Furche in den Erdboden. Den Tanks entströmte Kerosin, das infolge des Aufpralls sofort in Brand geriet. Binnen Sekunden

Luftaufnahme der Absturzstelle bei Berlin-Bohnsdorf 1986

glich die Schneise, die von der Unglücksmaschine in den Wald geschlagen worden war, einem Inferno.

Einige Autofahrer, die von dem nahen Berliner Autobahnzubringer den Absturz wahrgenommen hatten, und Bewohner einer benachbarten Gartensiedlung des Berliner Stadtteils Bohnsdorf wagten sich dennoch in den brennenden Kiefernwald und bargen meh-

Schneise im Wald bei Berlin-Bohnsdorf, geschlagen von der zu tief fliegenden TU-134A

rere Überlebende aus den Flammen. Zwölf Passagiere, darunter fünf Jugendliche aus einer Schweriner Schulklasse, konnten gerettet werden. Für 70 weitere Insassen, darunter ein österreichischer Fluggast und die gesamte sowjetische Besatzung, kamen die Hilfsversuche zu spät. Von den zwölf Überlebenden verstarben später noch zwei Opfer. Damit kostete dieser Unfall 72 Menschen das Leben.

Die sonst so verkrampften DDR-Medien reagierten diesmal überraschend schnell. Schon in den späten Abendstunden sah man im Fernsehen erste Aufnahmen von den nach oben ragenden verkohlten Rädern des Fahrwerks und ergreifende stumme Bilder von Suchkolonnen der Feuerwehr, der Volkspolizei und der Zivilverteidigung im Nachtdunkel. Am Unglücksort sprachen Reporter mit dem Verkehrsminister, Medizinern und anderen Helfern. Das Schicksal der Schweriner Schüler bewegte die Nation in Ost wie West besonders. Sie hatten für ihre guten Leistungen eine Reise in die Sowjetunion spendiert bekommen – und nun dieses grausige Ende.

Wieder standen die Berliner Gerichtsmediziner vor einer Aufgabe, die menschliches Fassungsvermögen beinahe überfordert: Jugendliche, halbe Kinder noch, auf dem Sektionstisch – das erschüt-

Abgebrochenes Triebwerk der Unglücksmaschine von 1986

tert den erfahrensten Obduzenten, wie intensiv auch immer er sich in einem langen Berufsleben mit der Ethik seiner medizinischen Aufgabe auseinander gesetzt hat. Hinzu kam das fachliche Problem. An Bord der Unglücksmaschine hatten sich 20 jugendliche Passagiere im Alter von 15 bis 16 Jahren befunden. Die Traumatisierung mit Zerstörung des äußeren Erscheinungsbildes und Verlust von Körperteilen sowie die hochgradige Verkohlung erschwerten die Befunderhebung beträchtlich. Jüngere Tote aus einem sehr engen Altersbereich nach einem solchen Massenunfall zu identifizieren, wenn keine Kleidungsstücke, Ringe oder dergleichen vorliegen, ist schwieriger als die Arbeit an erwachsenen Opfern. Wichtige medizinische Anhaltspunkte wie Krankheitsfolgen sind bei Jugendlichen selten und erlauben weniger oft Rückschlüsse auf die Person.

Diesmal waren die Reaktionszeiten kürzer und die Organisation funktionierte. Man hatte aus der Katastrophe von Königs Wusterhausen gelernt. Nach dem Flugzeugabsturz vom 14. August 1972 war eine zentrale Untersuchungskommission unter Leitung des Ministeriums des Innern gebildet worden, zu der auch Gerichtsmediziner gehörten. Die Mitglieder hatten Alarmierungs- und Einsatzübungen und regelmäßige Fortbildungslehrgänge absolviert. Im Kriminalistischen Institut der Deutschen Volkspolizei waren die notwendigen Unterlagen für den Katastrophenfall erarbeitet worden. Dazu gehörten ein »Methodischer Leitfaden zur Untersuchung folgenschwerer Unfälle im Zivilflugverkehr« und ein »Methodischer Leitfaden zur Identifizierung unbekannter Toter bei folgenschweren Unfällen«. Diese beispielhaften Ausarbeitungen enthielten alles Notwendige von den Sofortmaßnahmen bis zu speziellen kriminaltechnischen Methoden der Personenidentifizierung.

Im Absturzgebiet von Bohnsdorf arbeiteten vier Bergungstrupps. Es waren insgesamt 35 Personen, darunter acht Gerichtsärzte aus den Instituten in Berlin, Leipzig, Potsdam und Frankfurt/Oder sowie zwei Sektionsassistenten. Sie vermerkten die genauen Fundstellen in einem Koordinatensystem, beschrieben Kleidungsstücke, persönliche Wertgegenstände und Dokumente sowie wesentliche äußere Körpermerkmale der Toten. Die Befunde wurden in vorbereitete Bergungs- und Identitätskarten eingetragen. Gleichzeitig mussten alle Leichen, Leichenteile und Fundstücke aus persönlichem Besitz mit jeweils nur einmal vergebenen Nummern gekennzeichnet werden – eine gleichermaßen simple wie unverzichtbare Regel.

Nach der Bergung wurden alle Toten in die Hannoversche Straße transportiert, wo die vielen Särge einen Großteil des Institutshofs füllten. Anders als 1972 in Königs Wusterhausen entschied man sich gegen die weitere gerichtsmedizinische Arbeit vor Ort, um die optimalen Bedingungen im Institut, wie den Sektionssaal, die Abteilung für Toxikologische Chemie und das Blutgruppenlabor, zeitgleich nutzen zu können. Dort wurde die Befunderhebung fortgesetzt, ein Vergleich mit Daten von Vermissten und die Identifizierung vorgenommen. Damit waren 50 Angehörige des medizinischen Personals beschäftigt, darunter 19 Gerichtsärzte, fünf Zahnärzte, eine Röntgenärztin, zwei Gerichtschemiker sowie 16 Labor- und Sektionsassistenten. Die Arbeiten begannen am Mittag des 13. Dezember und dauerten bis zum späten Abend des 14. Dezember.

Folgende Untersuchungen wurden gemäß dem damaligen Stand der Wissenschaft durchgeführt:

- Fotografie (Übersichten und Details)
- Erfassung und Beschreibung der persönlichen Gegenstände
- Abnahme von Fingerabdrücken
- Leichenschau mit Protokollierung der äußeren Befunde
- Leichenöffnung mit Protokollierung der inneren Befunde und Feststellung der Todesursache
- Erhebung des Zahnstatus
- Vermessung von Extremitätenknochen (zum Beispiel Oberarm oder Oberschenkel) zur Körperlängenberechnung
- Entnahme von Knochen zur Röntgenidentifikation
- Materialentnahme zur Blutgruppenbestimmung (damals AB0- und Rhesus-System)
- Blut- und Gewebeentnahme zur Untersuchung des Alkohol- und Kohlenmonoxidgehalts sowie zur Klärung weiterer toxikologisch-chemischer Fragestellungen (zum Beispiel Medikamenten- oder Giftwirkung)
- Sicherstellung von Gewebeproben für mikroskopische Untersuchungen.

Als Todesursachen wurden schwere stumpfe Gewalteinwirkungen auf Schädel oder Rumpf, meist kombiniert als so genanntes Polytrauma, festgestellt. Hinzu kam Verbrennen, zum Teil auch in Kombination mit mechanischer Traumatisierung. Für anderweitige Schädigungen, insbesondere durch Sprengstoffexplosion oder Anwendung von Schusswaffen, fanden sich keine Hinweise.

Eine vorrangig zu beantwortende Frage war – wie immer in solchen Fällen – die nach der Flugtauglichkeit des Piloten. Ein damals umlaufendes Gerücht besagte, es sei Alkohol im Spiel gewesen. Das konnte durch die toxikologisch-chemischen Analysen eindeutig ausgeschlossen werden.

Bei dem Piloten erbrachte die Obduktion einen vorbestehenden krankhaften Organbefund, und zwar eine erheblich einengende Arteriosklerose der Herzkranzschlagadern mit mehreren kleinfleckigen Herzmuskelschwielen, also Narben, in der linken

Herzkammer als Zeichen vorausgegangener kleinerer Herzinfarkte. Es handelt sich hierbei um einen ernsthaften Befund, der nach der morphologischen Ausprägung die Fähigkeit zum Führen eines Flugzeugs beeinträchtigen könnte. Wir wissen nicht, ob die vorgeschriebenen Tauglichkeitsuntersuchungen krankheitsbedingte Einschränkungen der Herzfunktion, beispielsweise im EKG, erkennen ließen.

Die Zähne zeigen es

Schwieriger als die Bestimmung der Todesursache ist nach solchen Massenunfällen in aller Regel die Identifizierung der Opfer. Aufgrund der Passagierlisten konnten rasch Vergleichsdaten der Opfer beschafft werden. Außer Angaben zur Person, zur Bekleidung, zum Reisegepäck und zu anderen mitgeführten Gegenständen wie Uhren und Schmuck gehörten dazu auch Fotografien, Röntgenbilder und medizinische Behandlungsunterlagen.

Im Fall Bohnsdorf erwiesen sich erneut die zahnärztlichen Identifizierungsmethoden als besonders wichtig. Bei Fünfzehn- und Sechzehnjährigen sind noch kaum zur Individualisierung geeignete medizinische Befunde wie altersbedingte Organveränderungen, verheilte Knochenbrüche oder Operationsfolgen zu erwarten. Also mussten vor allem zahnärztliche Daten helfen. Auch in einer relativ homogenen Altersgruppe weisen Zahnanlage, Zahnentwicklung und Zahndurchbruch recht gute individuelle Unterschiede auf.

Schon gegen Ende des 19. Jahrhunderts setzte sich der odontologische Vergleich als neue Identifizierungsmethode durch. Dabei handelt es sich um einen Vergleich von Gebiss- und Kiefermerkmalen der Leiche mit den zu Lebzeiten dokumentierten zahnärztlichen Untersuchungsergebnissen und Behandlungsmaßnahmen. Als Beweis für eine Identität müssen die Befunde an der Leiche mit denen der vermuteten Person vollkommen übereinstimmen.

Wie effizient die Mitwirkung von Zahnärzten als Sachverständige bei der Identifizierung sein kann, zeigte sich schon nach einigen Brandkatastrophen im 19. Jahrhundert, beispielsweise nach dem Brand des Ringtheaters in Wien 1881 oder nach dem Großbrand im Pariser Wohltätigkeitsbasar am 4. Mai 1897, bei dem 126 Menschen ums Leben kamen. Die mit der Identifizierung beauftragten Zahnärzte verfügten über Schemata der Gebisse ihrer Patienten, aus denen sie auch die einzelnen Behandlungsmaßnahmen ersehen konnten. Einmal waren es Amalgam- oder Goldfüllungen, ein anderes Mal fehlende Zähne oder Zahnersatz, wodurch die Feststellung oder der Ausschluss der Identität gelang.

Der *odontologische Vergleich* bei den Opfern des Flugzeugunglücks von Bohnsdorf lieferte in 28 Fällen wichtige Hinweise. Elf Opfer wurden ausschließlich auf diese Weise identifiziert.

Die Zahnhartsubstanzen sind der härteste Stoff des menschlichen Körpers mit dem höchsten Anteil an anorganischem Material, das die große Widerstandsfähigkeit gegen äußere Einwirkungen bedingt. Verwiesen sei allerdings darauf, dass selbst die harten Zahnbestandteile gegenüber Hitzeeinwirkung nur begrenzte Widerstandsfähigkeit besitzen. Bei höheren Temperaturen verfärben sie sich zuerst schwärzlich, später werden sie spröde und brüchig. Sie können schließlich platzen und weitgehend (bis auf kalzinierte Wurzelreste) verbrennen. Die einzelnen Füllungsmaterialien und anderen zahnärztlichen Werkstoffe besitzen eine unterschiedliche Hitzeresistenz. Provisorische Füllmaterialien, Kunststoffe oder Amalgam verbrennen (vor allem im Frontbereich) relativ rasch, Zement- oder Keramikmaterial kann platzen oder herausfallen, lässt sich aber in Materialresten auch nach längerer Einwirkungsdauer noch nachweisen. Vom Zahnarzt verwendete Edelmetall-Legierungen mit hohen Schmelzpunkten bleiben lange nachweisbar.

Schon im Altertum sollen Zahnmerkmale zur Personenidentifizierung herangezogen worden sein, aber erst im 19. und 20. Jahrhundert erhielt die Forensische Zahnmedizin eine wissenschaftliche Basis. Wie bereits geschildert, hatten schwere Brandkatastrophen die Verwertung von Zahnbefunden für die Identifizierung der bis zur Unkenntlichkeit verbrannten Menschen notwendig gemacht. Von späteren Fällen ist vor allem die Identifizierung der verkohlten Überreste Adolf Hitlers durch internationale Fachleute berühmt geworden.

Die Zahnentwicklung unterliegt im Wesentlichen einer genetischen Steuerung und ist nur gering von Ernährung, Hormonhaushalt oder Krankheiten abhängig. Das bedeutet, das Zahnalter zeigt eine recht gute Korrelation zum kalendarischen Alter, sie ist besser als die Korrelation zur Skelettentwicklung oder gar zur sexuellen Reifung.

Die Entwicklungsphase des Gebisses beginnt im Embryonalstadium von etwa sechs Wochen und reicht etwa bis zum 18. Lebensjahr. Anlage und Ent-

wicklung der Zähne lassen sich am besten durch Röntgenuntersuchungen beurteilen.

In den folgenden Lebensabschnitten treten Um- und Abbauprozesse in den Vordergrund. Bei identifizierenden Untersuchungen nach Massenunfällen stützt man sich vor allem auf die Wurzeldentintransparenz. Mit dem dritten Lebensjahrzehnt nämlich beginnt an der Wurzelspitze eine optische Transparenz aufzutreten, die sich mit zunehmendem Lebensalter zur Zahnkrone hin ausdehnt. Die Transparenzzone der Zahnwurzel lässt sich am gezogenen Zahn über einer starken Lichtquelle bei Durchleuchtung des Zahnes messen.

Im Falle von Personenidentifizierungen werden die zahnärztlichen Befunde auf speziellen Formblättern erfasst oder in Schemata eingezeichnet, so genannte Odontogramme. Dabei ist weltweit ein Kennzeichnungssystem für jeden Zahn anerkannt, welches von der Fédération Dentaire Internationale (FDI) empfohlen wurde: In dem »Two-Digit-System« erhält jeder Zahn zwei Ziffern, die erste Ziffer kennzeichnet die vier Quadranten von Ober- und Unterkiefer (1, 2, 3 und 4 für das Permanentgebiss; 5, 6, 7 und 8 für das Milchgebiss), die im Uhrzeigersinn von rechts oben beginnend gezählt werden. Die zweite Ziffer kennzeichnet von der Mitte nach außen laufend den jeweiligen Zahn. Im Milchgebiss gibt es naturgemäß nur die Ziffern 1–5 für die insgesamt 20 Zähne in vier Quadranten, im Dauergebiss die Ziffern 1–8 für die insgesamt 32 Zähne in vier Quadranten. So bezeichnet die Angabe 11 (gelesen eins–eins) den ersten Schneidezahn rechts oben, die Angabe 48 (vier–acht) den Weisheitszahn rechts unten, die Angabe 51 (fünf–eins) den ersten Schneidezahn rechts oben im Milchgebiss.

Individuelle Hinweise auf die Person liefern insbesondere Abweichungen der Zahnzahl (zum Beispiel nicht angelegte oder nicht durchgetretene Zähne), Anomalien der Zahnstellung (zum Beispiel relativ häufig auftretend ein Diastema oder Trema, womit eine Lücke zwischen den Zähnen bezeichnet wird), Kariesbefunde (häufig schon bei Kindern und Jugendlichen zu beobachten), Zahnverlust (durch zahnärztliche Extraktionen oder durch Verletzungen), zahnärztliche Maßnahmen wie Füllungen oder Zahnersatz in Form von Kronen, Brücken, Teil- oder Vollprothesen. Zahnärztliche Techniken und Materialien sind in ständiger Weiterentwicklung begriffen und bieten insgesamt ein großes Spektrum von Möglichkeiten, die nicht nur die individualisierenden Merkmale vervielfachen, sondern mitunter auch Hinweise auf die Herkunftsregion und auf den Zeitraum der Behandlung liefern.

Ansonsten ist es schwierig, odontologische Hinweise für eine ethnische Zugehörigkeit zu gewinnen. Zwar gibt es Unterschiede zwischen Europäern,

Afrikanern und Asiaten (zum Beispiel Form und Größe der Schneidezähne, Anzahl der Kauhöcker von Mahlzähnen oder Form der Kieferbögen), doch diese statistischen Unterschiede sind im Einzelfall wenig aussagekräftig.

Gleiches gilt für Hinweise auf die soziale Stellung: Der Pflegezustand des Gebisses und Zeichen kostspieliger Behandlungen geben nur unsichere Anhaltspunkte. Besonders fällt der schlechte Erhaltungszustand der Zähne bei Alkoholikern und Drogenabhängigen auf. Gelegentlich lassen sich am Gebiss bestimmte Gewohnheiten wie das Pfeiferauchen an charakteristischen Abnutzungen erkennen.

Als wichtige Vergleichsgrundlage werden – soweit möglich – die Aufzeichnungen des behandelnden Zahnarztes herangezogen, auch Röntgenaufnahmen oder Gebissmodelle können geeignet sein. In Industriestaaten liegen zahnärztliche Dokumente in der Regel schon von Kindern und Jugendlichen vor.

Erwähnt sei noch, dass bei Massenunfällen mit hochgradiger Gewebezerstörung vor allem Zähne eine gute Materialquelle für die molekulargenetischen Untersuchungen der Erbsubstanz DNS darstellen. In der Wurzelhöhle sind die für die DNS-Analyse benötigten Zellen (Blut- und Nervenzellen, Odontoblasten) gut geschützt, vor allem, solange der Zahn im Zahnfach verankert ist.

Drei Tage nach der Katastrophe von Bohnsdorf waren alle 70 Toten identifiziert. Die Ursache des Unglücks aber wurde nie ganz aufgeklärt. Der Flughafen Berlin-Schönefeld war zur Zeit des Absturzes der TU-134A sowohl von der technischen wie auch von der meteorologischen Seite her voll einsatzfähig. Die Flugleitung in Berlin-Schönefeld handelte exakt nach den internationalen Regeln. Klar ermittelt wurde laut offizieller Verlautbarung der DDR-Behörden nur, dass der Flugzeugführer die Regeln des Landeanflugs verletzt hatte. Was ihn dazu veranlasste, blieb im Dunkeln. Nicht ausgeräumt werden konnte der damals kolportierte Verdacht, dass es sprachliche Verständigungsschwierigkeiten zwischen der Crew und dem Tower gegeben habe.

Der Flugzeugabsturz vom 12. Dezember 1986 war ein wichtiger Grund, bei Regierungsbehörden die Anschaffung und den Einsatz von Computern für die umfänglichen Untersuchungen nach folgenschweren Unfällen anzumahnen. Diese Forderung wurde auch von Experten aus der Kriminalistik, der Zahnmedizin und der Flugmedizin vertreten. Es sollte nur knapp drei Jahre dauern, bis die Berliner Gerichtsmediziner mit der nächsten Flugzeugkatastrophe konfrontiert wurden.

Fehlstart in den Tod

Schönefeld, 1989
Wieder war es ein Unfall einer Interflug-Maschine, und wieder war das Höhenruder im Spiel. Am 17. Juni 1989, um 8.22 Uhr, rollte die planmäßige Linienverkehrsmaschine nach Moskau-Scheremetjewo von der Parkposition auf die Startbahn. An Bord 103 Passagiere und zehn Besatzungsmitglieder. Nichts deutete bei den letzten Kontrollen auf einen Defekt hin, Höhen- und Seitenruder funktionierten einwandfrei. Der Startvorgang wurde um 08.27.42 Uhr eingeleitet, die Triebwerke kamen auf Touren, und die IL-62M mit dem Kennzeichen DDR-SEW gewann schnell an Fahrt.

Nur 27 Sekunden später der Schock im Cockpit: Der Flugkapitän gibt das Kommando »Startabbruch«. Die Geschwindigkeit beträgt schon mehr als 260 Stundenkilometer, und die Maschine wird immer noch schneller. Aber sie kommt nicht vom Boden weg. Zu spät hat der Flugkapitän erkannt, dass das Höhenruder nicht funktioniert. Dem Bordingenieur misslingt der Versuch, die Umkehrschubklappen umzulegen und die Spoiler auszufahren. Um 08.28.14 Uhr, weitere fünf Sekunden sind vergangen, schaltet er die äußeren Triebwerke ab, eine Sekunde später auch die inneren Triebwerke. Die Geschwindigkeit der Maschine beträgt zu diesem Zeitpunkt 303 Stundenkilometer, und sie hat nur noch 940 Meter Startbahn zum Abbremsen vor sich. Der Kommandant betätigt die Hauptbremsanlage und gleich darauf auch die Notbremsanlage. Beide zeigen keine spürbare Wirkung, lediglich fünf Reifen des Fahrwerks werden zerstört. Das Ende der Startbahn ist erreicht. Mit 262 Stundenkilometern rast das Flugzeug auf die Grasnarbe und weiter über eine 40 Zentimeter tiefe Baugrube. Das rechte Hauptfahrwerk bricht weg, der rechte Tragflügel und die rechte Landeklappe setzen auf. Die schwer beschädigte Maschine schrammt an der Kurswegantenne des Landesystems vorbei, durchbricht die Einzäunung des Flughafengeländes, reißt sechs Straßenbäume weg und verliert an einem Wassertank den linken Tragflügel. Bei dieser Höllenfahrt zerbricht die IL-62M DDR-SEW schließlich in mehrere Teile. In einem Maisfeld kommen die Trümmer brennend zum Stehen.

Zerstörte IL-62M nach dem Fehlstart in Berlin-Schönefeld 1989

»Wir saßen ganz vorn«, berichtete später einer der Passagiere den Journalisten. »Sekunden nach dem Start merkten wir, wie das Flugzeug bremste. Gleich darauf holperte es mächtig. Dann kamen die Bäume. Ein mächtiger Krach. Die linke Tragfläche riß ab. Alles Mögliche flog durch die Gegend. Dann lag die Maschine so, daß die normalen Ausstiege blockiert waren. Einige sind aus der Bruchstelle gleich hinter der Kanzel herausgekrochen, andere kamen aus den Notausstiegen. Hinten brannte es lichterloh.« Der Mann, ein Alpinist, half mehreren Mitpassagieren ins Freie.

Ausgebranntes Rumpfsegment der IL-62M

Eine Stewardess erlebte das Ende auf dem Maisfeld so: » Die vordere Kabine lag auf der linken Seite. Sitze waren aus der Verankerung herausgerissen. Als wir uns abschnallten, fielen auch wir hinunter. Ich habe versucht, den Notausstieg zu öffnen, der 30 bis 40 Zentimeter über dem Boden lag. Der zweite Notausstieg befand sich jetzt oben.

Unser Steward und ein Passagier öffneten ihn. Viele der 43 Passagiere in der Vorderkabine konnten die Maschine über diesen Notausstieg verlassen.«

Drei Minuten nach dem Startabbruch der IL-62M DDR-SEW erreichte der erste Löschzug der Flughafen-Feuerwehr die Unglücksstelle. Im letzten Augenblick konnte verhindert werden, dass der Brand auf den zweiten Tragflügel übergriff. Dieser enthielt 15 000 Liter Treibstoff. Sie wurden mit chemischen Mitteln abgekühlt und dann abgepumpt.

Für 17 Passagiere kam die Hilfe zu spät, 15 von ihnen verstarben an der Unfallstelle und zwei Schwerverletzte auf dem Transport in eine Klinik. Unter den Todesopfern waren zwei Kinder. Von den Verletzten wurden 36, darunter 15 Schwerverletzte, in verschiedenen Krankenhäusern in und um Berlin medizinisch versorgt. Noch vier erlagen später ihren Brandverletzungen.

Neues Deutschland / 20. Juni 1989 / Seite 3

Opfer des Flugzeugunglücks

vom Sonnabend in Berlin-Schönefeld

Doris B l u m e
48 Jahre, Ehrenhain, Kreis Altenburg

Renate B ö h m e
56 Jahre, Dessau

Uwe B ö r n e r
29 Jahre, Halle

Monika B u g g e r t
45 Jahre, Schwedt (Oder)

Andrea C h w a l c z y k
44 Jahre, Berlin

Franziska F e l s c h
5 Jahre, Halle

Brigitta H u h n
48 Jahre, Apolda

Maximilian K ä ß n e r
5 Jahre, Cottbus

Peter L o r c h
40 Jahre, Wismar

Jürgen M a i k a t h
48 Jahre, Berlin

Anni M a t t h e ß
59 Jahre, Lehesten, Kreis Lobenstein

Hans M a t t h e ß
65 Jahre, Lehesten, Kreis Lobenstein

Vera O r t e l
52 Jahre, Schwedt (Oder)

Joachim S c h u l z
65 Jahre, Meißen

Matthias S t r a u b e
26 Jahre, Dresden

Jutta W e n d e
49 Jahre, Berlin

Michal T r z s e p i z u r
Bürger der Volksrepublik Polen
26 Jahre, Warschau

Traueranzeige für die Opfer des Flugzeugunglücks 1989

Über den Hergang des Flugzeugunglücks wurden in den folgenden Wochen mehr als 11 000 Aktenblätter beschrieben. Das Zentrale Kriminalamt des DDR-Innenministeriums sorgte für die Auswertung des Flugschreibers, die technische Untersuchung des Flugzeugwracks und anderer Spuren und analysierte die Aussagen der überlebenden Besatzung. Eine Auswertung des Cockpit-Tonaufzeichnungsgeräts, des Voice-Recorders, war infolge Brandeinwirkung nicht möglich.

Die IL-62M DDR-SEW war erst zehn Monate zuvor in Dienst gestellt worden und verzeichnete nur knapp 2 000 Flugstunden bei 546 Landungen. Der gültige Wartungsrhythmus von 460 Stunden war korrekt eingehalten worden. Bei der letzten Inspektion hatte man ein Triebwerk gewechselt. Die Kontrollen nach den Wartungen waren regelgerecht erfolgt und hatten keine Hinweise auf Störungen gegeben.

Es ließ sich rekonstruieren, dass in der Startphase bei einer Geschwindigkeit von 250 Stundenkilometern – der Abhebegeschwindigkeit für das Bugrad – der Kommandant vergeblich durch Ziehen der Steuersäule versucht hatte, das Höhenruder zu betätigen. So richteten sich die weiteren Untersuchungen auf die Blockierung der Höhensteuerung. Ursächlich kam entweder ein technischer Defekt oder ein Bedienungsfehler in Frage. Ein technischer Mangel an der Ruderarretierungsanlage konnte aber nicht nachgewiesen werden. Ebenso gab es keine Hinweise für eine Fehlbedienung des Arretierungsschalters durch den Flugkapitän. Der Ermittlungsbericht hielt fest, dass »insgesamt keine Verstöße gegen Rechtsvorschriften und innerdienstliche Bestimmungen für die Vorbereitung und Durchführung des Fluges festgestellt wurden, die im Kausalzusammenhang mit dem Flugunfall stehen«. Im Mai 1990 stellte die Generalstaatsanwaltschaft der DDR die Ermittlungen ein. Ein Gerichtsverfahren gab es zunächst nicht.

Dann aber kam das Ende der DDR, und der Flugunfall hatte doch noch ein gerichtliches Nachspiel: Ein Angestellter nahm einen großen Teil der Akten bei Auflösung der DDR-Institutionen mit nach Hause. Als drei Jahre später ein Verletzter aus der Unglücksmaschine wegen Schadenersatz klagen wollte, gab der Beamte die Akten heraus. Eine Untersuchung durch das Luftfahrt-Bundesamt führte dann zu dem Verdacht, dass ein Fehlverhalten der Besatzung die Katastrophe vom 17. Juni 1989 in Schönefeld bewirkt haben könnte.

Im Juli des Jahres 1996 schließlich, sieben Jahre später, stand der Bordingenieur Manfred Sch. vor den Schranken des Berliner Landgerichts in Moabit. Dem 52-Jährigen wurde vorgeworfen, den Tod von 21 Passagieren auf dem Flughafen Berlin-Schönefeld verursacht zu haben. Der Bordingenieur, so die Anklage, habe falsch reagiert. Als der Pilot den Fehler am Höhenleitwerk bemerkte und den Startabbruch befahl, habe er die Triebwerke nur abgeschaltet, statt sie auf Umkehrschub zu stellen.

Das Gericht folgte der Anklage nicht. Erstens sei bei der erreichten Geschwindigkeit nach Ansicht von Luftfahrtexperten gar kein Abbruch des Starts mehr möglich gewesen, weshalb auch »kein vernünftiger Mensch« mit einem solchen Befehl habe rechnen können. In den Sekundenbruchteilen, die dem Bordingenieur zur Verfügung standen, habe er keine rationale Entscheidung treffen können. Zweitens seien Konstruktionsfehler des Flugzeugs erkennbar geworden, so die Blockierung des Höhenruders, ohne dass ein Warnzeichen für den Piloten abgegeben wurde. Drittens habe es schwerwiegende Mängel in der Ausbildung des Flugpersonals gegeben. Viertens sei die Ausstattung der Maschine mangelhaft gewesen, was zu einer Blockade der Ausgänge während der Katastrophe führte.

Der Bordingenieur wurde freigesprochen.

Mörderisches Kohlenmonoxid

Die Leichenöffnungen ergaben bei vier Verstorbenen ein mechanisches Trauma als Todesursache: schwere Verletzungen von Kopf und Rumpf. Weitere 13 Katastrophenopfer, die meisten also, waren durch *Rauchgasvergiftung* und Verbrennen gestorben. Die Diagnose stützte sich auf die erhöhten Konzentrationen von Kohlenmonoxid im Blut mit CO-Hb-Werten zwischen 20 und 53 Prozent sowie weitere vitale Zeichen der Brandeinwirkung.

Die Einatmung giftiger Rauchgase ist eine gefährliche Begleiterscheinung bei Bränden und stellt ein schwerwiegendes medizinisches Problem dar. Beim Brand im Düsseldorfer Flughafengebäude im April 1996 zum Beispiel waren 17 Todesopfer zu beklagen, 16 von ihnen verstarben am Ort der Katastrophe an einer Rauchgasvergiftung, teilweise sogar in erheblicher Entfernung vom Brandherd durch fortgeleitete Rauchgase. Die Erfahrungen aus dem Einzugsbereich einer Großstadt wie Berlin zeigen, dass die Mehrzahl der Opfer bei Wohnungsbränden nicht durch Verbrennungen, sondern durch eine Rauchgasvergiftung verstirbt.

Am häufigsten tritt die Vergiftung durch Kohlenmonoxid auf. Das hochgiftige Gas entsteht bei jeder unvollständigen Verbrennung. Bereits seine chemische Formel CO deutet darauf hin, dass bei der Verbrennung ein Sauerstoffmangel vorlag. Anders verhält es sich mit dem ungiftigen Kohlendioxid CO_2*, das im menschlichen Körper als Abbauprodukt der Energiegewinnung entsteht und abgeatmet wird.*

Das Kohlenmonoxid (alter Name Kohlenoxyd) entwickelt seine verheerende Wirkung, indem es sich nach Einatmung und Übertritt in das Blut an den roten Blutfarbstoff Hämoglobin bindet und dadurch den Transportplatz für den Sauerstoff besetzt. Die Affinität zum Hämoglobin ist beim Kohlenmonoxid 300-mal (!) größer als beim Sauerstoff. So ist es nicht verwunderlich, dass bereits einige Atemzüge in verqualmter Atmosphäre genügen, um eine Vergiftung einzuleiten. Schon wenig später tritt Bewusstlosigkeit ein, womit verständlich wird, warum sich viele Opfer eines Wohnungsbrandes nicht mehr selbst retten können.

Als lebensgefährlich gelten Konzentrationen von mehr als 50 Prozent Kohlenmonoxid-Hämoglobin im Blut. Schwache, kreislaufkranke, auch alte Personen können jedoch schon an geringeren Konzentrationen sterben. Noch einmal zum Vergleich: Bei Nichtrauchern werden CO-Hb-Werte um 0,5 bis 2 Prozent, bei starken Rauchern bis 10 Prozent gemessen.

Der stark mit Kohlenmonoxid beladene Blutfarbstoff unterscheidet sich vom normalen Blut durch eine erhöhte Stabilität gegen Laugen, Säuren und Hitze. Dies machte sich die Gerichtsmedizin zunutze und entwickelte entsprechende Nachweisverfahren, die einfach durchführbar sind und daher bereits im Sektionssaal während der Leichenöffnung eingesetzt werden können. Sie liefern jedoch nur einen qualitativen Nachweis bei hohen CO-Hb-Konzentrationen und geben somit lediglich eine grobe Orientierung. Der exakte quantitative Nachweis ist den toxikologisch-chemischen Zusatzuntersuchungen vorbehalten.

Bei der Leichenöffnung fällt eine hellrote Färbung des Blutes auf. Weitere charakteristische, wenn auch nicht immer gleich deutlich ausgeprägte Befunde sind hellrote Totenflecke und eine hellrote Färbung der Muskulatur. Häufig geht die Kohlenmonoxidvergiftung mit Erbrechen, mit Einatmung von Nahrungsbrei und mit Kotabgang einher.

Zusammen mit der Ablagerung von Ruß in den Atemwegen und im Magen bilden CO-Hb-Konzentrationen von mehr als 10 bis 15 Prozent die vitalen Zeichen der Rauchgasvergiftung. Mit deren Hilfe kann der Gerichtsmediziner den Nachweis führen, dass der Verstorbene bei Ausbruch des Brandes noch gelebt hat, da diese Befunde nur bei Einatmung von Rauchgasen und durch Verschlucken von Rußteilchen entstehen können.

Nicht ungefährlich wegen des CO-Anteils war das früher im Haushalt verwendete Stadtgas, auch Leuchtgas genannt. Es bestand zu etwa 10 Prozent aus Kohlenmonoxid. Durch undichte Gasleitungen, Armaturen oder Kochstellen kam es mitunter zu Vergiftungsfällen. Traurige Berühmtheit erlangte das Stadtgas als leicht handhabbares Mittel zur Selbsttötung. »Sie/er hat den Gashahn aufgedreht«, war eine verbreitete Redewendung im 20. Jahrhundert.

In den letzten Jahrzehnten wurde das Stadtgas in Deutschland schrittweise durch das weitgehend ungiftige Erdgas ersetzt. Allerdings bildet sich bei unvollständiger Verbrennung von Erdgas eine gewisse Menge Kohlenmonoxid. Infolge mangelnder Sauerstoffzufuhr sind in kleinen Räumen wie Bad oder Wohnwagen bei fest geschlossenen Fenstern und Türen tödliche Vergiftungen möglich. Das Erdgas kann aber auch für sich allein durch Verdrängung des Luftsauerstoffs zur Erstickung führen.

In etwa gleicher Konzentration wie im Stadtgas findet sich Kohlenmonoxid in Autoabgasen. Deshalb sind – wenn auch selten – Unfälle bei laufenden Motoren in geschlossenen Räumen oder Suizide durch Einleiten der Abgase in den Fahrzeuginnenraum bekannt geworden.

Schließlich soll noch auf ein Phänomen der Neuzeit verwiesen werden – Cyanverbindungen als Bestandteil der Rauchgase. Zu dieser Stoffgruppe gehören die Blausäure und ihre Salze, die Cyanide. Morde und Selbsttötungen vor allem mit Kaliumcyanid, besser bekannt als Zyankali, sind vorgekommen und geistern auch durch die Kriminalliteratur. Die Cyanverbindungen entfalten ihre verhängnisvolle Wirkung im Organismus anders als das Kohlenmonoxid. Das toxisch wirkende Cyanidion blockiert in der Zelle ein Enzym, das für die Verwertung des Sauerstoffs im Körpergewebe notwendig ist. Es kommt zur so genannten inneren Erstickung (im Gegensatz zur äußeren Erstickung, die durch eine Verlegung der Atemwege entsteht). Als Bestandteil von Rauchgasen finden sich Cyanverbindungen bei der Verschwelung stickstoffhaltiger Kunststoffe. Verbreitete Vertreter dieser Gruppe sind die Polyurethane, die beispielsweise als Isoliermaterial bei elektrischen Bauteilen und Geräten vorkommen, aber auch in Schaumstoffen für Matratzen und sonstige Polsterungen zu finden sind.

Weitere, ebenfalls hochgiftige Substanzen, die bei der Verbrennung von Kunststoffen entstehen können, sind Chlorwasserstoff, Phosgen und Dioxine, letztere 1000-mal giftiger als Zyankali. Eine Substanz aus der Dioxingruppe mit der Abkürzung TCDD wurde als so genanntes Seveso-Gift bekannt, das bei einem Störfall im Juli 1976 aus den Produktionsanlagen eines Chemiewerkes der norditalienischen Stadt austrat und die Umgebung verseuchte.

Hilfreiche Röntgenbilder

Die Untersuchung der Opfer des Flugzeugunglücks von Schönefeld erfolgte im Charité-Institut in der Hannoverschen Straße. Sie erstreckte sich bis weit in die Nacht. Bei der Befunderhebung und Identifizierung der Toten waren 51 medizinische Fachleute im Einsatz, darunter 22 Gerichtsmediziner, zwei Zahnärzte, zwei Röntgenärzte, zwei Gerichtschemiker und sechs Laborassistentinnen sowie fünf Sektionsassistenten. Aus Potsdam, Frankfurt/Oder, Leipzig und Greifswald kamen Kollegen, um mitzuarbeiten.

Hochgradige Verbrennungen bei den meisten der Verstorbenen aus Schönefeld erschwerten die Arbeit der Gerichtsmediziner erheblich. Nicht nur die Bekleidung, auch das äußere Erscheinungsbild der Toten war zerstört.

Bei allen Verstorbenen konnten das Geschlecht, das vermutliche Lebensalter – mit einer Schwankungsbreite von fünf bis zehn Jahren – und die annähernde Körpergröße bestimmt werden. Individualisierende Merkmale bei den stark verbrannten Opfern fanden sich am Gebiss. Innere Leichenbefunde wie Gallensteine, frühere Magenoperationen, Herzklappenfehler, eine länger zurückliegende Gebärmutterentfernung und krankhafte Veränderungen der Gebärmutter erbrachten weitere Erkenntnisse.

Als besonders hilfreich angesichts der hochgradig thermisch geschädigten Opfer erwies sich die Identifizierung durch Röntgenbilder. Zum Vergleich konnten Aufnahmen herangezogen werden, die aus Röntgenreihenuntersuchungen stammten, einer in der DDR üblichen Maßnahme zur Früherkennung von Lungenkrankheiten. In den Archiven der Fachabteilungen von Polikliniken waren praktisch von allen Erwachsenen Schirmbildaufnahmen des Brustkorbs vorhanden. Ein Vergleich mit Röntgenbildern von der Leiche erlaubte den sicheren Nachweis oder Ausschluss der Personenidentität. Das Verfahren wird denn auch in der Fachsprache *Röntgenidentifikation* genannt.

Die Identitätsfeststellung unbekannter Toter anhand von Röntgenaufnahmen basiert auf dem vergleichenden Erfassen und Bewerten von Formen, Konturen und Strukturen der Knochen. Prinzipiell eignen sich alle Skelettabschnitte für die Identifikation. Es gibt an jedem Knochen unzählige Normvarianten, die einen Menschen unverwechselbar machen. Aufgrund der hohen individuellen Variabilität des gesamten Skeletts bietet das Röntgenbild dieselbe Aussagesicherheit wie der Fingerabdruck.

Die entscheidenden Vorzüge des Röntgenverfahrens gegenüber der Daktyloskopie resultieren aus den Eigenschaften der Knochen. Die lange Haltbarkeit und die große Widerstandsfähigkeit ermöglichen eine Identitätsfeststellung noch lange Zeit nach dem Tod und ebenso nach extremen äußeren Einflüssen. Schließlich sind bei weitem nicht von allen Menschen die Fingerabdrücke gespeichert, die zum Vergleich mit den Abdrücken von der Leiche benötigt werden. Auch DNS-Merkmale sind an hochgradig veränderten Leichen – insbesondere nach Hitzeeinwirkung – nicht immer zuverlässig bestimmbar.

Im Regelfall ist der Identitätsnachweis möglich durch eine vollständige Übereinstimmung der anatomischen Eigenheiten, die sich im Röntgenbild darstellen. Für den Merkmalsvergleich können außerdem verheilte oder frische Knochenbrüche, Alterungsmerkmale und krankhafte Skelettveränderungen herangezogen werden. Allerdings gibt es an den Gliedmaßen typische Stellen, an denen der Knochen bricht. Deshalb reicht der übereinstimmende Nachweis eines Knochenbruchs an gleicher Stelle allein nicht aus. Werden Alterungszeichen und Krankheitserscheinungen an den Knochen zum Vergleich herangezogen, muss berücksichtigt werden, dass sich diese Merkmale verändern. Beispielsweise nehmen die häufig auftretenden Abnutzungs- und Umbauerscheinungen an Gelenken mit der Zeit zu. Gibt es keine aktuellen Röntgenaufnahmen, sind diese Veränderungen der Knochenstruktur für einen Bildvergleich nicht mehr geeignet.

Stehen Vergleichsaufnahmen nicht zur Verfügung, können neben Erkenntnissen über das Lebensalter auch krankheitsbedingte Knochenveränderungen, Eigenheiten infolge sportlicher Betätigungen oder Rassemerkmale am Skelett bei der Identifizierung hilfreich sein.

Weiterhin erleichtert das Röntgen die Auffindung metallischer Gegenstände im Körper, wie Gelenkprothesen oder zur Knochenbruchheilung operativ eingebrachte Nägel. Derartige Befunde können wertvolle Identifizierungsmerkmale sein.

Unverwechselbare Stirnhöhlen

Besonders vielfältig sind die individuellen Normvarianten am Schädel. Das hilft nicht nur bei der Identifizierung von Toten. Anfangs versuchte man auch, diese Besonderheiten bei der vorbeugenden Verbrechensbekämpfung zu nutzen. Es sei deshalb hier in die Berichterstattung über Berliner Luftfahrtkatastrophen ein kleiner Exkurs in die Geschichte der Forensischen Radiologie eingeschoben.

Bereits 1901, nur sechs Jahre nach der Entdeckung der Röntgenstrahlen, schrieb der Cottbuser Kreisphysikus und Gefängnisarzt Dr. Ludwig Wilhelm Liersch: »Schliesslich möchte ich noch darauf hinweisen, dass durch Röntgen-Durchleuchtungen, zumal wenn sie immer noch mehr vervollkommnet und billiger werden, die Conturen des Schädels besonders sich auszeichnender Verbrecher wohl besser zur Recognition derselben würden aufbewahrt werden können als durch Photographien der sich willkürlich oder durch das Alter, durch Ernährung, Lebensweise usw. leicht ändernden Physiognomien.«

Die grundlegenden Untersuchungen wurden zu Beginn der zwanziger Jahre veröffentlicht. Speziell der außerordentliche Formenreichtum der Stirnhöhlen begründet den Identifizierungswert des Schädels. Als erster hat der Wiener Neurologe Professor Dr. Arthur Schüller darauf aufmerksam gemacht. In der Monatsschrift für Ohrenheilkunde vom November 1921 erschien sein Beitrag »Das Röntgenogramm der Stirnhöhle. Ein Hilfsmittel für die Identitätsbestimmung von Schädeln«. Diese Erkenntnisse nutzten die Amerikaner Dr. William L. Culbert und Dr. Frederick M. Law, die im Februar 1926 erstmalig den Röntgenbildvergleich am Schädel zur Personenidentifizierung praktisch einsetzten. Aufgrund der Übereinstimmung von 13 individuellen Merkmalen der Augen- und der Nasennebenhöhlen sowie von sieben weiteren im Bereich des rechten Warzenfortsatzes konnten sie die Identität einer unbekannten Wasserleiche zweifelsfrei klären.

Trotz anfänglicher Erfolge wurde von der Möglichkeit eines Röntgenbildvergleichs zunächst nur wenig Gebrauch gemacht. Besondere Verdienste um die Verbreitung und Anwendung der röntgendiagnostischen Personenidentifizierung erwarb sich der Erlanger Anatom und Radiologe Professor Dr. Axel Neiß. Im Jahr 1968 erschien seine bedeutsame Monographie »Röntgenidentifikation«, die auch ein Kapitel über Ursachen und Hergang von Flugzeugunglücken enthält. Inzwischen hat sich dieses Verfahren in der rechtsmedizinischen Praxis etabliert, und vor Gericht ist es als Beweis allgemein anerkannt.

In Berlin wurde das Verfahren schon in den Anfangsjahren nach der Entdeckung der Röntgenstrahlen für gerichtsärztliche Untersuchungen genutzt. In der Ärztlichen Sachverständigen-Zeitung vom 1. Dezember 1916 ist zu lesen: »An der Unterrichtsanstalt für Staatsarzneikunde der Kgl. Universität zu Berlin, Hannoversche Str. 6 (Direktor: Geheimrat Prof. Dr. Straßmann), ist eine Röntgenabteilung unter Leitung von Dr. G. Bucky eingerichtet worden, die für gerichtlich-medizinische Untersuchungen und Begutachtungen bestimmt ist. Die Abteilung steht allen als gerichtliche Sachverständige tätigen Ärzten für die genannten Zwecke zur Verfügung.«

Dr. Gustav Bucky gehörte zu den Ersten, die sich intensiv mit der Anwendung der Röntgentechnik in Gerichtsmedizin und Kriminalistik beschäftigten. Seine Vorschläge reichten vom röntgenologischen Nachweis verschiedener Verletzungen bis zur Prüfung von Edelsteinen und Perlen auf Echtheit.

Frühzeitig wandte sich Bucky der Personenidentifizierung durch Röntgenbilder zu. Gemeinsam mit dem Berliner Gefängnisarzt Dr. Ludwig Hirsch unternahm er 1921 radiographische Messversuche. Sie entwickelten eine einfache Durchleuchtungstechnik, mit der vier Knochenmaße der Hand abgelesen werden konnten. Diese Messwerte sollten registriert und im Bedarfsfall zur Wiedererkennung verwendet werden. Wie alle Methoden dieser Art setzte sich auch die Messung der Fingerknochen zur Identifizierung lebender Personen nicht durch. Dagegen ist es bis heute üblich, die Hände zu röntgen, um an der Ausprägung der Knochenkerne und dem Verschluss der Wachstumsfugen das Lebensalter von Kindern, Jugendlichen und jungen Erwachsenen zu schätzen.

Auch mit diesem Problem hat sich Bucky zu Beginn der zwanziger Jahre beschäftigt. Er war seit 1910 als Spezialarzt für Röntgenologie in eigener Praxis tätig und leitete daneben die Fachabteilungen mehrerer Berliner Krankenhäuser. Im Jahr 1923 wanderte er in die USA aus, arbeitete an verschiedenen Kliniken in New York und kehrte 1929 zurück, um die Leitung des Röntgen- und Strahleninstituts am

Rudolf-Virchow-Krankenhaus in Berlin zu übernehmen. Nach dem Machtantritt der Nationalsozialisten in Deutschland 1933 emigrierte er erneut in die USA und blieb dort unter anderem der ärztliche Ratgeber des genialen Physikers und Nobelpreisträgers Albert Einstein bis zu dessen Tod am 18. April 1955 in Princeton. Bucky selbst starb im Alter von 82 Jahren 1963 in New York. Er hinterließ mehr als 100 wissenschaftliche Arbeiten und 94 deutsche und amerikanische Patente auf dem Gebiet der Röntgentechnik.

Der Schädel trügt nicht

Ergänzend sei an dieser Stelle noch auf eine weitere Identifizierungsmethode verwiesen: das Prinzip der *Superimpositionstechnik.* Auch dabei werden die vielen Individualmerkmale des Schädels genutzt.

Die Superimpositionstechnik beruht auf der Projektion des Schädels in ein Bild der vermuteten Person nach Art einer Fotomontage. Als Untersuchungsmaterialien dienen ein gründlich gesäuberter, bei Zertrümmerung sorgfältig rekonstruierter Schädel und zum Vergleich Fotografien, Film- und Videoaufnahmen. Bei der Untersuchung werden die Knochenkonturen des Schädels mit der Weichteilkontur des Gesichts verglichen. Dabei muss die unterschiedliche Dicke der Gesichtsweichteile soweit wie möglich berücksichtigt werden. Eine Nichtübereinstimmung der anatomischen Gegebenheiten bedeutet einen sicheren Ausschluss der Identität. Durch die Nutzung mehrerer Vergleichsbilder kann bei guter Übereinstimmung aller Konturlinien das Ergebnis den Wert eines Identitätsbeweises erlangen.

In der Öffentlichkeit ist das Verfahren bekannt geworden durch so spektakuläre Erfolge wie die Identifizierung der Schädel von Hitlers 1945 verschollenem Sekretär Martin Bormann und des 1979 in Brasilien unerkannt verstorbenen SS-Arztes Josef Mengele. Im Jahr 1994 hat das Superimpositionsverfahren geholfen, im Charité-Institut die sterblichen Überreste des Schauspielers Heinrich George zu identifizieren, der 1946 im sowjetischen Internierungslager Sachsenhausen bei Berlin verstorben war.

Die Schädelprojektion lässt sich heute computergestützt vornehmen. Doch trotz des technischen Fortschritts ist das noch immer sehr aufwendig. Zudem erfordert die Superimpositionstechnik große Erfahrungen bei der Beurteilung der Untersuchungsvoraussetzungen und der erzielten Ergebnisse. Sie bleibt besonderen Fällen vorbehalten und eignet sich nicht für den Einsatz nach Massenunfällen.

Am Institut für Gerichtliche Medizin der Berliner Charité hat ab 1980 Medizinalrat Dr. Kurt Markert wieder eine leistungsfähige Röntgenabteilung aufgebaut. Unter seiner Leitung wurden die methodischen Grundlagen des Röntgenbildvergleichs durch moderne Techniken vervollkommnet und die praktische Anwendung in der täglichen Arbeit gefördert. Bald bestanden auch die technischen und personellen Voraussetzungen für den Röntgeneinsatz nach Massenunfällen, wie die erfolgreiche Mitwirkung bei der Opferidentifizierung nach dem Flugzeugunglück vom 17. Juni 1989 gezeigt hat.

Heute gibt es am Charité-Institut in der Sektionsabteilung ein fahrbares Röntgengerät, mit dem Leichen und Leichenteile geröntgt werden. Dieser Apparat wird vor allem zur Suche von Fremdkörpern genutzt, beispielsweise für Geschosse, Geschoss- und Bombensplitter oder auch für Teile von Stichwerkzeugen wie eine abgebrochene Messerklinge. Ein weiteres Einsatzgebiet ist die Röntgenidentifikation unbekannter Toter.

Bei Lebenden dürfen Röntgenstrahlen nur unter bestimmten Bedingungen eingesetzt werden: Außerhalb der Heilkunde sind dies im Strafverfahren notwendige Untersuchungen mit einem ausdrücklichen richterlichen Beschluss gemäß der Strafprozessordnung. Röntgenologische Untersuchungen von Lebenden werden zur Altersbestimmung bei Jugendlichen oder jüngeren Erwachsenen in Kooperation mit dem Institut für Radiologie der Charité durchgeführt.

Katastrophen zu Lande

Gemetzel auf dem Gleis

Steglitz, 1883
Das bisher schwerste Berliner Eisenbahnunglück ereignete sich schon im 19. Jahrhundert. Massenhafter Leichtsinn forderte 39 Todesopfer. Mindestens 34 von ihnen sind im Archivbuch des Leichenschauhauses nachweisbar.

Die Katastrophe geschah am 2. September 1883 im Bahnhof Steglitz, der damals noch vor der Stadt lag. Berlin, seit 1871 Hauptstadt des deutschen Kaiserreichs, erlebte in jenen Jahren einen rasanten Aufschwung als Verkehrszentrum. Reichseinigung und Industrialisierung lockten Ströme von Zuwanderern aus ganz Deutschland in die aufstrebende Metropole. Die Eisenbahn führte immer größeres und schnelleres Transportgerät ein. Mit der Konzentration vieler Menschen in den Verkehrsmitteln oder an den Bahnstationen bei zunehmender Zugdichte und Geschwindigkeit erhöhte sich allerdings auch die Gefahr von schweren Unfällen.

Der 2. September 1883 war, verkehrstechnisch gesehen, ein besonders kritischer Tag. Auf dem Bahnhof Steglitz war der Andrang der zurückkehrenden Ausflügler zu den Zügen der Berlin-Potsdam-Magdeburger Eisenbahn kaum zu bewältigen. Es war ein sonniger warmer Spätsommertag – Kaiserwetter, wie man es damals nannte. Deutschland beging den Sedantag, so benannt nach der französischen Stadt, wo im Krieg von 1870/71 die französische Hauptarmee kapituliert hatte und Kaiser Napoleon III. gefangen genommen worden war.

Die meisten Berliner scherten sich weniger um den hehren Anlass und hatten sich lieber ins Vergnügen gestürzt. Der Bahnsteig in Steglitz, wo der nächste Zug in Richtung Berlin erwartet wurde, reichte nicht aus, um die zurückflutende Menschenmasse zu fassen. Nicht wenige Reisende versammelten sich auf dem gegenüberliegenden Perron, der eigentlich nur für die Richtung nach Potsdam galt.

Als der Berliner Zug einrollte, krochen die Wartenden von der anderen Seite unter geschlossenen Barrieren hindurch, überquerten das Gleis und versuchten von der Gegenseite zu den Türen der Wagen zu gelangen. Das brachte sie in höchste Gefahr, denn jeden Augenblick konnte der fällige Kurierzug aus Berlin durchfahren.

Vergeblich warnten Bahnbeamte die Undisziplinierten. Als der Gegenzug kam, brach Panik aus. Viele Leute konnten sich in dem Gedränge nicht mehr retten. Sie stürzten auf die Gleise und wurden von dem Gegenzug regelrecht gemetzelt. Als der Zug vorbei war, lagen 43 Ausflügler tot oder schwer verletzt auf dem Gleiskörper und auf dem Bahnsteig.

Damals bereitete es noch große Schwierigkeiten, die Toten eines solchen Massenunfalls zu identifizieren. Das wichtigste, seit Jahrhunderten praktizierte Verfahren zur Identifizierung eines Verstorbenen war die Besichtigung des Leichnams. Anhand charakteristischer Körpermerkmale, der Bekleidung oder mitgeführter Gegenstände können Verwandte oder andere Personen, die den Verstorbenen gut gekannt haben, die Identität feststellen. Als Voraussetzung dafür muss allerdings ein Grund zu der Annahme bestehen, dass das Opfer mit einer ganz bestimmten Person identisch ist. Denn nur aufgrund eines solchen Identitätsverdachts wird es überhaupt möglich, Wiedererkennungszeugen zu finden. Nach Unglücksfällen wie in Steglitz 1883 melden sich die Verwandten allerdings meist von selbst, um Gewissheit über das Schicksal ihres vermissten Angehörigen zu erlangen.

Ob jemandem die Besichtigung des Leichnams zugemutet werden darf, muss sorgfältig bedacht werden. Der Anblick bringt für viele Menschen eine enorme psychische Belastung, die zugleich eine wesentliche Ursache für Fehleinschätzungen darstellt. Die Scheu, einen Toten genau zu betrachten, führt mitunter dazu, dass eine Leiche nicht als vermutete Person wiedererkannt wird. Umgekehrt kann eine falsche Leiche als vermutete Person identifiziert werden.

Auch andere Gründe verhindern manchmal die korrekte Identifizierung. Bei Fäulnis oder durch schwere Verletzungen kann das Aussehen eines Opfers so stark verändert sein, dass eine Besichtigung durch Verwandte oder Bekannte unzumutbar ist und auch jeden Erfolg ausschließt.

Einen methodischen Fortschritt brachte die Einführung der Fotografie. In vielen Fällen wurde es möglich, wenigstens brauchbare

Lichtbilder anzufertigen. Dafür musste durch wiederherstellende Maßnahmen wie Reinigung, Nähte, Einspritzungen, Schminken und Frisieren das Gesicht der Leiche so hergerichtet werden, dass ein möglichst lebensnahes Bild entstand. In der Fachsprache heißt das Leichentoilette.

Ein historisches Beispiel ist schon aus der Zeit vor der Erfindung der Fotografie bekannt. Als 1793 der französische Revolutionsführer Jean-Paul Marat durch ein Messer-Attentat ermordet worden war, beschloss man, ihn in seiner Wohnung aufzubahren. Um dem Gesicht der Leiche ein möglichst lebensnahes Aussehen zurückzugeben, rief man den Maler Jacques-Louis David zu Hilfe. Dieser weißte das Gesicht des Toten mit Kreide und rieb Fett darauf. Die eingefallenen Gesichtszüge wurden mit Gips ausgefüllt. Wegen der rasch fortschreitenden Leichenfäulnis – Marat starb mitten im Sommer – sah man dann allerdings von einer öffentlichen Ausstellung des Leichnams ab.

Die Geschichte der Berliner Morgue

Für die Gerichtsmedizin bot sich bis Ende des 19. Jahrhunderts als beinahe einzige Möglichkeit der Identifizierung die öffentliche Ausstellung der unbekannten Toten. Dafür gab es in den Großstädten das Leichenschauhaus, nach dem französischen Vorbild auch Morgue genannt.

Die Identifizierung der Opfer des Steglitzer Eisenbahnunglücks geschah auch für damalige Verhältnisse unter miserablen Bedingungen im Keller der Anatomie. Um die schwierigen Umstände verständlich zu machen, unter denen die Kollegen seinerzeit ihre Profession ausüben mussten, sei uns an dieser Stelle ein kleiner Ausflug in die Geschichte des Berliner Leichenschauhauses gestattet.

Der erste zweckdienliche Bau in Berlin wurde im November 1811 fertig gestellt. Er stand auf dem Gelände des Koppenschen Armenfriedhofs im Norden der Stadt. Die Baukosten für das 41 Fuß lange und 13 Fuß breite Gebäude betrugen 489 Taler, 22 Groschen und 10 Pfennige. Den Zweck erläuterte das damals viel gelesene Berliner Intelligenz-Blatt zum Nutzen und Besten des Publici so:

»Mit der für nöthig erachteten Erbauung eines schicklichen Gelasses auf dem Koppenschen Armenkirchhofe, in welchem die todt

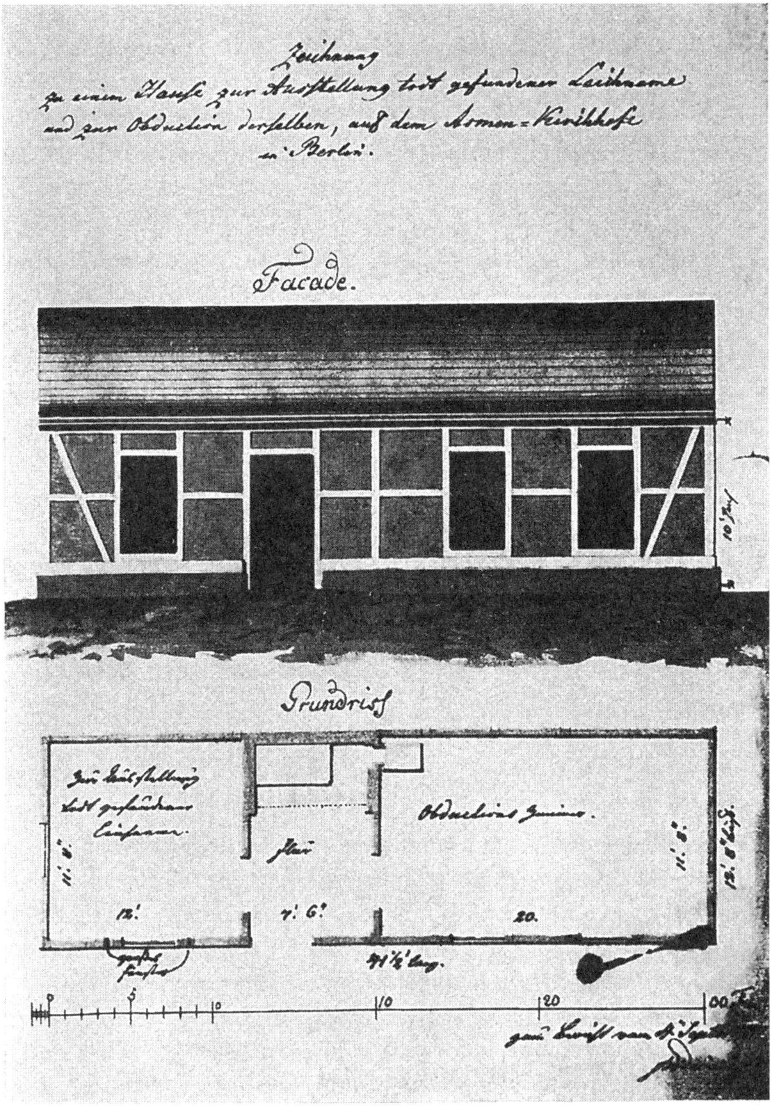

Bauzeichnung für das erste Berliner Leichenschauhaus, eröffnet 1811

gefundenen unbekannten Leichen gerichtlich besichtigt, und nöthigenfalls secirt werden können, hat das Department für die allgemeine Polizey zugleich ein Lokal verbunden, in welchem solche Leichen zur Schau gestellt werden sollen, um von ihren Bekannten und Verwandten erkannt werden zu können. Dasselbe glaubt durch diese hier noch gefehlte Anstalt einem oft gefühlten doppelten Bedürfnis zweckmäßig abgeholfen zu haben. Es wird dem Publikum solches hiermit bekannt gemacht, und kann nunmehr ein Jeder, welcher die Vermuthung hegt, daß Einer seiner Bekannten oder Verwandten verunglückt und aufgefunden seyn möchte, sich in das Koppensche Hospital (Hospitalstraße [heute Auguststraße] No. 59) verfügen, wo selbst der Hausvater die weitere Auskunft und Nachweisung geben wird.«

Obwohl in diesem Artikel von einem schicklichen Gelass die Rede ist, machten sich bald hygienische Mängel bemerkbar. Schon wenige Monate nach der Eröffnung forderte deshalb der gerichtliche Stadtphysikus Dr. Carl Johann Christian Grapengießer einen Umbau des Gebäudes. Für 36 Taler und 19 Groschen wurden 1813 einige bauliche Veränderungen vorgenommen. Trotzdem blieb das Leichenschauhaus »für den bestimmten Zweck gänzlich ungeeignet«.

Zunehmende Baufälligkeit zwang schließlich 1839 zur Verlegung der Morgue in das viel zu kleine Leichen- und Sektionshaus der Charité. Das war nur ein Anbau an der nordöstlichen Ecke des Krankenhauses, der wie das Gebäude in der Hospitalstraße aus dem Jahr 1811 stammte.

Für die Überführung der Verstorbenen war ein Polizeisergeant verantwortlich. Unter seiner Aufsicht mussten zwei Stadtvogteigefangene die Opfer von Unfällen und Verbrechen ebenso wie Selbstmörder und unbekannte Tote mit einem Handwagen vom Fundort abholen. Bald konnte der Leichentransport in der stetig wachsenden Residenzstadt mit ihrer steigenden Einwohnerzahl so nicht mehr bewältigt werden. Deshalb wurde 1840 eine besondere Polizeidienststelle eingerichtet. Dazu heißt es in einem zeitgenössischen Bericht:

»Das Kommissariat zur Sicherstellung der Leichen verunglückter Personen (unter Leitung des Polizei-Lieutenants di Dio) schafft die Leichen von Verunglückten, Selbstmördern, Ermordeten und die von unbekannten, todt aufgefundenen Personen in den polizeilichen Leichenkeller (Morgue). Zum Transport der Leichen dienen besondere Leichenwagen, welche von einem bestimmten Fuhrhalter (Lück) kontraktlich in derselben Weise gestellt werden, wie es bei den Kranken-Transportwagen geschieht. Die Leichen neugeborener Kinder werden in tragbaren Holzkästen transportiert.«

In den folgenden Jahrzehnten musste die Morgue mehrmals umziehen. Auf dem Charité-Gelände wurde 1844 ein Sektionshaus mit Leichenschaustelle fertig gestellt. Diese erhielt lediglich einen Raum, in dem hinter einer Glaswand die unbekannten Leichen öffentlich ausgestellt werden konnten. Auch im 1856 erbauten neuen Obduktionshaus verbesserte sich die Situation nicht. Innerhalb eines halben Jahres auf den alten Grundmauern errichtet, erwies sich der Neubau wiederum schnell als zu klein und wurde zudem in kurzer Zeit baufällig.

Durch Vermittlung der Charité, die zur Bereitstellung von Räumen vertraglich verpflichtet war, übersiedelte die Berliner Morgue 1867 in das neu erbaute Anatomische Universitätsinstitut im Garten der Tierarzneischule. Wiederum musste man »mit den beschränktesten Verhältnissen vorlieb nehmen«. Nachteilig wirkte sich weiterhin auch die räumliche Trennung der Dienststellen aus. Das Büro des Leichenkommissars und die Staatsanwaltschaft waren im Polizeipräsidium am Molkenmarkt untergebracht, während sich die Morgue im Gebäude der Anatomie unweit der Luisenstraße befand.

Anatomisches Institut der Universität Berlin, in dem das Leichenschauhaus ab 1867 untergebracht war

Was das für die Hinterbliebenen bedeutete, schilderte der Berliner Gerichtsarzt Professor Dr. Carl Liman so: »Das Publikum musste vor und nach der Recognition zu dem Leichencommissarius nach dem Molkenmarkt hingehen, um dort die Beerdigungsscheine zu holen, und die Angehörigen der Verstorbenen versäumten Tage, bis sie den Verstorbenen unter der Erde hatten. Dazu kam eine (...) nicht genug zu rügende Härte, dass die Betreffenden, welche vielleicht in dem verunglückten Verstorbenen ihren einzigen Ernährer verloren hatten, gezwungen sind, die Kosten des Transportes zu zahlen.«

Ein Bericht von Professor Dr. Carl Skrzeczka, Medizinaldezernent des Polizeipräsidenten, vermittelt einen Eindruck vom polizeilichen Leichenkeller im Anatomie-Gebäude: »Es ist nur ein einziger Raum zur Aufnahme der Leichen vorhanden, in welchem sich hölzerne Pritschen befinden, auf denen die Leichen – oft mehrere auf derselben Pritsche – gelagert werden müssen. Ein Latten-Verschlag mit besonders verschließbarer Thür innerhalb desselben Raumes dient event. zur Aufnahme von Leichen, deren Sicherstellung ein ganz besonderes kriminelles Interesse hat. Die Beleuchtung des Raumes erfolgt durch die vorhandenen Kellerfenster in sehr mangelhafter Weise, so daß im Winter auch bei Tage oft Gas gebrannt werden muß. Der Boden ist asphaltirt, Wasserleitung und ein Gummischlauch, wie er zum Besprengen der Gärten benutzt wird, ermöglichen einigermaßen, die Reinlichkeit zu bewahren. Besondere Ventilations-Vorkehrungen sind nicht vorhanden. Die Effekten der Verstorbenen werden an eisernen Haken an den Wänden aufgehängt. In diesen Raum werden auch Personen geführt, welche sich etwa zur Recognition von Leichen einstellen oder nachforschen wollen, ob unter den dort befindlichen Leichen sich etwa vermißte Angehörige befinden. An Nebenräumen ist nur ein dunkler Raum zur Aufbewahrung einiger Vorraths-Särge vorhanden.«

Für die Angehörigen, die in diesen Keller hinuntersteigen mussten, waren das eigentlich unzumutbare Zustände. »Die Einsargungen geschahen auf dem Corridor vor dem Keller«, heißt es in einem weiteren zeitgenössischen Bericht. »Von hier aus wurden gleichzeitig die Beerdigungen vorgenommen, und wie oft habe ich es erlebt, daß eine Trauerversammlung um den Sarg stand, ein Prediger an dieselbe eine Ansprache hielt unter Ausströmen pestialischen Gestankes aus dem Keller, vor welcher Versammlung Richter und Aerzte, Recognoscenten und Zuhörer vorübergehen mussten, während vielleicht gleichzeitig noch eine Leiche in den Keller eingebracht wurde.« Das vernichtende Urteil des damaligen Leichenkommissars lautete: »Diese Zustände waren die denkbar unwürdigsten, jeder Pietät Hohn sprechender Art.«

Anders als zuvor in der Charité fand in der Anatomie eine öffentliche Ausstellung unbekannter Leichen nicht mehr statt. Zur Besichtigung wurden nur Personen zugelassen, die ein berechtigtes Interesse an der Identifizierung hatten. Die Leichen blieben durchschnittlich drei Tage liegen, in manchen Fällen auch fünf bis sechs. Danach wurden wegen der zu weit fortgeschrittenen Leichenveränderungen, die keine Wiedererkennung mehr zuließen, die Verstorbenen unbekannt bestattet.

Die Kleidung der nicht identifizierten Personen wurde, wenn sie nicht zu stark verschmutzt war, dem Stadtgericht übergeben. Andernfalls erhielt das Gericht nur einen Beleg, dass man diese Hinterlassenschaften gleich vergraben hatte. Aufbewahrte Sachen verkaufte das Gericht nach einer angemessenen Frist. Der jährliche Erlös von bis zu 50 Talern floss in die Stadtkasse.

Trotz der vielen Mängel in Ausstattung und Organisation waren die Bemühungen um die Identifizierung unbekannter Toter im damaligen Berlin ziemlich erfolgreich. Innerhalb der Jahre 1856 bis 1867 blieben nur zwölf Prozent der Fälle anonym. Das betraf zusammengezählt 213 Verstorbene. In Paris betrug der Anteil nicht identifizierter Toter während der sechziger Jahre noch rund 25 Prozent. Allerdings war dort die Anzahl der eingelieferten Leichen Erwachsener pro Jahr bald dreimal so groß wie in Berlin.

Inspirationen aus Paris

In Paris wurde 1864 eine neue Morgue eröffnet. Bald darauf fuhr Professor Liman in die französische Hauptstadt. Bei diesem Besuch erhielt er manche Anregung für seine Entwürfe zu einem Neubau des Berliner Leichenschauhauses. Vom Stadtgerichtspräsidenten beauftragt, legte Professor Liman im Mai 1876 »den Plan zu einer den Zwecken einer Leichenschauanstalt entsprechenden Einrichtung« vor.

Mit der Errichtung wurde 1884 begonnen. Bereits am 21. November 1885 konnte mitgeteilt werden, dass der »Bau nunmehr vollendet ist«. Für 360 550 Mark war auf dem Gelände des ehemaligen Charité-Friedhofs in der Nachbarschaft zum Friedhof der Dorotheenstädtischen Gemeinde ein modern ausgestatteter Neubau entstanden. Die damalige Anschrift des Grundstücks lautete Communica-

Carl Liman, nach dessen Entwürfen das neue Berliner Leichenschauhaus von 1884 bis 1886 erbaut wurde

tion am Neuen Thor 19, heute ist das die Hannoversche Straße 6. Dort versieht das Haus bis heute seinen Dienst.

Das gesamte Gebäude hatte einen ausgebauten Keller und ein Erdgeschoss, die beiden Seitenflügel erhielten ein weiteres Stockwerk. Äußerlich war es »unter sparsamer Verwendung von Formsteinen in gelben und rothen Backsteinen ausgeführt und zum Theil mit Schieferdach, zum Theil mit Holzcementdach versehen«.

Die Übergabe der Ausstellungsräume erfolgte am 22. Januar 1886. Der Gebäudekomplex enthielt im Westflügel das Büro des Leichenkommissars und die Dienstwohnungen. Im Ostflügel wurden die beiden Obduktionssäle, Labor- und Arbeitsräume, Bibliothek und Hörsaal untergebracht. Im verbindenden Mitteltrakt lagen die Räume, die der Aufbewahrung und Ausstellung der Leichen dienten. Die Zufahrt führte an die Rückfront des Gebäudes. Dort erfolgte das Ausladen der eingelieferten Leichen und blieb so den Blicken von Zuschauern entzogen.

Der öffentliche Zugang zur Ausstellungshalle lag an der Straßenfront. In der Baubeschreibung aus dem Eröffnungsjahr heißt es, »dass sich im mittleren Theile, dem südlichen Eingange entsprechend, eine Halle von 24,26 m Länge für den Zutritt des Publikums, und an diese anschliessend 7 Zellen zur Ausstellung von 14 unbekannten Leichen befinden.

Die Zellen sind durch Oberlicht erleuchtet und sowohl untereinander als gegen den Besucher durch Glaswände abgeschlossen. Der Fussboden derselben ist zur Beleuchtung der unter demselben gelegenen Räume im Kellergeschoss ebenfalls mit Glasplatten auf eisernen Trägern abgedeckt.

Hinter den Ausstellungszellen befindet sich ein Flur zur Beförderung der Leichen nach denselben und zu den im östlichen Flügel

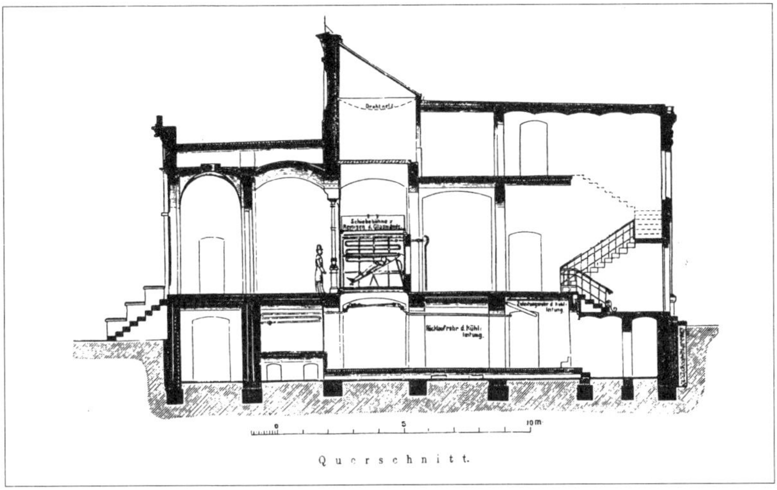

Querschnitt des neuen Berliner Leichenschauhauses, eröffnet 1886

gelegenen Secirsälen. Desgleichen ein Raum für event. Reinigung der Leichen, zur Aufbewahrung von Särgen, zum Einsargen der Leichen, und an diese Räume anschliessend eine Capelle, von welcher aus die Beerdigung erfolgt.

Die Beförderung der Leichen zwischen den verschiedenen Geschossen vermittelt ein Wasserkraft-Fahrstuhl von 300 Kilogramm Tragfähigkeit, welcher neben der im mittleren Theil gelegenen Treppe sich befindet.

Unter der öffentlich zugänglichen Halle, dem Ausstellungsraum und dem Beförderungsflur im Erdgeschoss befindet sich im Kellergeschoss ein auf allen Seiten mit doppelten Wänden und doppelten Gewölben umschlossener Leichenkeller zur Aufbewahrung von 39 Leichen bekannter Personen. Behufs der Reinigung ist auch dieser Raum in 10 einzelne von einander abgeschiedene Zellen getheilt, welche gegen den in der Mitte liegenden durch das vorerwähnte Oberlicht beleuchteten Flur durch Glaswände abgeschlossen sind.

Ausserdem ist im Kellergeschoss ein Raum zur Verbrennung von Kleidern, welche mit Ungeziefer behaftet sind, vorgesehen, welcher mit dem Leichenwaschraum im Erdgeschoss in unmittelbarer Verbindung steht, so dass die Kleider nicht weiter im Gebäude herumgetragen zu werden brauchen. Ferner befindet sich daselbst ein grösserer Raum für eine Eismaschine.

In dem Dachgeschoss des Mittelbaues befinden sich Räume für die längere Aufbewahrung von Kleidern behufs etwaiger Recognition derselben.«

Sowohl die Bauweise als auch die moderne technische Ausstattung sollten dafür sorgen, dass die Leichen möglichst kühl gelagert und ausgestellt werden konnten. Um die Sonnenwärme abzuhalten, erhielt der Mitteltrakt – anders als die Seitenflügel – ein Holzzementdach. Demselben Zweck diente auch die Eingangshalle auf der Südseite, die dem Besucherkorridor vorgelagert war. An der Rückseite des Gebäudes war für das Leichenschauhaus ein eigener Rohrbrunnen von rund 70 Meter Tiefe angelegt worden, der das Wasser unter anderem zur Berieselung der Dachoberfläche auf dem Mitteltrakt lieferte. Die Ammoniak-Eismaschine im Keller sollte die Temperatur in den Ausstellungsräumen bei 0 bis +2 °C konstant halten. Zudem waren die Leichenzellen an einen Absaugschlot angeschlossen, so dass die Luft in den Korridoren »eine ausgezeichnete« gewesen sei.

Zur öffentlichen Ausstellung wurde der unbekannte Leichnam mit seiner Kleidung bedeckt auf eine Platte geschnallt und mit einem Wagen in eine der gekühlten Zellen geschoben. Der Wagen konnte mit einer Hebelvorrichtung so aufgestellt werden, dass der Körper in eine halbstehende Position kam.

Im § 10 der »Hausordnung für das polizeiliche Leichenschau-Haus« vom 30. August 1888 war festgelegt:

»Unbekannte Leichen werden in dem hierzu bestimmten, im Mittelbau des Hauses befindlichen Raum 3 Tage lang, und zwar früh von 9 Uhr bis Nachmittag 7 Uhr im Sommer und 5 Uhr im Winter ausgestellt. Während dieser Stunden steht der Ausstellungsraum dem Publicum zum Zweck der Recognition von Leichen offen.

Jeder, der das Grundstück des Leichenschauhauses betritt, hat sich den Anordnungen des Leichencommissars zu fügen. Ohne ausdrückliche Erlaubniß des letzteren ist das Betreten der inneren Räume des Leichenschauhauses – mit Ausnahme des öffentlichen Schauraumes – Unbefugten nicht gestattet.

Sind unbekannte Leichen nicht vorhanden, so bleibt der Ausstellungsraum geschlossen, was dem Publicum durch eine mit entsprechender Inschrift versehene, an der Eingangsthür aufzuhängende, Tafel bekannt gemacht wird.«

Attraktion Leichenschauhaus

Vom Tag der Eröffnung an gehörte das Leichenschauhaus im Stadtzentrum unweit der Friedrichstraße zu den Attraktionen der deutschen Metropole: »Neugier und Sensationslust trieben die Berliner in Scharen zu dieser Ausstellung, und es spielten sich gelegentlich so turbulente Szenen ab, daß die Schauhalle mit Gewalt geräumt werden mußte. Nach glaubwürdigen Aussagen haben die Droschkenkutscher vergnügungssüchtigen Fremden die Schauhalle als etwas Besonderes voller Stolz vorgeführt.« In der Hausordnung war vermerkt, dass »die Leichendiener von Privatpersonen weder Trinkgelder noch Geschenke irgend welcher Art annehmen« dürfen.

In der neuen Morgue konnte endlich auch der Leichenkommissar ein Büro beziehen. Nun war er nicht mehr nur für die Sicherstellung und den Transport der auf nichtnatürliche Art verstorbenen Personen verantwortlich: »Er führt ferner die Aufsicht über das Leichenschauhaus, über die ihm unterstellten zwei Schutzmänner (ein Schreiber und ein Telegraphist), drei Leichendiener, einen Maschinisten und bei größeren Beerdigungs-Feierlichkeiten über das Trauergefolge (Handwerker-, Krieger-Vereine etc.). Er ertheilt, sobald die Staatsanwaltschaft die Beerdigung der Leichen freigegeben hat, die polizeiliche Beerdigungs-Erlaubniß und hat für Vervollständigung bezw. Ergänzung der gerichtlichen Beerdigungsscheine Sorge zu tragen. Die Beschaffung der Personalien der Todten erfordert einen recht umfangreichen Schriftwechsel mit denjenigen Ortsbehörden, in deren Bezirk der Verstorbene geboren ist. Nach Eingang der gewünschten Auskunft werden die Standesämter um Berichtigung bezw. Vervollständigung der Sterberegister ersucht.

Die Ermittlungen der als ›vermißt‹ angemeldeten Personen und die Feststellung der Identität der hier und außerhalb aufgefundenen Leichen Unbekannter erfordert nicht nur einen vom Leichen-Kommissar zu bewirkenden umfangreichen Schriftverkehr, sondern auch häufig persönlich von ihm vorzunehmende Feststellungen.«

Der Leichenkommissar erhielt jede Anzeige über vermisste Personen. Er musste überprüfen, ob der Gesuchte in das Leichenschauhaus eingeliefert worden war. Zur Anzeige gehörte das Signalement des Vermissten. Falls beschaffbar, waren Fotografien beigefügt. So konnte er das Aussehen eines unbekannten Toten mit den Angaben über die vermisste Person vergleichen und bei Übereinstimmung die Identifizierung vornehmen.

Von Verstorbenen, die trotz polizeilicher Ermittlungen und öffentlicher Ausstellung nicht identifiziert werden konnten, wurden vor der Bestattung Lichtbilder gefertigt und sowohl im Leichenschauhaus als auch beim Erkennungsdienst gesammelt. Beim Erkennungsdienst wurde jede eingehende Vermisstenanzeige mit dem Verzeichnis aller unbekannten Leichen verglichen.

Wenn nicht ausgeschlossen werden konnte, dass ein Unbekannter zu Lebzeiten beim Erkennungsdienst gemessen und seine Messkarte in der Registratur vorhanden war, dann wurden am Leichnam dieselben Körpermerkmale festgestellt wie bei Lebenden auch. Falls die Registrierkarten unter Zuhilfenahme der Daktyloskopie klassifiziert wurden, erfolgte an der Leiche ebenfalls eine Fingerabdrucknahme. Danach musste in der erkennungsdienstlichen Registratur nach einer identischen Karte gesucht werden. Nicht selten verlief eine solche Recherche erfolgreich und der unbekannte Tote konnte identifiziert werden.

Ungeachtet der weiter verbesserten Identifizierungsmethoden wurde die öffentliche Ausstellung unbekannter Toter auch zu Beginn des 20. Jahrhunderts beibehalten. Allerdings hatten sich die Bedingungen im Berliner Leichenschauhaus vollständig gewandelt.

U-Bahn rammt U-Bahn

Gleisdreieck, 1908

Verkehrsunfälle im Personennahverkehr gab es schon zur Postkutschenzeit. Aber diese waren vergleichsweise harmlos. Todesopfer kamen selten vor. Und wenn, dann handelte es sich meist nur um eine Person. Zwei wären schon als Sensation empfunden worden.

Das änderte sich, als der Massenverkehr aufkam und die Fahrzeuge für den Personenverkehr auf Schienen umgesetzt wurden. Bald registrierte die Große Berliner Pferdeeisenbahn AG, der Urahn der Berliner Verkehrsgesellschaft BVG, schon mehrere Millionen Fahrgäste jährlich. Werner von Siemens, einer der genialen Techniker jenes Jahrhunderts der Erfindungen, präsentierte 1879 auf der Gewerbeausstellung den Prototyp der ersten elektrischen Lokomotive. Im Jahr 1881 startete in Lichterfelde die erste elektrische Straßenbahn der Welt. Die Stadtbahn wurde 1882 in Betrieb genommen, zunächst noch mit Dampfloks, und beförderte gleich im ersten Jahr 11 Millionen Personen. Bis 1902 wurde die Elektrifizierung der Straßenbahn abgeschlossen, das Pferd als 1-PS-Antrieb hatte ausgedient. Der Verkehr in der Millionenstadt wurde immer dichter – und gefährlicher.

Fast genau ein Vierteljahrhundert nach dem verheerenden Eisenbahnunglück von Steglitz erscheinen in den Akten der Berliner Gerichtsmedizin die Namen von Opfern einer weiteren schweren Verkehrskatastrophe. Auf der Hochbahntrasse der U-Bahn am Bahnhof Gleisdreieck (heutige U-Bahn-Linien U1, U2 und U15) prallten am 26. September 1908 zwei Züge durch Flankenfahrt zusammen. Einer der Wagen stürzte in die Tiefe.

Beide Züge, der eine vom Leipziger Platz, der andere vom Bahnhof Bülowstraße kommend, waren in Richtung Möckernbrücke unterwegs. Der Führer des Zuges vom Potsdamer Platz überfuhr dabei Vor- und Hauptsignal, die auf Halt standen. Der erste Wagen des Zuges stieß mit dem ersten Wagen des Zuges aus Richtung Bülowstraße zusammen. Die Zeitung Vorwärts berichtete einen Tag später:

»Der Aufprall erfolgte mit solcher Gewalt, daß der vorderste Wagen Nr. 3 des angefahrenen Zuges nach der Außenseite flog und aus dem Gleis gerissen wurde. Er stürzte gegen das Geländer, das wie ein Rohr vor der starken Gewalt umknickte. Einige Sekunden blieb der Wagen oberhalb des Brückenbaues in der Schwebe, und da sich das Vorderteil immer mehr nach unten senkte, so mußte auch der obere Teil nachgeben. Krachend schlug der Waggon in dem Hofe des Grundstückes Luckenwalder Straße 2 auf. (...)

Eine Leiche nach der anderen wurde unter dem Waggon hervorgeholt und auf die Seite gelegt. Zumeist waren es junge Mädchen aus dem mittleren Stande. Der einen Toten war der Kopf vollständig zermalmt, an einer anderen Leiche fehlten die Arme, und einer dritten waren die Beine zerschmettert. Wer nicht einigermaßen starke Nerven besaß, vermochte den Anblick kaum zu ertragen.«

Nach der Katastrophe waren die baulichen Besonderheiten an diesem Verkehrsknotenpunkt das Thema kontroverser Betrachtun-

Herabgestürzter Wagen nach Zusammenstoß zweier U-Bahn-Züge am Berliner Gleisdreieck 1908

gen. So konnte der Zugführer beispielsweise vom Vorsignal aus das Hauptsignal nicht einsehen. Obwohl sich die Sachverständigen zur Frage signal- und sicherheitstechnischer Mängel nicht einheitlich äußerten, verurteilte ein Gericht den Zugführer zu einem Jahr und neun Monaten Gefängnis.

Bei dem bis dahin schwersten Unglück im innerstädtischen Bereich Berlins waren 21 Fahrgäste ums Leben gekommen, 15 von ihnen sind im Archivbuch des Leichenschauhauses unter den Nummern ab 1554/08 verzeichnet. Als Sterbeorte werden die Trebbiner Straße – umschließt zusammen mit der Luckenwalder Straße das Grundstück, auf das der Waggon gestürzt war – und das nahe gelegene Krankenhaus Am Urban genannt. Anfänglich war ein Teil der Todesopfer unbekannt, so dass hier eine Identifizierung notwendig wurde.

Bertillons Messkarten

Um die Jahrhundertwende waren auf dem Gebiet der Personenidentifizierung epochale Fortschritte erzielt worden. In Paris hatte Alphonse Bertillon die Anthropometrie als Identifizierungsmethode entwickelt.

Bertillons Idee bestand darin, ausgewählte Körpermaße sorgfältig zu erfassen und systematisch zu katalogisieren. Er schlug vor, elf verschiedene Messungen vorzunehmen, und zwar Körperlänge, Armspannweite, Sitzhöhe, Länge und Breite des Kopfes, Jochbeinbreite, Länge des rechten Ohres, linken Fußes, linken Mittelfingers, linken Kleinfingers und linken Unterarms. Die Ergebnisse sollten auf so genannten Messkarten erfasst und nach dem Zahlenwert der Körpermaße registriert werden. Die Daten konnten so im Bedarfsfall wiedergefunden und zu einem Vergleich herangezogen werden.

Neben den Messwerten und besonderen Kennzeichen enthielt die Bertillonsche Karte die Fotografien der gemessenen Person in Seiten- und Vorderansicht sowie die Beschreibung des Gesichts, das portrait parlé. Ab 1894 kamen noch die Abdrücke des rechten Daumens, Zeige-, Mittel- und Ringfingers hinzu.

Jahrelang hatte sich Bertillon vergeblich bemüht, den Pariser Polizeipräfekten von der Bedeutung der Anthropometrie für die

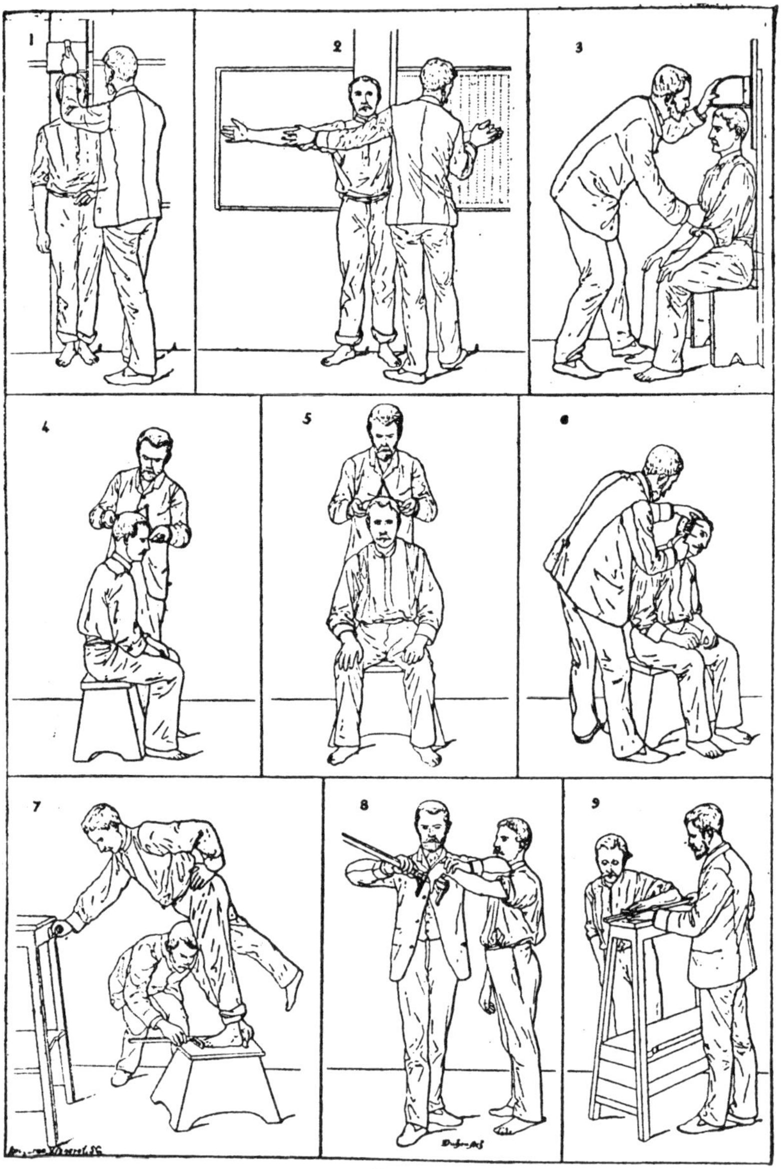

Körpermessung nach Alphonse Bertillon zur Personenidentifizierung, um 1890

Identifizierung zu überzeugen. Erst spektakuläre Erfolge bei der Wiedererkennung vorbestrafter Verbrecher verhalfen ihm zu der längst fälligen Anerkennung. Aus dem Hilfsschreiber von einst wurde der Direktor des Polizeilichen Identifizierungsdienstes. Die Bertillonage, wie man das Verfahren ihm zu Ehren inzwischen nannte, übertraf alle bis dahin nutzbaren Identifizierungsmöglichkeiten.

Im Herbst 1895 wurde ein Kriminalinspektor vom Berliner Polizeipräsidium nach Paris entsandt, um sich an Ort und Stelle über das Messverfahren zu informieren und einen Kursus bei Bertillon zu absolvieren. Nach der Rückkehr des Kriminalisten beschloss man die Einführung der Körpermessung und die Einrichtung einer Spezialdienststelle im Berliner Polizeipräsidium. Das Kriminalmuseum, der Fotografische Dienst, das Verbrecheralbum und der Messdienst wurden im Dezember 1896 unter der Bezeichnung Erkennungsdienst zusammengefasst.

Nachdem sich sämtliche deutsche Bundesstaaten ein halbes Jahr später dafür entschieden hatten, die Bertillonage einzuführen, wurde Berlin zur Sammelstelle für alle Messkarten. Die Reichszentrale für den anthropometrischen und fotografischen Erkennungsdienst erhielt die Karten von 70 Messstationen aus ganz Deutschland und stand in Verbindung mit den Zentralen des Auslands.

Der Siegeszug der Bertillonage durch Europa ging schon wenige Jahre später zu Ende. Mit dem wachsenden Umfang wurde das Verfahren immer aufwendiger. Es erforderte höchste Präzision, sonst kam es zu Irrtümern. Nicht jeder beteiligte Polizeibeamte arbeitete mit der Akribie Bertillons. Infolge ungenauer Messungen und fehlerhafter Protokollierung häuften sich bald Fehlidentifizierungen.

Einzug der Daktyloskopie

Statt der Bertillonage fand die Daktyloskopie mehr und mehr das Interesse der Fachleute. Die Fingerabdrücke für die Identifizierung von Personen zu nutzen, hatten unabhängig voneinander 1877 der britische Verwaltungsbeamte William J. Herschel, 1880 der schottische Arzt Dr. Henry Faulds und 1888 der Berliner Tierarzt Dr. Wilhelm Eber vorgeschlagen. Die entscheidenden Fragen konnte der englische Naturforscher Francis Galton klären. Im Jahr 1892 erschien sein grundlegendes Werk »Finger prints«. Galton stellte darin fest, dass die Fingerbeerenmuster individuelle Merkmale sind, über das ganze Leben konstant bleiben und sich nach dem Mustertyp klassifizieren lassen.

Francis Galton, schuf ab 1892 die Grundlagen der kriminalistischen Daktyloskopie

Das erste praktisch nutzbare Klassifizierungssystem stammt von dem Generalinspekteur der Polizei in Kalkutta, Edward Henry. Gegen Ende des Jahres 1896 entwickelte er ein einfaches System zur Registrierung, und die nachfolgende Erprobung wurde zu einem vollen Erfolg. Bereits 1897 wurde die Daktyloskopie in der britischen Kronkolonie Indien eingeführt. Den Anfang in Europa machte 1901 Scotland Yard. Wieder erwies sich Henry als Wegbereiter. Er war inzwischen Polizeipräsident von London geworden und führte sein System auch in England und Wales in die polizeiliche Praxis ein. Bald setzte sich die Daktyloskopie immer mehr gegenüber der Anthropometrie durch.

In Deutschland begann 1903 das Zeitalter des Fingerabdrucks. Zuerst wurde die Daktyloskopie am 1. April bei der Dresdner Kriminalpolizei eingeführt. Die Reichshauptstadt folgte am 1. Dezember. Um eine Person identifizieren zu können, nahm der Berliner Erkennungsdienst von nun an die zehn Fingerabdrücke auf. Dafür benutzte man ein Formular, das bei der Londoner Polizei entwickelt worden war.

Mit der Einführung der Daktyloskopie verzichtete man in Berlin auf die Körpermessung nach Bertillon. Sein Name bleibt dennoch untrennbar mit der Geschichte der Kriminalistik verbunden. Außer dem Messverfahren schuf er wesentliche Grundlagen für eine präzise Personenfotografie zu kriminalistischen Zwecken und für die Tatortfotografie. Er konstruierte auch entsprechende Apparate, um aussagekräftige Lichtbilder fertigen zu können. Die Fotografie hat bis heute nichts von ihrer Bedeutung als Hilfsmittel der kriminalistischen Identifizierung verloren.

Trotz der Fortschritte stellte sich auch mit der Daktyloskopie nicht immer der gewünschte Erfolg ein. In bestimmten Fällen müssen die kriminalistischen Methoden der Personenidentifizierung naturgemäß versagen. Das erweist sich vor allem bei fortgeschrittenen Leichenveränderungen, schwerwiegenden Verletzungen mit Zerstörung von Körperteilen und Brandleichen mit ausgedehnter Brandzehrung. Dann müssen medizinische Befunde für die Feststellung der Identität einer Person herangezogen werden.

Ein neues Identifizierungsverfahren kam nach der Entdeckung der Röntgenstrahlen im November 1895 in Gebrauch. Röntgen selbst fertigte am 22. Dezember die erste Knochenaufnahme. Der Vorschlag, die neuen Strahlen für die Personenidentifizierung zu nutzen, ließ nicht lange auf sich warten. Der Berliner Arzt Dr. Georg Levinsohn empfahl 1899, die Röntgenfotografie anstelle oder als Ergänzung der Bertillonage einzusetzen. Statt am Körper der unbekannten Person sollten die Messungen an Röntgenaufnahmen der Knochen vorgenommen werden. Dieses Vorgehen hat sich verständlicherweise nicht durchgesetzt. Es ist aber das Verdienst Levinsohns, als Erster auf diese Anwendungsmöglichkeit der Röntgenstrahlen hingewiesen zu haben.

Die Opfer des U-Bahn-Unglücks am Gleisdreieck mussten noch auf die altbewährte Weise durch Besichtigung der Getöteten identifiziert werden. Ein brauchbares Verfahren der radiologischen Identitätsfeststellung wurde erst 1914 von dem Steglitzer Sanitätsrat Dr. Franz Kronecker vorgeschlagen. Er empfahl, rückfällige Verbrecher an Röntgenaufnahmen beider Hände zu identifizieren. Für diesen Zweck hat sich das Verfahren nicht bewährt. Die Täteridentifizierung blieb der Fotografie und der Daktyloskopie vorbehalten. Anders Kroneckers Grundidee. Die Röntgenidentifikation durch Bildvergleich gehört heute zu den Standardmethoden der rechtsmedizinischen Untersuchung unbekannter Toter.

Unglücksbahnhof Gesundbrunnen

Die Berliner S-Bahn verzeichnete die meisten schweren Unglücke in der ersten Hälfte des 20. Jahrhunderts ausgerechnet in jenem Bereich, der Gesundbrunnen heißt.

Das erste geschah am 27. Juni 1922. An diesem Tag stand Berlin im Zeichen der Trauerfeierlichkeiten für den ermordeten Außenminister Walther Rathenau. Wie viele Angestellte und Beamte des öffentlichen Dienstes legten ab 12 Uhr auch die meisten Bediensteten der Berliner Verkehrsbetriebe die Arbeit nieder. Der öffentliche Personenverkehr wurde vorübergehend erheblich eingeschränkt.

Damals lagen die Bahnsteige noch nicht in einer Ebene mit dem Fußboden der S-Bahn-Waggons, sondern tiefer. Zur Erleichterung des Einstiegs dienten außen angebrachte Trittbretter. Waren die Züge überfüllt, fuhren leichtfertige Passagiere auch draußen mit. Das waren keine Vorläufer der heutigen S-Bahn-Surfer, sondern Leute, die es eilig hatten und nicht auf den nächsten Zug warten wollten. Zumal wenn damit zu rechnen war, dass dieser schon überfüllt eintreffen werde und kein Platz für weitere Fahrgäste sein könnte.

Überfüllter S-Bahn-Zug zwischen den Bahnhöfen Schönhauser Allee und Gesundbrunnen, um 1922

So besonders auch am Umsteigebahnhof Schönhauser Allee. An einem der wenigen Züge, die an diesem 27. Juni 1922 in Richtung Gesundbrunnen abgehen, hängt eine Traube von Trittbrettfahrern. Die Menschen klammern sich an die Türgriffe und schmiegen sich so eng wie möglich an die Wagentüren. Aber manche tragen Rucksäcke, und bei einem Passagier ragt dort eine Stange heraus. Der Mann hängt am Griff einer Tür, die nicht richtig verschlossen ist. In einer Kurve springt die Tür auf, und der Rucksackträger wird weit nach draußen gedrückt. In diesem Moment rattert der Gegenzug auf dem anderen Gleis vorbei. Auch an diesem hängen Trittbrettfahrer. Von der hervorstehenden Stange werden viele heruntergerissen. Bei der Vorbeifahrt wirken die doppelten Kräfte der sich begegnenden Züge. Die meisten Getroffenen überleben den Sturz nicht.

Von dem berühmten Reporter Egon Erwin Kisch, der in jenen Tagen das Berliner Leichenschauhaus aufsuchte, ist folgender Bericht überliefert: »Am Tage, da der Telegraphendraht ausführlich über die Leichenfeier Rathenaus berichtete, meldete er im Ausmaß eines Telegrammblanketts, daß fünfunddreißig Menschen tot ins Leichenschauhaus gebracht wurden; sie hatten sich auf die Trittbretter eines Stadtbahnzuges stellen müssen (weil der schon überfüllt war und der nächste erst in fünf Minuten ging) und waren in der Schönhauser Allee durch einen entgegenkommenden Zug heruntergefegt und überfahren worden.«

Die Zahl der Toten erhöhte sich später noch. Im Archivbuch des Leichenschauhauses sind ab Nummer 1041/22 insgesamt 40 Opfer des ersten großen Zugunglücks im Bereich des S-Bahnhofs Gesundbrunnen verzeichnet. Der Mann mit der Stange im Rucksack, der die Katastrophe auslöste, ist nicht darunter. Er kam mit dem Schrecken davon.

Gesundbrunnen blieb ein Unglücksbahnhof. Gut zehn Jahre später, am 27. Juli 1932, fuhr ganz in der Nähe eine Lok dem Personenzug P 308 in die Flanke. Der Lokführer hatte ein Signal nicht beachtet, was zwei Menschen das Leben kostete. Auch diese Toten sind in den Akten des Berliner Leichenschauhauses eingetragen.

Am 8. Oktober 1939 das dritte Unglück. Der Schnellzug D 17 prallte nahe dem Bahnhof Gesundbrunnen auf den Personenzug P 411. Diesmal hatte der Lokführer des D 17 zwei Vorsignale und die Haltstellung des Hauptsignals missachtet. Am stärksten wurde der letzte Wagen des Personenzuges betroffen. Dieser geriet sofort in Brand. 23 Passagie-

Aufräumarbeiten nach dem Zugunglück am Bahnhof Gesundbrunnen 1932

re starben, die meisten von ihnen nicht durch den Aufprall, sondern durch Rauchvergiftung. Vermerkt sind die Opfer im Institutsarchiv unter den Nummern 3207–3230/39. Daraus leitet sich sogar die Zahl von 24 Opfern ab, offenbar ist eine weitere Person nachträglich verstorben.

Die Unglücksserie im Bereich des Bahnhofs Gesundbrunnen riss auch nach Kriegsende nicht ab. Die S-Bahn-Züge waren überfüllter denn je, die Technik weitgehend verschlissen, der Sicherheitsstandard miserabel. Tausende von so genannten Hamsterern waren täglich unterwegs, Städter, die ihre letzte Habe aufs Land schleppten, um sie gegen Lebensmittel für ihre hungernden Familien einzutauschen. Oder auch nur, um in den Wäldern rund um Berlin Brennholz für den Winter zu sammeln. Sie drängten sich mit ihrem Gepäck in die unregelmäßig fahrenden S-Bahn-Züge, Rücksichtnahme galt nicht, wenn man überhaupt mitkommen wollte. Manchmal hielten die Türen nicht dicht. Am 30. Oktober 1946 fielen auf dem Streckenabschnitt zwischen den S-Bahnhöfen Schönhauser Allee und Gesundbrunnen sechs Fahrgäste aus dem überfüllten Zug. Von einer entgegenkommenden Bahn wurden sie tödlich verletzt.

Die Chronik von Berliner Eisenbahnunfällen mit Toten und Schwerverletzten ist damit nicht zu Ende. Am 3. Dezember 1952 fuhr zwischen Gesundbrunnen und Wedding eine Dampflok in eine Gruppe von Streckenarbeitern und verletzte vier Männer tödlich. Am

29. Oktober 1962 prallte am Stellwerk Kohlhasenbrück ein Schnellzug mit einem Arbeitszug zusammen, 21 Menschen erlitten zum Teil schwere Verletzungen. Am 21. September 1970 folgte ein Zusammenstoß zwischen einem Personenzug und einem Güterzug in Schönefeld mit zahlreichen Verletzten. Am 16. Februar 1988 fuhren zwischen Schönefeld und Karlshorst zwei Personenzüge ineinander, sechs Menschen starben. Am 9. April 1993 kollidierte der Intercity 995 nahe dem Bahnhof Wannsee mit dem DR 1045, drei Tote waren zu beklagen.

Jedes dieser Unglücke war eine Katastrophe, wenn auch eine von kleinerem Ausmaß. Nichts lässt sich angesichts solchen menschlichen Leids relativieren. Dennoch: So tragisch alle diese Zugzusammenstöße ausgingen, sie erscheinen im Rückblick für die vielen Menschen, die dabei waren und mit heiler Haut oder mit nur ein paar Schrammen davonkamen, als glimpflich, als Glück im Unglück. Geradezu unbeschreiblich dagegen die Tragik der Katastrophe von Langenweddingen, 150 Kilometer entfernt von Berlin, deren grauenhaftes Ausmaß so etwas wie einen gerichtsmedizinischen Notstand auslöste und die auch den Einsatz Berliner Gerichtsmediziner erforderte.

Flammenmeer in der Börde

Langenweddingen, 1967

Es ist der 6. Juli 1967, kurz nach sieben Uhr. Ein warmer Sommertag kündigt sich an. Im Berliner Institut in der Hannoverschen Straße sind die Dienstpläne für die Ferienmonate fertig, man hat die freien Wochen kollegial untereinander aufgeteilt. Auch Gerichtsmediziner sind zu dieser Jahreszeit schon mal mit den Gedanken im Urlaub. Wie immer zwischen sieben und acht Uhr werden die Leichenöffnungen für den Tag vorbereitet. Die Obduzenten sind mit dem Studium der Ermittlungsakten beschäftigt, während im Sektionssaal die notwendigen Formulare ausgefüllt und die Instrumente bereitgelegt werden.

In Magdeburg versammelt sich zur selben Zeit eine Schulklasse auf dem Bahnhof. Ein Ausflug in den Harz ist angesagt, den Hexentanzplatz in Thale wollen die Kinder sehen. Die Aufregung ist groß, denn die Lehrerin Rita Sch. trifft erst im letzten Moment auf dem Bahnsteig ein. In den vorderen Waggons, wo die Schüler eigentlich einsteigen sollten, ist nicht mehr genügend Platz frei. Dort haben sich schon zu viele andere Reisende niedergelassen, auch Kinder.

Nach einiger Diskussion mit dem Zugschaffner gibt Rita Sch. nach. Sie verzichtet auf die bestellten Plätze und dirigiert ihre Schüler in einen der hinteren Waggons. Und ahnt nicht, dass sie ihnen damit das Leben rettet.

Bahnhof Langenweddingen vor der Katastrophe, rechts vorn das Stellwerk, dahinter das Bahnhofsgebäude

Auf dem Bahnhof in Langenweddingen, einem kleinen Ort an der Eisenbahnstrecke von Magdeburg nach Halberstadt, versieht zur gleichen Zeit der Fahrdienstleiter routinemäßig seinen Dienst. Vom Stellwerk aus hat er nicht nur das Einfahrtssignal und die Weichen zu bedienen, sondern auch die Schranke, die den Verkehr auf der Fernverkehrsstraße 81 aufhalten soll, wenn ein Zug die Straße kreuzt. Die Schranke senkt er vermittels zweier Handkurbeln immer dann, wenn ihm vom jeweils nächstliegenden Bahnhof die Abfahrt eines Zuges gemeldet worden ist. Er kennt die Entfernungen und kalkuliert mit der Höchstgeschwindigkeit, um den genauen Zeitpunkt zu berechnen, wann die Schranke heruntergelassen werden muss. Die Straße ist fast immer stark befahren, unnötiger Stau durch zu frühe Absperrung soll vermieden werden.

Allerdings gibt es mit der Schranke seit längerer Zeit ein Problem. Sie besteht aus vier Schlagbäumen, beiderseits des Bahnübergangs jeweils zwei, die sich gegeneinander senken. Einer der Schlagbäume berührt dabei jedes Mal ein frei hängendes Telefonkabel, das erst beiseite gedrückt werden muss, ehe die Schranke sich richtig schließen kann. Mehrmals ist die Post schon ermahnt worden, diesen Missstand zu beheben, aber nichts geschah. Der Mann im Stellwerk hat sich mittlerweile an die kleine Störung gewöhnt.

An diesem Morgen – der Personenzug P 852 aus Richtung Magdeburg ist bereits gemeldet, mit der Durchfahrt ist um 7.58 Uhr zu rechnen – läuft eine der Kurbeln plötzlich leer. Die südlich der Bahnstrecke stehende Doppelschranke ist auf halber Höhe in dem Telefonkabel hängen geblieben. Der Fahrdienstleiter dreht die Kurbel ein Stück zurück, versucht es noch einmal, hofft, dass das Kabel vielleicht zerreißt. Vergeblich.

Von seinem Hochstand aus kann der Bahnbedienstete jetzt erkennen, dass sich aus südlicher Richtung ein Lastkraftwagen dem Bahnübergang nähert. Panikartig greift der Mann zu seiner Signalfahne, stürzt an das Fenster des Stellwerks und versucht, dem Autofahrer ein Zeichen zu geben, dass er anhalten möge. Dabei vergisst er das Wichtigste: die nördliche Doppelschranke ganz zu senken und das Einfahrtssignal für den Zug auf Halt zu stellen.

Der P 852 ist ein beschleunigter Personenzug. Er führt einen Gepäckwagen, vier Doppelstockwagen, einen weiteren Gepäckwagen und noch einmal vier Doppelstockwagen und fährt mit einer Geschwindigkeit von 85 Stundenkilometern. Das Lokomotivpersonal kann den Bahnübergang in der flachen Bördelandschaft aus 800 Meter Entfernung erkennen, nicht aber den Stand der Schranken. Das ist für den Heizer erst aus 290 Meter, für den Lokführer sogar erst aus 220 Meter Distanz möglich. Zumindest theoretisch. Selbst wenn der Heizer den Fehler sofort mitbekäme, blieben für eine angemessene Reaktion auf dem Fahrstand noch fünf Sekunden. In dieser Zeit ist der Zug weitere 118 Meter gefahren, befindet sich also 172 Meter vor dem Übergang. Der Bremsweg betrüge bei einer Zugmasse von 383 Tonnen mindestens 485 Meter. Keine Chance, den Zug noch vor dem Übergang zum Stehen zu bringen.

Indessen glaubt der Mann im Stellwerk, dass noch alles glimpflich abgehen werde. Der Lkw-Fahrer hat die Zeichen richtig gedeutet und angehalten. Was der Fahrdienstleiter nicht bemerkt, ist ein Tankwagen, der sich inzwischen aus nördlicher Richtung dem Bahnübergang genähert hat. Eine Katastrophe bahnt sich an.

Punkt 7.58 Uhr erreicht der mit 15 000 Liter Leichtbenzin beladene Transporter den Bahnübergang. Es ist genau der Moment, da der Personenzug fahrplanmäßig den Straßenübergang kreuzt. Der vordere rechte Puffer erfasst das Fahrerhaus des Sattelschleppers, wirft den Wagen herum und schleift ihn mit. Der Tankbehälter platzt, in Sekundenschnelle ergießt sich der Kraftstoff über die beiden ersten Doppelstockwagen und explodiert.

Im selben Augenblick werden die Schulkinder und die Lehrerin Rita Sch. im letzten Zugwagen von einer gewaltigen Kraft gegen die Sitze gedrückt und durch den Gang geschleudert. Der Lokführer hat die Schnellbremsung ausgelöst. Die vorderen Doppelstockwagen und Teile des Bahnhofsgebäudes sind in Flammen gehüllt. Das austretende Leichtbenzin wird durch die offenen Fenster auch in die Wagen geweht. Der ganze Zug gleitet durch ein Flammenmeer.

Unter ohrenbetäubendem Lärm kommt der Zug auf dem Bahnhofsgelände zum Stehen. Überall panische Schreie. In den hinteren Wagen stemmen unverletzt gebliebene Passagiere die Türen auf und fliehen ins Freie. Rita Sch. und ihre Kinder schaffen es auch. Ein Mann stürmt nach vorn, um in einem brennenden Abteil eingeschlossene andere Passagiere herauszuholen. Zwölf Kinder kann er retten. Seinen Namen wird man erst später erfahren, wenn er an den Brandverletzungen, die er sich dabei zugezogen hat, sterben wird. Er hieß Werner Moritz und stammte aus Wolmirstedt.

Wie nach einem Bombenangriff

Genau 34 Minuten dauert es, bis die Feuerwehr aus dem 15 Kilometer entfernten Magdeburg an der Unglücksstelle eintrifft. Zwei Dutzend Pkw, ein Lkw und ein Autobus haben angehalten, und ausnahmslos alle Fahrer leisten Erste Hilfe. Sie haben die meisten Schwerverletzten schon geborgen und in umliegende Krankenhäuser gebracht. Nach einer Stunde befindet sich auch kein Leichtverletzter mehr am Ort der Katastrophe. Aber die Toten. Und das sind viel zu viele, als

Bahnhof Langenweddingen wenige Stunden nach dem Unglück 1967

dass die eiligst gebildete Arbeitsgruppe von Kriminalisten und Gerichtsmedizinern aus Magdeburg der schwierigen Aufgabe einer schnellen Identifizierung gewachsen wäre.

Beim Institut für Gerichtliche Medizin in der Hannoverschen Straße geht gegen 12 Uhr ein Hilfsersuchen aus Magdeburg ein. Alle verfügbaren Ärzte begeben sich nach kurzer Vorbereitung zum Präsidium der Volkspolizei in der Keibelstraße nahe dem Alexanderplatz. Dort wartet ein Omnibus mit Angehörigen der Kriminalpolizei, darunter mehrere Kriminaltechniker. Auf der Fahrt zum Unglücksort hören sie die ersten Radionachrichten über das Unglück und wissen, dass sie sich auf das Schlimmste gefasst machen müssen.

Nach drei Stunden Fahrt treffen die Berliner am Unglücksort in Langenweddingen ein. Sie müssen mehrere polizeiliche Absperrungen passieren. Die Kolleginnen und Kollegen der regionalen Gerichtsmedizin sind schon intensiv in die Arbeiten eingebunden, sie stehen unter der Leitung des Direktors der Gerichtsmedizinischen Abteilung der Medizinischen Akademie Magdeburg, Dr. Friedrich Wolff. Auch Gerichtsmediziner aus Halle und Leipzig sind bereits vor Ort.

Die überwiegend jungen Ärzte aus Berlin machen eine ganz neue Erfahrung. Eine Katastrophe von solchem Ausmaß haben sie bis dahin noch nicht bewältigen müssen. Am Bahnübergang sieht es aus wie nach einem Bombenangriff. Inzwischen haben Spezialisten eines

Pionierzuges der Bereitschaftspolizei Bohlen ausgelegt und den Zugang zu den Doppelstockwagen frei gemacht. Die beiden vorderen Wagen sind vollständig ausgebrannt. Das brennende Benzin trieb die Temperaturen bis über 1 000 Grad Celsius, ließ Fensterglas und Leichtmetall schmelzen und führte zur Verklemmung der Türen. Sie müssen aufgeschweißt werden. Dahinter lagern im Brandschutt hochgradig verkohlte Leichen. Einige hängen in den Metallgerüsten des Oberstocks, von dem der Boden fehlt. Manche sind so stark verbrannt, dass nur noch Reste des Rumpfes mit Gliedmaßenstümpfen und Teile des Kopfes oder auch nur der Halswirbelsäule übrig geblieben sind.

Schon bei der ersten Inspektion wird klar, dass mit mindestens 50 Toten zu rechnen ist. Wegen der weitgehenden thermischen Zerstörung der Körper sind große Schwierigkeiten bei der Personenidentifizierung zu erwarten.

Für die Bergung der Toten gibt es ein koordiniertes Arbeitsverfahren der Gerichtsmediziner und Kriminalisten. Die Gerichtsmediziner sind zuständig für das Aufsuchen der Leichen und die Nummerierung. Die Kriminalisten tragen den Fundort in eine Waggonskizze ein und fotografieren Lage und Umgebung. Die Fundsituation wird in einem Bergungsprotokoll festgehalten. Den Kriminalisten obliegt die Beschreibung der geborgenen Gegenstände aus dem persönlichen Besitz der Toten und deren Verwahrung in nummerierten Plastikbeuteln.

Ein Zelt wird errichtet, provisorische Sektionstische sind aufgestellt, Kittel und Gummihandschuhe für die Obduzenten liegen bereit. Starke Beleuchtungsaggregate werden aufgebaut für den Fall, dass sich die Arbeiten bis in die Nachtstunden ausdehnen.

Nach der ersten äußeren Besichtigung und der Feststellung noch erkennbarer körperlicher Merkmale, die beispielsweise auf Geschlecht und Alter hinweisen können, werden die Leichen mit einem nummerierten Anhänger versehen und mit den zugehörigen Fundstücken unter Aufsicht eines Staatsanwalts in einen Transportbehälter gebettet und nach dem Westfriedhof in Magdeburg transportiert. Man muss sich beeilen, denn der Tag ist heiß und die Leichenzersetzung geht schnell voran.

Erst gegen 19.15 Uhr, gut elf Stunden nach dem Unfall, können die Bergungsarbeiten beendet werden und die auswärtigen Gerichtsmediziner aus Berlin, Halle und Leipzig in ihre Heimatorte zurückfahren. Die weitere Bearbeitung liegt in der Hand der Magdeburger Fachleute.

Sechs Minuten in der Hölle

Im Zug von Langenweddingen saßen etwa 540 Passagiere, 77 von ihnen, darunter 44 Kinder, überlebten das Unglück nicht. Durch die starken Verbrennungen war eine ausgedehnte Brandzehrung an den Leichen entstanden, vor allem an den Gliedmaßen, am Schädel und an den äußeren Geschlechtsorganen. In der Fachsprache heißt das Brandtorso. Von den Körpern waren meist weniger als 50 Prozent der Substanz erhalten. Das machte genauere Aussagen aufgrund äußerer Befunde unmöglich.

Tragisches Verkehrsunglück im Bezirk Magdeburg

Personenzug stieß mit Tankfahrzeug zusammen
79 Todesopfer zu beklagen
54 Reisende erlitten leichte bis schwere Verletzungen
Staatliche Organe und Bevölkerung erweisen Verletzten und Angehörigen jede mögliche Hilfe
Regierungskommission leitet Rettungsmaßnahmen und klärt Unfallursachen

Pressemeldung über das Zugunglück bei Langenweddingen

Die Leichenöffnungen gemäß Strafprozessordnung erfolgten grundsätzlich in Anwesenheit eines Staatsanwalts. Neben der Erkennung der Todesursache dienten die Obduktionen dazu, die verbliebenen *Identitätsmerkmale* festzustellen.

Die Geschlechtsdiagnose basierte meist auf dem Nachweis der inneren Geschlechtsorgane – bei Frauen Gebärmutter, Eileiter und Eierstöcke, bei Männern Vorsteherdrüse und Samenbläschen. Mit Ausnahme von drei Fällen konnte die Unterscheidung männlich oder weiblich getroffen werden.

Als wesentlich schwieriger erwies sich die Schätzung des Lebensalters. Bedingt durch die starken Verbrennungen der Opfer, waren die äußerlich sichtbaren Alterungsanzeichen nicht mehr erkennbar. Erschwerend kam hinzu, dass sich die Mehrzahl der Opfer im Kindesalter befand und deshalb nur wenige medizinische Befunde zu erwarten waren. In den meisten Fällen mussten Körpermerkmale herangezogen werden, die nur eine grobe Einschätzung erlauben: der Entwicklungszustand der Geschlechtsorgane oder krankhafte Veränderungen innerer Organe.

Die Geschlechtsorgane, falls noch etwas davon übrig ist, gestatten eine Einteilung in die Entwicklungsphasen der geschlechtlichen Unreife oder Reife und bei Frauen die Feststellung der Altersrückbildung nach dem Klimakterium. Von den inneren Organen geben besonders das Herz, die Nieren und die Schlagadern Hinweise auf das Lebensalter, vor allem aufgrund der arteriosklerotischen Veränderungen an den Blutgefäßen. Die Arteriosklerose, die mit Verhärtung und Verdickung der Schlagaderwandung infolge Einlagerung von Fett- und Kalksubstanzen einhergeht, zeigt allerdings nur eine grobe Korrelation zum Lebensalter, da sie von zahlreichen endogenen (genetischen) und exogenen Faktoren abhängt und damit große individuelle Schwankungen aufweist. Die wichtigsten Risikofaktoren sind Bluthochdruck, Rauchen, Fettstoffwechselstörungen, Diabetes mellitus, Übergewicht und Bewegungsmangel.

Besondere körperliche Merkmale konnten aufgrund der weitgehenden thermischen Zerstörung der Leichen nur in wenigen Fällen zur Identifizierung beitragen. So waren mitunter Hinweise zu gewinnen durch das Fehlen des Wurmfortsatzes nach einer so genannten Blinddarmoperation, bei einer Erkrankung an Gallensteinen und durch den Zustand des Gebisses. Ein beurteilbares Gebiss war lediglich in 14 Fällen noch vorhanden.

Da das Unglück in der Nähe des Ausgangsbahnhofs Magdeburg passiert war, konnten die Mitarbeiter der Kriminalpolizei verhältnismäßig schnell Angaben zu den vermissten Personen, zu ihrer Bekleidung und zu mitgeführten Gegenständen zusammentragen. Für eintreffende Angehörige wurde im Westfriedhof ein Ausstellungsraum mit den Fundstücken vom Katastrophenort eingerichtet, um durch das Wiedererkennen von Sachen weitere Hinweise für die Personenidentifizierung zu erlangen. Manchmal konnten Tote, die in den Brandwaggons dicht nebeneinander aufgefunden worden waren, als Mitglieder aus ein und derselben Familie identifiziert werden – eine menschlich besonders tragische, für die Arbeit der Gerichtsmediziner und Kriminalisten aber hilfreiche Konstellation. Nur elf der Opfer konnten nicht identifiziert werden.

Als Todesursache musste in vielen Fällen ein akuter Verbrennungstod, ein so genannter Hitzeschock, durch die plötzliche Einwirkung der sehr hohen Temperaturen von mehr als 1 000 Grad auf den Körper angenommen werden. Es kommt dabei rasch zum Atem- und Herz-Kreislauf-Stillstand. Deshalb werden nur geringe Mengen oder gar keine Rauchgase eingeatmet. Die Diagnose Hitzeschock ist aufgrund von Obduktionsbefunden, insbesondere bei verkohlten Leichen, nicht zu stellen. Weiterhin führten schwerste und ausgedehnte Hautverbrennungen, Rauchgasvergiftungen durch Einatmen von Kohlenmonoxid und anderer giftiger Gase sowie lokale Schäden der Luftwege durch die heißen und toxischen Brandgase zum Tod.

Bei Verbrennungen vierten Grades, wie sie in Langenweddingen zahlreich aufgetreten waren, lassen die verkohlten Haut- und Weichteilregionen nicht mehr erkennen, ob die Brandeinwirkung zu Lebzeiten oder erst nach dem Tod erfolgte. Bei einer größeren Zahl von Opfern fanden sich mittlere bis höhere Werte von Kohlenmonoxid im Blut, was aufzeigte, dass die Betroffenen während des Brandes noch einige Zeit gelebt hatten. Allerdings waren aufgrund der zu vermutenden hohen Konzentration an Kohlenmonoxid im Brandherd und der gleichzeitigen massiven Hitzeeinwirkung nur »kurze« Zeiten bis zum Todeseintritt anzunehmen. Die Magdeburger Kollegen kamen zu der Ansicht, dass es höchstens fünf bis sechs Minuten gedauert haben kann.

Der 64-jährige Fahrer des Tankwagens wurde neben seinem ausgebrannten Fahrzeug aufgefunden. Er war im Fahrerhaus seines Sattelschleppers von der Lokomotive bis zum Stationsgebäude mitgeschleift und dort aus dem brennenden Wagen herausgeschleudert worden. Schon der Auffindungsort ermöglichte eine Identifizierung. Die Untersuchung ergab ein schweres mechanisches Trauma: Brustkorbquetschung mit Rippenbrüchen und Verletzung innerer Organe sowie eine Schädelbasisfraktur mit Hirnverletzung. Die Organbefunde ließen annehmen, dass der Mann schon tot aus dem Fahrzeug geschleudert wurde und die oberflächlichen Verbrennungen erst danach entstanden. Außer einer altersentsprechenden mäßigen Arteriosklerose mit geringer Beteiligung der Herzkranzschlagadern fanden sich keine wesentlichen pathologischen Befunde. Somit gab es keine Anhaltspunkte für eine krankheitsbedingte Verursachung des Unfalls. Des Weiteren wurde bei der toxikologisch-chemischen Analyse kein Alkohol im Blut nachgewiesen. Alles in allem bestätigten die gerichtsmedizinischen Untersuchungen, dass die Ursache für den folgenschweren Unfall nicht bei dem Kraftfahrer gelegen hatte.

Diagnose Verbrennungskrankheit

Die Verletzten wurden in die Medizinische Akademie Magdeburg und in das Krankenhaus Bahrendorf gebracht. Der damalige Oberarzt der Chirurgischen Abteilung in Bahrendorf, Dr. Heinz Eckhardt, schilderte 1997 seine Erinnerungen an jenen verhängnisvollen 6. Juli 1967 in dem Buch »Börde, Bode und Lappwald«. Bei der Vormittagsvisite hörte er plötzlich vielfaches und aufdringliches Autohupen. Dazwischen tönten Rufe und Schreie. In der Auffahrt des Krankenhauses stauten sich Fahrzeuge, aus denen die Fahrer stöhnende, schreiende und wimmernde Menschen auf den Armen in das Gebäude schleppten. Den Ärzten wurde sofort klar, dass etwas Schreckliches geschehen sein musste. Sie verließen die Station und rannten zum Ausgang. Dort blieben sie voller Entsetzen stehen. Vor sich erblickten sie Männer, Frauen, Jugendliche und Kinder, schreiend und von Schmerzen gekrümmt. Es waren Verletzte vom Bahnübergang Langenweddingen, die von den Helfern der ersten Minuten in das Krankenhaus gebracht wurden. Die Gesichter und Hände waren zum Teil verkohlt. Manche Unglücklichen waren ohne Lippen, ihre bloßen Zähne blutig verkrustet. Und weiter erinnert sich der Arzt: »Ein Anblick des Grauens, des Schreckens, den ich in den vergangenen 30 Jahren nie vergessen konnte und auch niemals vergessen werde. Ein Geruch von verbranntem Fleisch und gellendes Schreien durchdrang alle Räume des Hauses.«

Im Krankenhaus wurden sofort Betten vorbereitet. Die größte Schwierigkeit und die besondere Verantwortung lagen in der Feststellung und Beurteilung der Schwere der Verletzungen. Vor allem musste schnellstens über die Reihenfolge der Behandlung entschieden werden. Dieses Vorgehen wird in der Notfall- und Katastrophenmedizin mit dem französischen Wort Triage bezeichnet. Hierbei werden bei begrenzter Behandlungskapazität die Patienten unter Berücksichtigung der Überlebenschancen in Gruppen eingeteilt. Die Verbrannten kamen sofort zur ärztlichen Versorgung. Es wurden Infusionen angelegt, ebenso Verbände, Beruhigungsinjektionen wurden gegeben. Verbrannte Körperteile mussten entfernt werden. »In den Augenblicken der ersten Versorgung war zu erkennen, bei welchen Menschen der Tod am Bett stehen würde, obwohl sie sich in diesem Moment noch gut fühlten und voller Optimismus waren«, erinnert sich der Chirurg. Er berichtet auch von einem Lehrer aus Rögatz, der, sein eigenes Leben nicht schonend, Kinder seiner Schule aus dem brennenden Zug gerettet hatte. Nun wurde er mit so schweren Verbrennungen eingeliefert, dass seine Rettung nicht mehr möglich war.

Von den 54 Schwerverletzten starben in den nächsten Tagen 17, so dass sich die Zahl der Opfer auf 94 erhöhte.

Die gerichtsmedizinische Bewertung dieser Spättodesfälle bereitete keine Probleme. Der ursächliche Zusammenhang zwischen der Eisenbahnkatastrophe in Langenweddingen und dem Todeseintritt war bei den 17 später Verstorbenen gegeben.

Führt die Hitzeeinwirkung nicht sofort zum Tod, so kann sich bei Verbrennungen von einer bestimmten Ausdehnung an eine allgemeine Schädigung des Organismus entwickeln, die als *Verbrennungskrankheit* bezeichnet wird. Unter dieser Diagnose werden verschiedene Reaktionen des menschlichen Körpers auf eine schwere Verbrennung zusammengefasst.

Das Bild, dass sich dem Arzt bei der Verbrennungskrankheit bietet, ist vielgestaltig. Bei gleicher Schwere der Verbrennung kann es sich von Patient zu Patient erheblich unterscheiden. Von Bedeutung sind das Alter des Brandverletzten und sein vorbestehender Gesundheitszustand sowie die Fläche der verbrannten Haut. Diese Umstände sind für die Prognose zum Heilungsverlauf maßgebend, in vielen Fällen sogar für die Beantwortung der Frage, ob die Verbrennung überhaupt überlebt werden kann.

Die Fläche der verbrannten Haut lässt sich beim Erwachsenen mit der so genannten Neuner-Regel errechnen: jeweils neun Prozent entfallen auf jeden

Arm, je zweimal neun Prozent auf jedes Bein, die Rumpfvorderseite und den Rücken (zusammen für den Rumpf also 36 Prozent) sowie weitere neun Prozent auf Kopf und Hals. Die Verbrennungskrankheit wurde bereits bei einer Schädigung von nur etwa zehn Prozent der Körperoberfläche beobachtet. Kritisch sind jedoch überwiegend die wesentlich größeren, flächenhaften Verbrennungen.

Bereits kurze Zeit nach der Hitzeeinwirkung kann durch eine Verengung der peripheren Blutgefäße mit Abfall des Herzminutenvolumens und durch eine Verminderung des Flüssigkeitsvolumens in den Blutgefäßen ein Kreislaufschock eintreten. In der Spätphase können größere Mengen von giftigen Abbauprodukten der verbrannten Eiweiße (Haut, Muskulatur) die Nierenkanälchen, den Filterapparat der Niere, verstopfen. Dies führt zum Nierenversagen. Dem kann zwar mit der künstlichen Niere entgegengewirkt werden (Notfalldialyse), aber der Zustand bleibt lebensbedrohlich. Auch die Leber wird durch massenhaft anfallende giftige Verbindungen geschädigt. Im schlimmsten Fall kann es sogar zu einem Leberversagen kommen.

Die Verluste von roten Blutkörperchen und von Flüssigkeit infolge des gestörten Elektrolythaushalts können zusätzlich zu einem Blutvolumenmangel führen. Außerdem bieten die häufig großflächigen Wunden einen günstigen Angriffsort für die Infektion mit Hospitalkeimen, die auch heute noch aufgrund ihrer hohen Resistenz gegen Antibiotika schwer zu beherrschen sind. Das wird noch dadurch begünstigt, dass die Infektabwehr gestört ist. Überdies bilden Schockgeschehen ganz allgemein die Grundlage für einen Dauerstress des Organismus. Gefürchtete Folgen sind Stressgeschwüre im Magen oder im Zwölffingerdarm mit der Gefahr von inneren Blutungen.

Besonders schwerwiegend sind Verbrennungen oder Verbrühungen des Gesichts. In der Akutphase ist mit einer Schwellung in den Luftwegen durch die Einatmung heißer Gase zu rechnen, die zu lebensgefährlicher Luftnot führen kann. Die Schädigung der Schleimhäute bereitet außerdem den Boden für Infektionen. Man spricht von einem Inhalationstrauma. Möglich ist auch, dass giftige Rauchgase eingeatmet worden sind, was gesonderte Behandlungsmaßnahmen erfordert.

Die Behandlungsmöglichkeiten der Verbrennungskrankheit haben sich seit Langenweddingen auf vielerlei Weise verbessert. Mitte der sechziger Jahre standen wesentlich weniger Antibiotika zur Bekämpfung schwerer Wund- und Allgemeininfektionen zur Verfügung als heute. Die Dialyse – bekannt als so genannte Blutwäsche bei Patienten mit einem Nierenversagen – steckte in den Kinderschuhen, und die Züchtung von Haut auf speziellen Nährmedien zur Deckung großer Hautdefekte war unbekannt.

Dennoch gibt es schwere Fälle von thermischer Gewalteinwirkung, gegen die selbst hochmoderne Spezialkliniken machtlos geblieben sind. Das zeigte sich deutlich nach dem Terroranschlag auf der tunesischen Insel Djerba im Jahr 2002. Noch Wochen später starben in deutschen Kliniken brandverletzte Touristen.

Am 11. Juli 1967 erfolgte die Beisetzung der Toten von Langenweddingen unter großer öffentlicher Anteilnahme. Nicht wenige Familiennamen wurden während der Trauerfeier auf dem Magdeburger Westfriedhof mehrfach genannt.

Der Fahrdienstleiter und der Bahnhofsvorsteher von Langenweddingen wurden wegen grober Verletzung ihrer Dienstpflichten angeklagt und am 2. September 1967 vom Bezirksgericht Magdeburg zu je fünf Jahren Haft verurteilt. Allerdings blieben Zweifel bis heute, ob wirklich nur die Bahnmitarbeiter pflichtwidrig gehandelt haben, wie es in den 1970 publizierten Ermittlungsergebnissen hieß. Bei den durchhängenden Freiluftkabeln handelte es sich um Fernmeldeleitungen der Post. Warum waren die Leitungen so unfachmännisch angebracht worden, dass sich eine Bahnschranke darin verfangen konnte? Waren für die Behebung dieses Zustands damals wirklich nur die gerichtlich verurteilten Reichsbahnangestellten verantwortlich?

In einer Fernsehdokumentation des Ostdeutschen Rundfunks Brandenburg (ORB) kamen drei Jahrzehnte später auch die zuständigen Bahnmitarbeiter zu Wort. Sie beklagten, dass ihre Meldungen der Störung an vorgesetzte Dienststellen nichts bewirkt hätten und dass eine eigenmächtige Beseitigung, zum Beispiel ein Kappen des Kabels, als Störung von Fernmeldeanlagen und damit als Straftat gegolten hätte.

Aus der Sicht des Gerichtsmediziners belegt die Tragödie von Langenweddingen die vielfach reproduzierte Erkenntnis der Unfallforschung, dass die Mehrzahl der Unfälle zu Lande, auf dem Wasser oder in der Luft durch menschliches Versagen geschieht. Bei einem hohen Standard von Sicherheitsvorschriften bleiben einzelne Fehler fast immer folgenlos. Erst durch Kombination oder Verkettung von mehreren Fehlern entstehen die Katastrophen.

Langenweddingen blieb für mehr als drei Jahrzehnte das schwerste Eisenbahnunglück auf deutschem Boden. Erst die Katastrophe von Eschede am 3. Juni 1998, wo der ICE 884 »Wilhelm Conrad Röntgen« bei einer Geschwindigkeit von 200 Stundenkilometern entgleiste und die Wagen gegen einen Brückenpfeiler schlugen, hat die Tragödie in der Magdeburger Börde übertroffen. Die Ursache war ein gebrochener Radreifen am ersten Waggon unmittelbar hinter dem vorderen Triebwagen. Damit war der ICE noch sechs Kilometer weitergerast. Erst als der Zug eine Weiche passierte, sprang der vierte Waggon aus den Schienen, und der hintere Triebwagen, der noch unvermindert seine Beschleunigungsenergie entfaltete, schob den ganzen Zug wie eine Ziehharmonika zusammen und gegen die einstürzende Brücke. Mehr als 1 000 Helfer bemühten sich um die Verunglückten. In Eschede starben 101 Menschen.

Gewappnet für den Ernstfall

Magdeburg, 1968

Die Massenunfälle wie das Zugunglück bei Langenweddingen mit 94 Toten oder auch die Schlagwetterexplosion in einer Zwickauer Steinkohlengrube mit 123 Toten veranlassten Ende der sechziger Jahre die zuständigen DDR-Institutionen, ein gründlich durchdachtes System der Einsatzvorbereitung für die Gerichtliche Medizin zu entwickeln, das den Untersuchungserfolg wesentlich mitbestimmt.

Einer der wichtigsten Punkte betraf die Schaffung eines Alarmierungsplans, der zu jeder Tageszeit den schnellstmöglichen Einsatz aller vorgesehenen Helfer garantieren sollte. Die umfangreiche Ausrüstung musste fortan dauernd vollständig und funktionstüchtig bereitgehalten werden. Auch für den Transport der Einsatzkräfte und der Ausrüstungsgegenstände musste gesorgt sein.

Im Januar 1968 trafen sich Gerichtsmediziner und Kriminalisten in Magdeburg zu einer Arbeitstagung. Ausgehend von den Erfahrungen früherer Massenunfälle, berieten sie über die Schaffung von gemeinsamen Bergungs- und Identifizierungsgruppen und deren

Aufgaben am Katastrophenort. Zusammen mit vier weiteren Arbeitsgruppen bildete eine solche Gruppe die Untersuchungskommission der Kriminalpolizei, die für den Einsatz bei folgenschweren Unfällen vorgesehen war. Eine derartige Kommission wurde in jedem Bezirk der DDR gegründet. Zu ihren Aufgaben gehörte es, den Unfallhergang festzustellen und die Unfallursachen herauszufinden. Die Einzelheiten wurden dann durch die »Gemeinsame Anweisung des Generalstaatsanwaltes der DDR und des Ministers des Innern und Chefs der Deutschen Volkspolizei zur Untersuchung folgenschwerer Unfälle« vom 15. August 1969 geregelt.

Strenge Bestimmungen für die Bergungsarbeit

An der Spitze der Bergungs- und Identifizierungsgruppe stand der Leiter der Morduntersuchungskommission des jeweiligen Bezirks. Die Tätigkeit der Gruppe vollzog sich in zwei Etappen. Zuerst übernahm sie die Bergung und Sicherung von Identitätsmerkmalen der Todesopfer am Unfallort. Später führte sie die weiteren Untersuchungen zur zweifelsfreien Identifizierung der Getöteten. Dementsprechend gehörten zu der Arbeitsgruppe immer zwei Kriminalisten aus der Morduntersuchungskommission des Bezirks, zwei Kriminaltechniker, eine technische Kraft von der Polizei, drei Fachärzte für Gerichtliche Medizin, zwei Sektionsgehilfen oder Präparatoren, ein Fotograf und eine technische Kraft von der Gerichtsmedizin.

Neben der Zusammensetzung enthielt die Gemeinsame Anweisung konkrete Festlegungen für den Einsatz nach einem Massenunfall. Ab 1969 sah die Ablaufplanung folgendermaßen aus:

Vordringlichste Aufgabe der Bergungs- und Identifizierungsgruppe ist immer, am Katastrophenort nach Überlebenden zu suchen. Sie müssen umgehend ärztliche Hilfe erhalten. Die Aufklärung des Unfallhergangs erfordert eine genaue Dokumentation, wer wo geborgen wurde. Zudem muss die Arbeitsgruppe von Beginn an den Überblick behalten, welches Krankenhaus welche Verletzten aufgenommen hat. Man stelle sich vor, wie schmerzlich eine falsche Auskunft über das Schicksal eines Verunglückten für Angehörige sein kann.

Wenn die Rettungsmaßnahmen abgeschlossen sind, beginnt die Bergung der Toten. Zuvor muss das abzusuchende Gebiet bestimmt werden. Um eine systematische Leichenbergung zu gewährleisten, ist es erforderlich, den Katastrophenort in Planquadrate einzuteilen. Vor allem bei Flugzeugabstürzen können Wrackstücke, Leichenteile und Gegenstände kilometerweit verstreut liegen. Ist die Ausdehnung festgelegt und das ganze Areal gesichert, wird es vermessen, fotografiert, wenn notwendig auch aus der Luft, und seine genaue geografische Lage bestimmt. Eine erste Besichtigung soll helfen, die Gesamtzahl der Todesopfer zu schätzen, falls diese Zahl nicht anderweitig bekannt geworden ist.

BERGUNGSKARTE Teil I
(Fundbeschreibung)

Fundsituation . . . .
Datum . . . . Uhrzeit . . . . . .

Kennzeichnung der Leiche Nr.:

Lagebestimmung im Koordinatensystem:
bzw.
Entfernung vom Meßpunkt 1: und Meßpunkt 2:

Fotoaufnahmen (Fundsituation):
Übersicht:
Detail vor Freilegung:
Detail nach Freilegung:

Leichenlage: Bauchlage rechte Seitenlage
Rückenlage linke Seitenlage

Kleidung: bekleidet, teilbekleidet, Kleidungsreste

Leiche vollständig, Torso, zerstückelt, Durchtrennung
Fehlende Leichenteile: Kopf, Arme, Hände, Beine, Füße
Zustand: frisch, faul, verwest, mumifiziert, Fettwachs, skelettiert, verbrannt, verkohlt

Besonderheiten: Einklemmung,
Zusammen mit Leiche Nr.:

Effekten und Asservate (Kurzbeschreibung und unter Verwendung nachfolgender Kennzeichnung in Skizze eintragen!)

Von Leiche entnommen:
1.01
1.02
1.03
1.04
1.05
1.06

In losem Kontakt mit Leiche aufgefunden: (auf, unter, neben)
2.01
2.02
2.03
2.04
2.05
2.06

In Nähe der Leiche aufgefunden: (wo ?)
3.01
3.02
3.03
3.04
3.05
3.06

Teil I der Bergungskarte zur Fundortbeschreibung, in der DDR für Katastropheneinsätze entwickelt

Die Bergung der Todesopfer muss möglichst rasch erfolgen. Deshalb kann es angebracht sein, die Arbeitsgruppe in zwei Trupps aufzuteilen. Aufgefundene Leichen werden gekennzeichnet und die Auffindungssituation genau beschrieben, weil sich daraus wichtige Anhaltspunkte für die Hergangsrekonstruktion ergeben können. Schließlich bereiten die Bergungstrupps den Abtransport der Toten und der dazugehörigen Sachen vor.

Der Kriminaltechniker beginnt seine Tätigkeit, indem er den Fundort jeder Leiche durch Aufstellen einer Nummerntafel kennzeichnet. Dann fotografiert er den Auffindungsort, um die genaue Lage der Leiche zu dokumentieren. Danach zeichnet er die Liegestelle mit Leichennummer in eine Skizze ein.

Der Gerichtsmediziner befestigt eine weitere Nummerntafel mit derselben Zahl, die auch zur Kennzeichnung der Liegestelle verwendet worden ist. Er beschreibt die Lage der Leiche, stellt, soweit an der Unfallstelle möglich, das Geschlecht fest, fertigt eine Personenbeschreibung an und erfasst die wesentlichen Verletzungen wie völlig zermalmte oder fehlende Körperteile. Alle Feststellungen werden unter der zugehörigen Leichennummer diktiert und dann sofort abgeschrieben.

Der Kriminalist beschreibt die Bekleidung der Leiche. Entfernen darf er die Kleidungsstücke an der Fundstelle noch nicht. Außerdem sichert er die Gegenstände, die sich in unmittelbarer Nähe befinden und höchstwahrscheinlich zur Leiche gehören. Die Sachen werden mit der entsprechenden Leichennummer verpackt. Danach sichert er die verstreuten Gegenstände aus der weiteren Umgebung des Opfers. Als Streugut gekennzeichnet, werden diese Fundstücke wiederum mit der zugehörigen Leichennummer verpackt. Wie der Gerichtsmediziner, so diktiert der Kriminalist alle seine Feststellungen für das Protokoll.

Der Sektionsgehilfe unterstützt die Arbeit an den Fundorten und sorgt für den Abtransport der Leichen und aller gesicherten Gegenstände zu der nahe gelegenen Sammelstelle.

Die an jedem Leichenfundort aufgestellte Nummerntafel verbleibt dort auch nach dem Abtransport der Leiche bis zum Abschluss aller Bergungsarbeiten und der Freigabe des Katastrophenorts durch den Leiter der Untersuchungskommission.

Die Sammelstelle wird vom verantwortlichen Gerichtsmediziner beaufsichtigt. Er übernimmt die geborgenen Leichen und deren Sachen einschließlich Streugut von allen Bergungstrupps, sorgt für eine übersichtliche Ablage und organisiert den Abtransport zur Hauptsammelstelle. Als Transportmittel sind Särge am besten geeignet. Darin können auch die zugehörigen Gegenstände untergebracht werden. Um Verwechselungen auszuschließen, ist es wichtig, die Ober- und Unterseite des Sarges zu beschriften. So lässt sich vermeiden, dass Sargdeckel nach Beendigung einer Arbeit an der Leiche vertauscht werden.

Die Mühen der Identifizierung

In der Hauptsammelstelle erfolgen die gerichtsärztliche Leichenschau und Leichenöffnung sowie die Begutachtung aller Fundstücke durch Kriminaltechniker oder Sachverständige. Bei der Auswahl des Ortes ist zu berücksichtigen, dass ausreichend Lagermöglichkeiten, Sektionsräume, Arbeitsräume für Kriminaltechniker und Angehörige der Bergungs- und Identifizierungsgruppe sowie Wascheinrichtungen vorhanden sind.

Die Arbeit an der Hauptsammelstelle zielt darauf, alle besonderen Merkmale festzustellen und zu sichern, die der Identifizierung der Leichen dienen. Die Ergebnisse der gerichtsärztlichen und kriminalistischen Untersuchungen werden in einem gemeinsamen Protokoll für jede Leiche gesondert festgehalten.

Schon während in der Hauptsammelstelle die Leichenbefunde erhoben werden, müssen am Wohnort der mutmaßlichen Opfer so viel Informationen wie möglich ermittelt werden. Da zum Zeitpunkt der Beschaffung dieser Unterlagen nicht bekannt ist, welche Identitätsmerkmale am Opfer überhaupt noch feststellbar sind, müssen alle erreichbaren Daten gesammelt werden. Ohne diese Vergleichsdaten gibt es keine Identifizierung. Gebraucht werden eine Personenbeschreibung, Angaben über Bekleidung und mitgeführte Gegenstände, der Zahnstatus und medizinische Daten einschließlich Röntgenbilder.

In diesem Stadium der Untersuchungen werden die zuvor als Bergungstrupps eingesetzten Mitarbeiter als Identifizierungstrupps tätig. Zunächst müssen sie sich mit den beschafften Daten der vermissten Personen vertraut machen. Danach werden die Befunde der Leichenöffnungen und die kriminaltechnischen Ergebnisse ausgewertet. Beim anschließenden Vergleich ist zu prüfen, ob sich eine bestimmte Leiche mit den dazugehörigen Sachen einem bestimmten Vermisstenfall zuordnen lässt. Gelingt eine Zuordnung, bedeutet das noch nicht die endgültige Identifizierung. Erst nach Überprüfung und Bestätigung durch weitere kriminalistische Ermittlungen und gerichtsärztliche oder andere medizinische Untersuchungen gilt die Person als identifiziert.

Daraufhin stellt der beteiligte Gerichtsarzt den Totenschein auf den Namen der vermissten Person aus. Der zuständige Staatsanwalt erteilt die Freigabe der Leiche zur Bestattung. Schließlich erhält das Standesamt die erforderlichen Unterlagen zur Beurkundung des Sterbefalls.

Die 1969 geschaffenen Vorschriften wurden aufgrund der Erfahrungen aus späteren Großeinsätzen überarbeitet und ergänzt. Spezielle Regelungen kamen hinzu. Auch für die Gerichtsmediziner gab es noch manches zu lernen. Daraus entwickelten sie bewährte Grundsätze für ihre Arbeit, von denen viele bis heute Bestand haben.

Ein Weichensteller schläft

Lebus, 1977

Zehn Jahre nach Langenweddingen ereignete sich wieder ein schweres Eisenbahnunglück. Auf dem Bahnhof Booßen, der zu Frankfurt/Oder gehört, geriet am 27. Juni 1977 gegen 2 Uhr nachts der Bäderzug D 1918 von Zittau nach Stralsund durch falsche Weichenstellung auf eine Nebenstrecke. Bei dem Ort Lebus nahe der deutsch-polnischen Grenze, etwa auf halber Strecke zwischen Frankfurt und der Kreisstadt Seelow, stieß der Urlauberzug mit einem Güterzug zusammen.

Im Stellwerk Booßen schlief zu dieser Zeit der Weichenwärter den Schlaf des Gerechten. Um 18 Uhr am Abend zuvor hatte er einen Zwölf-Stunden-Nachtdienst angetreten. Bis kurz vor Mitternacht gab es kaum etwas zu tun, nur das Zugmeldebuch und ein paar Telefongespräche musste er führen. Dann hing ein Güterzug in Booßen fest, die Lokomotive wurde gewechselt. Der Weichenwärter bekam den Auftrag, eine Fahrstraße für die neue Lok zu legen. Was er auch ausführte, wobei er aber vergaß, eine Weiche in die so genannte Schutzstellung zu legen. Nach diesem Versäumnis schlief er ein. Als ihn eine Stunde später der Kontrollanruf des Fahrdienstleiters erreichte, glaubte der aus dem Schlaf gerissene Weichenwärter, er habe alles korrekt erledigt, und meldete den Fahrweg nach Stralsund frei.

Ein verhängnisvoller Fehler. Denn um 1.15 Uhr, genau nach Fahrplan, passiert der Bäderzug den Bahnhof Booßen. Da schläft der Mann schon wieder. Statt auf die Hauptstrecke mit dem nächsten

Bahnhof Schönfließ gerät der D 1918 auf die Nebenstrecke nach Lebus. Lokführer und Heizer bemerken die falsche Weichenstellung nicht und glauben sich weiter auf der Hauptstrecke. Nachts in einer Gegend, die ihnen nicht sonderlich vertraut ist – da fällt ihnen nichts auf, das sie hätte stutzig machen können. Nicht einmal die unbeschrankten Bahnübergänge.

So befährt der D 1918 nun eine Nebenstrecke, und zwar mit viel zu hoher Geschwindigkeit. Erst als sie sich Lebus nähern, bemerkt der Lokführer drei weiße Lichter in Form eines A, die ihnen rasend schnell entgegenkommen. Er weiß sofort: ein schwerer Güterzug! Augenblicklich leitet er die Notbremsung ein, doch es ist schon zu spät. Seinem Beimann schreit er noch zu: »Mach, dass du rauskommst!« und rettet sich selbst durch einen Sprung in die Nacht. Bewusstlos bleibt er liegen und überlebt schwer verletzt.

Der Heizer entscheidet sich Bruchteile von Sekunden zu spät. Es ist 1.25 Uhr am Bahnübergang in Lebus. Die Loks prallen mit einem Höllenknall aufeinander und türmen sich auf. Die vorderen Wagen schieben sich zu einem gigantischen Schrotthaufen zusammen.

Frontalzusammenstoß zweier Eisenbahnzüge bei Lebus 1977

Der laute Knall des Zusammenstoßes hat die Bewohner der umliegenden Häuser aus dem Schlaf gerissen. Unter ihnen auch ein Leutnant der Volkspolizei. Als sie am Ort des Geschehens eintreffen, bietet sich ihnen ein Bild der Verwüstung. Der Heizer klemmt im zerstörten Führerstand zwischen Armaturen, Handrädern und Stellhebeln. Sie können ihm nicht mehr helfen.

Der VP-Leutnant koordiniert die ersten Rettungsarbeiten für die Verletzten. Zugleich kümmert er sich um das Sammeln aller Mitreisenden auf der einen Seite des Bahndamms. Die bald darauf eintreffenden Rettungsmannschaften arbeiten die ganze Nacht hindurch. Hinter der Dampflok haben die beim Zusammenprall frei gewordenen Kräfte an dem D-Zug drei Waggons derart zusammengedrückt, dass man die verkeilten Wagenteile mit Schneidbrennern voneinander trennen muss. Erst dann können die Schwerverletzten und die Toten geborgen werden. Für 29 Menschen kommt jede Hilfe zu spät. An einer Baracke gegenüber dem Bahnübergang werden die Toten abgelegt. Die Überlebenden betreut man im Kulturhaus der Stadt.

Mehr Särge als nötig

Erst gegen 9 Uhr des folgenden Tages konnte der letzte D-Zug-Wagen von den Gleisen geräumt werden. Zu diesem Zeitpunkt waren schon die ersten Pressevertreter anwesend. Zum ersten Mal durften auch Reporter aus dem Westen, aus der Bundesrepublik, vor Ort recherchieren. Ein Fernsehjournalist versuchte, auch von uns Gerichtsmedizinern etwas zu erfahren. Wir aber waren gehalten, ihn an die Einsatzleitung zu verweisen. Eine vernünftige Regelung, denn nur die Einsatzleitung hat in derartigen Fällen den genauen Überblick. Widersprüchliche oder sogar falsche Mitteilungen über die Zahl der Überlebenden, der Todesopfer oder der Identifizierten werden so am besten vermieden.

Die ersten Meldungen, die im Institut für Gerichtliche Medizin der Charité eingingen, sprachen von vermutlich 60 bis 80 Todesopfern. Die Rettungskräfte rechneten mit vielen Ferienkindern in den Trümmern – ein neues Langenweddingen. Fatalerweise wurden mehr Särge herangefahren als nötig. Erst später stellte sich heraus, dass eine ganze Schulklasse in Görlitz den Zug verpasst hatte und so dem Inferno von Lebus entgangen war.

Die gerichtsmedizinische Tätigkeit bei der Aufklärung der Eisenbahnkatastrophe von Lebus lag ganz bei den Mitarbeitern des Berliner Instituts. Alle acht verfügbaren Gerichtsärzte, zwei Sektionsgehilfen und zwei Sektionssekretärinnen sowie drei Zahnärzte der Charité fuhren am Morgen des 27. Juni in einem Konvoi von privaten Pkws nach Lebus, um dort nach Verfügung des Staatsanwalts des Kreises Seelow »zur Identifizierung und der Feststellung der Todesursache die gerichtsmedizinische Obduktion von 29 Leichen« durchzuführen. Zu dieser Zeit gab es die Institute in Potsdam und Frankfurt/Oder noch nicht, und der größte Teil des heutigen Landes Brandenburg gehörte zum Einzugsgebiet des Berliner Instituts.

Im Archiv des Instituts für Rechtsmedizin der Charité sind die Opfer des Eisenbahnunglücks von Lebus unter den Nummern 523–551/77 registriert. Die Untersuchungen der Verstorbenen erfolgten vor Ort in einer notdürftig hergerichteten Lagerhalle, sie begannen mittags und dauerten bis in die Nacht. In Absprache mit der Staatsanwaltschaft wurden nur bei den anfänglich unbekannten Toten Obduktionen durchgeführt, bei den anderen Fällen waren die Fragen des Staatsanwalts durch eine gründliche äußere Untersuchung der Toten zu beantworten.

Die Feststellung des Geschlechts bereitete bei den zwar stark traumatisierten, aber in dem äußeren Erscheinungsbild einschließlich der Bekleidung relativ gut erhaltenen Opfern keine Probleme. Die Feststellung des Lebensalters half bei der Identifizierung gut voran, weil sich unter den 29 Getöteten acht Kinder und ein Jugendlicher befanden. Unter den zu identifizierenden Opfern waren vier Kinder, davon nur eines im Vorschulalter.

Folgende Tabelle gibt einen Vergleich der durch gerichtsmedizinische und zahnärztliche Methoden gewonnenen Schätzergebnisse mit dem tatsächlichen Lebensalter:

Sterbefall	geschätztes Alter (in Jahren)	tatsächliches Alter (in Jahren)
526/77	4–5	4
528/77	10–11	11
530/77	10–12	11
527/77	11–14	14
529/77	ca. 20	19
531/77	20–25	20
523/77	ca. 25	20
551/77	20–30	22
524/77	ca. 40	42

Die Aufstellung zeigt, dass auch die unter Feldbedingungen erhobenen Schätzergebnisse der forensisch erfahrenen Mediziner nicht wesentlich vom wirklichen Alter abwichen.

Zusätzliche Hinweise ergaben sich aus Hautnarben und Folgen von Operationen an inneren Organen. Dazu zählen die so genannte Blinddarmoperation, fehlende Gaumenmandeln, fehlende Gebärmutter, schließlich auch die Narben von einer Pockenschutzimpfung oder von einem operativen Venenzugang.

Weitere Möglichkeiten zur Identifizierung lieferten die von den Kriminalisten in Zusammenarbeit mit den Gerichtsärzten angelegten Kleiderkarten. Hierzu wurden Beschreibungen und Stoffproben von allen getragenen Kleidungsstücken so zusammengestellt, dass die ausgefüllten Protokollvordrucke Angehörigen oder Bekannten vorgelegt werden konnten. In ähnlicher Weise wurden Uhren oder Schmuckgegenstände zur Identifizierung herangezogen.

Als Todesursache wurde bei allen Fällen massive stumpfe Gewalteinwirkung festgestellt und auf den Totenscheinen eingetragen. Durch den Zusammenprall der beiden Eisenbahnzüge waren die Waggons zusammengeschoben worden und hatten zur Einquetschung der Opfer geführt. Bei einigen Toten waren ausgeprägte Zeichen der Kompression von Kopf, Rumpf und Gliedmaßen erkennbar.

Um alle Umstände des Unglücks aufzuklären, ordnete die Staatsanwaltschaft weiterhin eine Blutalkoholbestimmung bei dem Lokführer und bei dem getöteten Heizer an.

Die Untersuchungen in der Abteilung für Toxikologische Chemie unseres Instituts ergaben nach den damaligen Vorschriften – die auch dem heutigen Verfahren im Strafrecht entsprechen, nämlich zwei voneinander unabhängige Analysemethoden einzusetzen – keinerlei alkoholische Beeinflussung. Die Messwerte betrugen sowohl nach dem ADH-Verfahren als auch nach dem Widmark-Verfahren jeweils 0,0 Promille. Es gab damit keinen Hinweis auf eine Beeinträchtigung der Verkehrstauglichkeit des Lokomotivpersonals.

Das Problem der Spättodesfälle

In dem Archivbuch von 1977 sind auch drei *Spättodesfälle* verzeichnet, so dass bei dem tragischen Unglück von Lebus insgesamt 32 Menschen ihr Leben lassen mussten.

In der Gerichtsmedizin bilden die Spättodesfälle einen eigenständigen Problemkomplex. Zu klären ist dabei die Frage, ob der zu beurteilende Todesfall tatsächlich in einem ursächlichen Zusammenhang mit einem schädigenden Ereignis steht. Von Bedeutung ist dies für die strafrechtlichen Konsequenzen, aber auch für die zivilrechtlichen Ansprüche des Betroffenen oder seiner Angehörigen.

Verstirbt beispielsweise ein Patient an einer Lungenentzündung infolge der Bettlägerigkeit, in die er durch einen Unfall geraten ist, so liegt der ursächliche Zusammenhang und somit ein nichtnatürlicher Tod vor. War er allerdings vollständig genesen und erlitt die Lungenentzündung erst durch spätere Erkrankung, so kann eine Kausalität nicht geltend gemacht werden. Der zeitliche Zusammenhang zwischen einem schädigenden Ereignis und dem Tod spielt hierbei keine Rolle. So kann die Bettlägerigkeit wenige Tage oder aber zum Beispiel bei Querschnittslähmung mehrere Jahre betragen haben – in beiden Fällen kann ein kausaler Zusammenhang gegeben sein.

Je größer der Zeitraum zwischen einer Schädigung und dem Todeseintritt ist, desto schwieriger gestaltet sich der sichere Nachweis oder Ausschluss eines solchen Zusammenhangs. Dies erklärt sich in erster Linie aus der großen Wahrscheinlichkeit, dass im Verlauf mehrerer Jahre andere Erkrankungen oder Unfälle die gesundheitliche Situation erheblich verändert haben. Von zunehmender Bedeutung ist darüber hinaus die Frage nach Behandlungsfehlern oder Pflegemängeln. Mangelhafte Pflege eines bettlägerigen Patienten könnte die Ausbildung großer Druckgeschwüre mit einer sich auf den gesamten Organismus ausbreitenden Allgemeininfektion (Sepsis) fördern und so zum Tod führen. Dann wäre möglicherweise die am Anfang stehende Gesundheitsschädigung nicht oder nicht allein todesursächlich.

Damit deutet sich das besondere Problem konkurrierender Todesursachen an, also die Bewertung jener Fälle, bei denen eine Schädigung wie auch eine vorbestehende Erkrankung nur gemeinsam die Todesursache bilden, während jeder Faktor für sich allein den Tod nicht, zumindest nicht zu diesem Zeitpunkt bewirkt hätte.

Nach dem Abschluss der Untersuchungen erklärte die Regierungskommission unter Leitung des Verkehrsministers Otto Arndt, die technischen Anlagen hätten sich in einwandfreiem Zustand befunden. Die Ursache des Zusammenstoßes sei ausschließlich menschliches Versagen gewesen. Gegen diese undifferenzierte Aussage erhoben sich Zweifel. Die Sicherungseinrichtungen waren nicht die modernsten, zumindest fehlten ihnen damals noch jene Signalelemente, welche die menschliche Trägheit und Gedankenlosigkeit ausschließen. Das Stellwerk Booßen existierte lediglich als klägliches Nachkriegsprovisorium, da das ursprüngliche Werk im Rahmen der Reparationsleistungen demontiert worden war. Auch andere Signal- und Sicherungsanlagen, besonders an Nebenstrecken, befanden sich in einem altertümlichen Zustand.

Bald darauf wurden einige Bahnhöfe in der Region mit besserer Signal-, Sicherheits- und Kommunikationstechnik ausgestattet: Werneuchen erhielt ein Gleisbildstellwerk, in Kietz kam zum Schlüsselwerk der Bahnhofs- und Streckenblock hinzu. Die Unglücksstrecke Booßen – Kietz wurde später stillgelegt.

In den Zeitungen der DDR war am 19. Juli 1977 zu lesen: »Vor dem Kreisgericht Frankfurt fand am Montag die Hauptverhandlung gegen den Angeklagten Weichenwärter H. des Bahnhofes Booßen statt. Wie die Beweisaufnahme in der Verhandlung ergab, befanden sich die Signal- und Sicherungseinrichtungen der Strecke in einem ordnungsgemäßen Zustand. Der Weichenwärter war befähigt, seinen verantwortungsvollen Dienst zu versehen. Er war nicht durch Überstunden belastet. In der betreffenden Nacht beging der Angeklagte aus Bequemlichkeit und Nachlässigkeit eine Kette von schwerwiegenden Pflichtverletzungen gegenüber den Dienstvorschriften, ohne mit ernsten Folgen zu rechnen. Durch eine verantwortungslose Einstellung zur Arbeit hatte er die Sicherungsanlagen nicht genutzt und geglaubt, sich auf sein Gedächtnis verlassen zu können. Darüber hinaus hatte er die augenscheinliche Fahrwegprüfung unterlassen und seinem Fahrdienstleiter fernmündlich falsche Angaben über die Stellung der Weichen und die Fahrwegsicherung gemeldet. Bei ordnungsgemäßer Handhabung der Anlagen wäre keine Fehlleitung des D-Zuges erfolgt. Die Beweisaufnahme ergab die alleinige Schuld des Weichenwärters. Wegen Herbeiführung des schweren Verkehrsunfalls, der zu großem menschlichem Leid und hohen volkswirtschaftlichen Verlusten führte, wurde der Angeklagte zu fünf Jahren Freiheitsstrafe und zum Schadenersatz in der gesetzlich zulässigen Höhe verurteilt. Der Angeklagte nahm das Urteil an.«

Das Risiko des permissiven Fahrens

Frühere Eisenbahnunglücke aus der DDR-Zeit im Berliner Raum sind in den Archivbüchern des Charité-Instituts nicht verzeichnet. Die Gründe kennen wir nicht. Es fehlt unter anderem die Katastrophe von Waßmannsdorf auf dem südlichen Berliner Außenring, die am 24. Juni 1965 geschah. Infolge einer Gleisverwerfung sprangen sechs Wagen des Personenzugs P 1221 von Potsdam nach Berlin aus den Schienen. Die hinteren vier Wagen rissen ganz ab. Die Schreckensbilanz: neun Tote, zehn Schwerverletzte und eine nicht bekannte Zahl von Leichtverletzten.

Trümmer des letzten Personenwagens nach der Kollision zweier Züge nahe dem Bahnhof Genshagener Heide 1982

Anders das Unglück nahe dem Bahnhof Genshagener Heide am 31. Oktober 1982. Acht Menschen starben, als ein Güterzug bei Dunkelheit und nebliger Witterung auf den langsam vorausfahrenden Personenzug P 11 485 von Werder nach Berlin auffuhr. Der Aufprall war so gewaltig, dass der letzte Wagen des Personenzugs auf die Lok des Güterzugs geworfen wurde. So konnten sieben Fahrgäste dieses stark zerstörten Wagens und der Lokführer nur noch tot geborgen werden, 48 Fahrgäste erlitten zum Teil schwere Verletzungen. Die Toten sind in den Archivbüchern des Charité-Instituts unter den Nummern 1262–1269/82 verzeichnet.

Von Fachleuten wird die Ursache für derartige Unglücke auf den dicht befahrenen Strecken der DDR in dem damals eingeführten so genannten permissiven Fahren gesehen. Diese Regelung erlaubte, dass auch bei Halt-Gebot unter Sicht an bestimmten Stellen weitergefahren werden konnte, allerdings bei entsprechend verminderter Geschwindigkeit. Im Fall Genshagener Heide war der von Werder kommende Personenzug bereits im Anfahren, aber der Güterzuglokführer entschied sich für eine zu hohe Geschwindigkeit, was am Ende zu der folgenschweren Kollision führte.

Wiederum auf dem südlichen Außenring verloren am 5. Juli 1983 vier Menschen ihr Leben, erneut war ein Personenzug Werder – Berlin beteiligt. Dessen Lokführer überfuhr an der Abzweigstelle Glasower Damm die Lichtsignale. Geboten hatten diese das Abbremsen des Zuges von der Höchstgeschwindigkeit auf 40 Stundenkilometer und dann einen Halt. Der Personenzug stieß mit dem D 571 Berlin – Karl-Marx-Stadt (heute Chemnitz) zusammen, als dieser die zweigleisige Strecke kreuzte, um in das Dresdener Streckengleis einzubiegen. Während am D-Zug lediglich vier Wagen entgleisten, stürzten die Lok und zwei Wagen des Personenzugs um.

Dichter Nebel und permissives Fahren waren schließlich auch wesentliche Begleitumstände, als am 27. Februar 1986 gegen 7.30 Uhr der Personenzug P 11 407, unterwegs von Falkenhagen nach Berlin-Karlshorst, auf dem südlichen Außenring durch unangemessene Geschwindigkeit auf einen haltenden Güterzug fuhr. Am Güterzug entstand lediglich Sachschaden. Der Lokführer des Personenzugs bezahlte sein Fehlverhalten mit dem Leben.

Einstürze und Abstürze

Wassertorstraße, 1865 / Anhalter Bahnhof, 1922 / Brandenburger Tor, 1935
Zurück noch einmal in das 19. Jahrhundert. Der früheste in den Archivbüchern des Berliner Leichenschauhauses verzeichnete Massenunfall betrifft keine Verkehrskatastrophe, sondern einen Hauseinsturz.

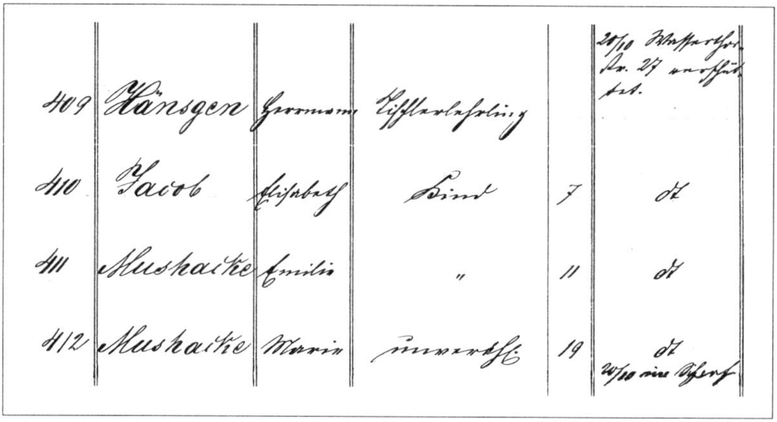

409	Hänsgen	Hermann	Tischlerlehrling		20/10 Wassertorstr. 27 verschüttet.
410	Jacob	Elisabeth	Kind	7	do
411	Mushacke	Emilie	"	11	do
412	Mushacke	Marie	[illegible]	19	do 20/10 [illegible]

Faksimile aus dem Archivbuch des Instituts für Rechtsmedizin der Charité zum Hauseinsturz in Berlin-Kreuzberg 1865

Als sich die siebenjährige Elisabeth Jacob am 20. Oktober des Jahres 1865 auf den Weg macht, ihren Vater, den Kunstgießer Jacob, in seiner Werkstatt zu besuchen, wird das ihr letzter Weg. Drei Wochen zuvor, am 1. Oktober, war das neu errichtete Quergebäude in der Wassertorstraße 27 bezogen worden. Tischler und Gießer hatten seit dem Einzug mehrfach geschimpft, hatten von schlechtem Bauholz gesprochen, von minderwertigen Ankernägeln, Krammen und Splinten. So recht hatte Elisabeth das alles nicht verstanden. Sie ging dort immer wieder hin zum Spielen.

In der Kellerwerkstatt arbeitet Elisabeths Vater mit drei Gesellen. Dort gibt es viele Materialreste, manchmal ein angemaltes Holzstückchen, manchmal ein Gussteil, das wie ein Gesicht aussieht. Sicher würde sie sich auch die Zeit mit den gleichaltrigen Kindern des Tischlers Mushacke vertreiben können. In mehreren Etagen des Hauses befinden sich Tischlerwerkstätten, und die Familie Mushacke bewohnt mit acht Kindern eine Wohnung im 4. Stock. Der alte Mushacke schimpft oft, dass immer wieder Putz von den Wänden bröckelt und sich Risse zeigen. Auch war in den letzten Tagen ein Maurer damit beschäftigt, brüchige Ziegel aus den Wänden zu stemmen und durch neue zu ersetzen. Aber all das sind keine Probleme, die ein Kind interessieren.

Elisabeth trifft ihren Vater, wie er gerade mit seinen Gesellen einen Auftrag bespricht. Plötzlich ein ohrenbetäubendes Bersten und Krachen, in wenigen Sekunden rutschen die Hauswände zusammen. Das Kind schreit und wird durch Staub und Trümmer von den Männern getrennt.

Was dann geschieht, wann die Rettungskräfte eintreffen, wie sie ausgerüstet sind und wie sie zunächst vorgehen, ist nicht überliefert. Nur so viel lassen alte Zeitungsberichte erkennen: Der Gießer und seine Gesellen wurden in einem Hohlraum eingeschlossen und können lebend geborgen werden. Die Hoffnung auf Rettung des Kindes schwindet von Stunde zu Stunde. Als eines der letzten Opfer kann schließlich das Mädchen nur noch tot geborgen werden, gestorben unter tonnenschweren Trümmern. Es dauert Tage, bis der Schutt so weit abgetragen ist, dass die Suche nach Vermissten eingestellt werden kann.

Den alten Archivbuchaufzeichnungen des Leichenschauhauses zufolge wurden von den 60 bis 70 Menschen, die sich in dem Gebäude aufhielten, 27 tot geborgen. Zwei Töchter des Tischlers Mushacke gehörten dazu, außerdem verlor er seine Ehefrau, die Tage später im Krankenhaus Bethanien verstarb.

Die Opfer wurden auf dem Jakobi-Friedhof beigesetzt. Ihre vorletzte Station war das 1856 erbaute Pathologische Institut der Charité, in dem auch das Berliner Leichenschauhaus einige Räume nutzte, bevor es 1867 in einen Flügel des neu errichteten Anatomischen Instituts und erst 1886 in sein eigentliches Domizil, das heutige Institutsgebäude, umziehen konnte.

Kaum war das Unglück in der Wassertorstraße bekannt, schon erschienen am Schauplatz der Katastrophe zwielichtige Gestalten, um auf ihre Weise von dem Hauseinsturz zu profitieren. So hatten es laut Vossischer Zeitung »die Taschendiebe nicht versäumt sich einzufinden und wurden mehrere von der dort anwesenden Criminalpolizei auf der That ertappt und nach der Stadtvoigtei befördert«.

Für die Hinterbliebenen und Verletzten gab es in Berlin eine Welle der Solidarität. Banken, Zeitungen, wohltätige Bürger und nicht zuletzt Künstler sammelten Geld für die betroffenen Familien, Theatergruppen spielten für Opfer und ihre Angehörigen. Die Berliner Öffentlichkeit fühlte sich besonders betroffen und herausgefordert, da der Einsturz des Hauses in der Kreuzberger Wassertorstraße gleichsam wie der Beginn einer Einsturzserie aussah. Am selben Tag, nur wenige Stunden später, fiel auch der neu angebaute Saal des Restaurants Schweizergarten am Neuen Königstor in sich zusammen. Dort starben drei Bauarbeiter. Die Vossische Zeitung lag sicher nicht falsch mit der Vermutung, dass ähnliche Verdachtsmomente auf die gleiche Unglücksursache schließen ließen: schlechtes Baumaterial und mangelnde Einhaltung baupolizeilicher Vorschriften. Und davon waren in den Jahren der zunehmenden Bautätigkeit mit den rasend schnell errichteten Massenquartieren noch viele andere Gebäude betroffen.

Perthes und Burke

Bei der Beurteilung des Todes unter herabstürzenden Trümmern spielt ein besonderer Todesmechanismus eine Rolle, den man in der Fachsprache als *Perthes-Mechanismus* bezeichnet. Der Begriff geht auf den Tübinger Chirurgen Professor Dr. Georg Clemens Perthes zurück, der dies als Erster genau beschrieb.

Hierbei wird durch ein großes Gewicht, das auf dem Rumpf lastet, der Brustkorb in der Ausatmungsstellung zusammengepresst. Ein Einatmen ist auch bei frei liegenden Atemöffnungen und Atemwegen nicht mehr möglich. Es kommt zum qualvollen Ersticken. Verwendet wird dafür gelegentlich auch der Begriff äußeres Ersticken im Unterschied zum inneren Erstickungsvorgang, bei dem die Sauerstoffzufuhr mit dem Blut oder die Sauerstoffverwertung in den Körperzellen durch entsprechende Gifte blockiert ist.

Charakteristische äußere Zeichen sind beim Perthes-Mechanismus eine starke Dunsung des Gesichts und eine deutliche Ausprägung von punktförmigen und kleinfleckigen Stauungsblutungen der Haut von Gesicht, Hals und oberem Brustbereich, der Augenbindehäute und der Mundschleimhaut. Die Leichenöffnung zeigt dann zumeist derartige Blutungen auch an der Kopfschwarteninnenseite (nach Ablösung vom Schädeldach sichtbar), an der Schläfenmuskulatur und an inneren Organen, vor allem an den Lungen oder an der Herzaußenhaut.

Neben der Verschüttung unter Gebäudetrümmern beobachtet man einen Perthes-Mechanismus als Todesursache auch bei Unglücken durch Lawinen, in Bergwerken oder in Baugruben. Ebenso versterben auf diese Weise alljährlich spielende Kinder in selbst gebauten Erdhöhlen. Schließlich kann ein solcher Erstickungstod auftreten unter schweren Gegenständen, wie Fahrzeuge, Betonfertigteile oder Container, durch Erdrücken im Gedränge bei Paniksituationen, etwa bei Großveranstaltungen, durch Einklemmung zwischen Eisenbahnpuffern oder im Fahrzeuginneren. Die Autoren kennen aus eigener Anschauung einen Fall, in dem eine Person zwischen Förderband und Laufrolle eingeklemmt wurde.

Ein anderer Unfall mit tödlichem Ausgang durch den Perthes-Mechanismus ereignete sich, als die unsachgemäße Bedienung eines Baggers dazu führte, dass die mehrere Zentner schwere Abrissbirne in eine nicht beherrschbare Pendelbewegung versetzt wurde und schließlich das Führerhaus eindrückte.

Der Perthes-Mechanismus kann auch bei Tötungsstraftaten den Todeseintritt bewirken, wenn sich ein relativ schwerer Täter auf den Brustkorb eines körperlich unterlegenen oder zuvor wehrlos gemachten Opfers setzt oder kniet und ihm gleichzeitig Mund und Nase zuhält. Dafür hat sich der Begriff Burking in der Rechtsmedizin eingebürgert, abgeleitet von dem Namen des Serienmörders William Burke. Er tötete in den Jahren 1827/28 insgesamt sechzehn zumeist alkoholisierte Personen auf die beschriebene Weise. Diese Art des Erstickens hinterlässt kaum Zeichen der Gewalteinwirkung. Das nutzte Burke aus, denn er wollte die Leichen seiner Opfer an die Anatomie verkaufen. Der Tatort war die Herberge »Tanner's Close« im Hafenviertel von Edinburgh, deren Inhaber William Hare sein Komplize war. Während der Gerichtsverhandlung im Dezember 1828 trat dieser als Kronzeuge auf. Dadurch gelang es, Burke die spurlosen Morde zu beweisen. Er wurde zum Tode verurteilt und im Januar 1829 öffentlich gehenkt. Sein Skelett steht noch heute im Anatomischen Museum der Universität Edinburgh.

Absturz aus der Bahnhofskuppel

Mehr als ein halbes Jahrhundert nach dem Hauseinsturz in der Wassertorstraße kam es in Berlin wieder zu einem Massenunfall von Handwerkern mit vielen Todesopfern.

Gut 35 Meter hoch hängt das Gerüst im Anhalter Bahnhof, auf dem eine Gruppe von Malern arbeitet, um die Kuppel des fast 50 Jahre alten Baues mit einem neuen Anstrich zu versehen. Jeden Tag zur Mittagspause steigen sie durch eine Öffnung auf das Dach, um die Sonne zu genießen. Man schreibt den 16. August 1922, und an diesem Tag wird ihnen die Klettertour zum Verhängnis.

Halle des 1880 fertiggestellten Anhalter Bahnhofs

Als der Polier zur Mittagspause ruft, legen die 23 Leute wie gewohnt das Werkzeug zur Seite und drängen sich auf dem Gerüst zum Ausstieg. Womöglich haben es einige diesmal besonders eilig und halten auf den Planken die Sicherheitsabstände nicht ein. Zu zwölft bewegen sich die Männer über eine quer gelegte so genannte Scholle zur Leiter, als das Ganze plötzlich nachgibt. Unter Krachen und Splittern löst sich das Gerüst in seine Bestandteile auf. Bretter, Farbtöpfe, Leitern, Eisenhaken und die Maler stürzen in die Tiefe.

Niemand hat eine Chance, sich festzuhalten. Nur diejenigen Arbeiter, die sich noch auf einem anderen Gerüstteil befinden, bleiben verschont.

Unten liegt der Bahnsteig B. Die Gerüsttrümmer und die Menschenleiber aus der Kuppel prasseln auf den Bahnsteig und auf den letzten Wagen eines soeben bereitgestellten Zuges. Zum Glück sind noch keine Reisenden auf dem Bahnsteig. Doch die Halle ist erfüllt von den Schreien der Schwerverletzten. Fünf der abgestürzten Männer sind sofort tot, weitere versterben auf dem Transport in das Krankenhaus Am Urban und in das Elisabeth-Krankenhaus. Insgesamt werden neun Handwerker bei dem Gerüstabsturz getötet. Ihre Namen finden sich im Archivbuch des Leichenschauhauses unter den Nummern ab 1367/22.

Später bei der kriminaltechnischen Untersuchung wird sich herausstellen, dass weniger das Fehlverhalten der Arbeiter die Absturzursache war, als vielmehr eine Schlamperei der Gerüstbaufirma. Bei der Aufhängung des Gerüstes hatte man an einer Ecke einen angebrochenen Eisenhaken verwendet.

Die Gerichtsmedizin spricht bei Ereignissen wie dem Unglück im Anhalter Bahnhof vom Sturz aus der Höhe. Die Formulierung ist mit Bedacht gewählt, denn sie darf keine kriminalistische Vorbewertung enthalten. Bei einer Selbsttötung wäre eher der Begriff Sprung aus der Höhe angebracht, aber mitunter ist die Einwirkung einer anderen Person beim Zustandekommen des Sturzes zum Zeitpunkt der Leichenöffnung nicht ganz auszuschließen. Das Wort Absturz zeigt dagegen einen Unfall an, doch auch diese Bewertung kann voreilig sein und bedarf noch kriminalistischer Ermittlungen.

Heute geschehen *Stürze aus der Höhe* in der Großstadt meist in selbstmörderischer Absicht. Aber auch leichtsinniges Verhalten am offenen Fenster oder an der Balkonbrüstung verursacht Stürze aus der Höhe, die häufig tödlich enden.

Äußerlich werden – abhängig von der Sturzhöhe – oft nur geringe Verletzungen sichtbar. Schwerer sind die Zerstörungen im Körperinneren. Der Körper zeigt sich äußerlich gewissermaßen als intakter Hautschlauch. In seinem Inneren liegen die weitgehend zerrissenen Organe als loses Stückwerk. Bei einem Sturz aus großen Höhen, etwa von den oberen Etagen eines Hochhauses, dem Dach einer Werkhalle oder einem Industrieschornstein, ist die Ener-

gie beim Aufschlagen des Körpers so groß, dass vielfältige schwerste Verletzungen entstehen: von offenen Brüchen bis zum vollständigen Abriss der Gliedmaßen, ein Aufplatzen des Rumpfes mit ausgedehnten Knochenbrüchen des Rumpfskeletts oder ein Zerbersten des Schädels mit teilweisem oder vollständigem Verlust des Gehirns.

Ein besonderes Verletzungsbild stellt die so genannte anämische Aufschlagspur dar. Dabei findet sich entlang der langen Röhrenknochen an den Gliedmaßen eine streifenförmige Abblassung der Haut, eingerahmt von je einer strichförmigen Unterblutung. Da dieser Befund durch das Anschlagen der Röhrenknochen gegen die Weichteile von innen entsteht und dem Striemen durch einen Stockschlag ähnelt, spricht man auch vom inneren Stockschlag.

In seltenen Fällen einer Selbsttötung durch Herabstürzen aus großer Höhe wird eine Kombination mit anderen Tötungsmöglichkeiten wie Erschießen, Erhängen oder Verbrennen beobachtet. Dies dient der Absicherung, um das Ziel, aus dem Leben zu scheiden, auch dann zu erreichen, wenn eine Tötungsart versagt. Bei einer Kombination des Erhängens an einem Gebäude oder Baum mit Sturz in die Tiefe kann unter Umständen der Kopf vom Rumpf abreißen.

In einem Fall führte der Versuch, sich mit Gas zu vergiften, nicht zum gewünschten Ergebnis, da Erdgas ungiftig ist. Auch die anschließende Gasexplosion wurde vom Suizidenten verletzt überlebt. Erst der Sprung vom Balkon aus der 9. Etage beendete sein Leben. Das vorherige Trinken von Alkohol – vor Selbsttötungen ebenso wie in belastenden oder überfordernden Lebenssituationen – dient der Herabsetzung der Hemmschwelle, im Volksmund als Mut antrinken bezeichnet.

Selbstverständlich gilt stets das ganz besondere Augenmerk der Suche nach Leichenbefunden und anderen Spuren, die eindeutig nicht zum Sturzgeschehen gehören und eventuell auf die Einwirkung von fremder Hand hinweisen. So fiel in einem lange zurückliegenden Fall dem Gerichtsmediziner, der lediglich eine Leichenbesichtigung eines aus einem Hochhaus gestürzten Jugendlichen durchführen sollte, der Abdruck eines Schuhsohlenprofils an der Gesichtshaut auf. Folglich war nicht mehr ohne weiteres ein Unfall oder ein Suizid anzunehmen, sondern diese geformte Verletzung deutete auf eine schwere Misshandlung hin. Es konnten mehrere Täter ermittelt werden.

Naturgemäß gehört zur Untersuchung solch eines Toten auch die Suche nach Zeichen der Vitalität, also nach Befunden, die zeigen, ob der Betroffene beim Sturz aus der Höhe noch gelebt hat. So sind Fälle bekannt geworden, wo ein Täter den Leichnam des Opfers aus dem Fenster warf, um auf diese Weise ein Tötungsdelikt zu verschleiern. Auch Manipulationen an Gerüsten gab es, mit denen Abstürze herbeigeführt werden sollten.

All das war bei dem Unglück auf dem Anhalter Bahnhof im Jahr 1922 allerdings auszuschließen. Es handelte sich zweifelsfrei um einen Arbeitsunfall. Durch Zeugenaussagen wurde das bewiesen.

Massengrab im S-Bahn-Tunnel

Im Sommer 1935 stürzte in Berlin ein im Bau befindlicher S-Bahn-Tunnel ein. Das Unglück geschah an der Friedrich-Ebert-Straße nahe dem Brandenburger Tor, die damals Hermann-Göring-Straße hieß. Dort baute man an der unterirdischen Trasse, auf der heute die Linien S1, S2 und S25 zwischen Oranienburg und Waidmannslust im Norden und Wannsee, Lichterfelde und Blankenfelde im Süden verkehren.

Verschütteter Bauarbeiter nach dem Einsturz des S-Bahn-Tunnels 1935

Am 20. August, gegen 12 Uhr, gerieten an der Baustelle die sandigen Erdmassen ins Rutschen. Ein tonnenschwerer Kran stürzte um. Mindestens 16 Bauarbeiter wurden von Gleisteilen, Eisenträgern, Kabeln und dem in einer Litfaßsäule untergebrachten Schalthaus einer Lichtanlage erschlagen und begraben. Buchstäblich im letzten Moment gelang es dem Fahrer einer vom Potsdamer Platz kommenden Straßenbahn, seinen Triebwagen abzubremsen. Wäre er nur ein paar Meter weiter gefahren und in die Grube gestürzt, hätte sich die Zahl der Todesopfer noch erhöht.

Bei den Rettungskräften herrschte sofort Großalarm. Außer der Feuerwehr wurden auch Pioniersoldaten der Wehrmacht am Unglücksort eingesetzt. Als weitere Helfer kamen Arbeiter hinzu, die seit dem Vortag mit der Beseitigung der Schäden nach einem Großbrand auf der Funkausstellung beschäftigt waren. Aus dem Ruhrgebiet rief man Bergleute des Grubenrettungsdienstes herbei, die Spezialgeräte mitführten. Gerissene Gasleitungen mussten abgesperrt, Wasserleitungen abgedichtet und die Flanken der Baugrube terrassenartig abgestützt werden.

Bergungs- und Aufräumarbeiten am eingestürzten S-Bahn-Tunnel 1935

Am vierten Tag erst barg man den ersten Toten auf der Tunnelsohle. Es war die Nazizeit, und es ging nicht ab ohne militärischen Jargon und Hitlergruß. »Sanitäter und Mitglieder der Bergungsmannschaften ziehen den ersten toten Kameraden aus der Tiefe«, hieß es in einem Zeitungsbericht. »Die Häupter werden entblößt. Arme strecken sich. Sie grüßen den unbekannten Soldaten vom Felde der Arbeit.«

Von den Todesopfern wurden sechs in das Leichenschauhaus überführt. Wie sooft kamen an den Tagen danach trauernde Angehörige in die Hannoversche Straße 6, um in der Kapelle des Instituts von den Verstorbenen Abschied zu nehmen.

Reichskanzler Adolf Hitler nutzte das Unglück am Brandenburger Tor für einen Propagandaauftritt. Am 25. August erschien er persönlich auf der Baustelle, um den Fortgang der Bergungs- und Aufräumungsarbeiten mit pathetischem Gerede zu begleiten. Weitere sechs Tage später wurden die Toten im Lustgarten aufgebahrt. Mit großer Anteilnahme gaben die Berliner den tödlich verunglückten S-Bahn-Erbauern das letzte Geleit.

Velodrom in Flammen

Schöneberg, 1909

Ob Baustelle, Verkehrsmittel oder Massenveranstaltung – in einer Großstadt wie Berlin ist das Risiko eines Unfalls, der viele Menschen in Mitleidenschaft zieht, allemal größer als auf dem flachen Land.

Am 19. Juli 1909 veröffentlichte die Berliner Feuerwehr folgende amtliche Depesche: »Sportpark Alter Botanischer Garten. Benzinmotorrad durch Zusammenstoß mit einem vor ihm fahrenden Rad über Geländer auf dicht besetzte Tribüne geschleudert, wobei Benzinreservoir explodierte und Tribüne in Brand geriet. Nach den bisherigen Feststellungen drei Tote, 31 Verletzte.«

Es war die schwerste Katastrophe in der Berliner Radsportgeschichte, und sie geschah ausgerechnet am Einweihungstag der neu gebauten Rennbahn.

Seit dem Jahr 1881 gab es in Berlin Radrennen. Der Austragungsort für den ersten Wettkampf dieser neuen Sportart war eine Parkanlage unweit des Charlottenburger Schlosses, genannt die Flora. Dort trafen sich am 7. August 1881 deutsche und ausländische Radsportler, um auf drei Distanzen den Sieger zu ermitteln. Während auf der Kurz- und Langstrecke auswärtige Fahrer triumphierten, gewann der Berliner Göhring das Rennen über 3 218 Meter in acht Minuten und vier Sekunden.

Dieses erste Berliner Radrennen wurde ein großer Publikumserfolg. Die Organisatoren jedoch hatten mit beträchtlichen Schwierigkeiten zu kämpfen. Als Rennstrecke waren die schmalen Parkwege wenig geeignet. Zudem regnete es an dem Augusttag, und das Wasser verwandelte den Kurs in eine schlammige Rutschbahn. Auf jeder Runde zerpflügten die damals gebräuchlichen Vollgummireifen die Wege.

Die Radsportfreunde waren sich einig, eine bessere Strecke für die Pedalritter musste her. Bereits im Jahr darauf wurde die erste Radrennbahn Berlins fertig gestellt: eine Sandpiste von 523 Meter Länge. Die Bahn lag direkt am Zoologischen Garten und erhielt vielleicht deshalb den irreführenden Namen Hippodrom.

Gleich beim Eröffnungsrennen zeigte sich jedoch, dass der Hippodrom einen Kardinalfehler aufwies. Die Piste war ohne überhöhte Kurven gebaut worden. Die Akteure des jungen Sports mussten nach jedem Antritt auf der Geraden wieder stark abbremsen, damit sie in den Kurven nicht von der Bahn getragen wurden. Das war nicht die Art von Radrennen, welche die Zuschauer sehen wollten.

Also baute man neu. An der Brückenallee in der Nähe des heutigen Hansaplatzes entstand 1884 als erstes Oval eine 350 Meter lange Lehmbahn. Die Kurven waren so steil angelegt, dass die Fahrer mit voller Geschwindigkeit durchfahren konnten. Die Rennen wurden viel schneller und avancierten rasch zu den beliebtesten Sportveranstaltungen in Berlin.

Von nun an nahm der Rennbahnbau einen kräftigen Aufschwung. In Halensee wurde 1891 die erste Asphaltpiste eröffnet, 500 Meter lang, acht Meter breit und mit einer Kurvenhöhe von zwei Metern. Dank dem glatten Belag war sie schneller als alle anderen Bahnen zuvor. Und noch einen Vorzug hatte die neue Wettkampfstätte: Die enorme Bahnbreite erlaubte sensationelle Schlussspurts. Das war ganz nach dem Geschmack der Zuschauer, und auch bei den damaligen Größen des Radsports fand die neue Bahn ungeteilte Zustimmung.

Eine weitere Rennbahn entstand 1896 in Zehlendorf nahe dem heutigen U-Bahnhof Krumme Lanke, und 1897 kamen gleich zwei neue Radsportanlagen hinzu, die eine in Friedenau und die andere am Kurfürstendamm. Im neu angelegten Sportpark nordwestlich der Kreuzung Kurfürstendamm/Wilmersdorfer Straße befand sich eine 500 Meter lange Zementbahn mit vier Meter hohen Kurven. Auf dieser Bahn entwickelten sich der Große Preis von Deutschland und der Große Preis von Berlin zu Radsportereignissen von internationalem Rang.

Größte Popularität aber erlangte die 1898 anlässlich der Berliner Gewerbeausstellung erbaute Anlage am Bahnhof Treptow. Zuerst befuhr man dort nur eine Lehmbahn mit drei kleinen, wenig erhöhten Kurven. Bereits ein Jahr nach Fertigstellung begann der Umbau zu einer 312 Meter langen Zementbahn. Die Umgestaltung leitete der Baumeister und Rennfahrer Wilhelm Johow. Das neue Oval erhielt die steilsten Kurven, mit denen jemals eine europäische Radrennbahn ausgestattet war. Der Neigungswinkel lag bei 50,5 Grad. Dadurch konnten die Fahrer Spitzengeschwindigkeiten bis zu 110 Kilometer pro Stunde erreichen. Die Mindestgeschwindigkeit musste 25 Stundenkilometer betragen, damit sie nicht von der Bahn rutschten.

Geschwindigkeitsrausch im Windschatten

Auf dem Gelände des alten Botanischen Gartens in Schöneberg entstand dort, wo sich heute der Kleistpark befindet, ein Sportpark. Dazu gehörte auch eine Radrennbahn, die im nördlichen Teil zwischen Pallas- und Potsdamer Straße lag.

Die offene Holzbahn hatte eine Länge von 333 1/3 Metern und eine Breite von acht Metern. Mit solchen extrem überhöhten Kurven wie die Treptower Bahn versah man das Schöneberger Velodrom nicht.

Für die Einweihung am 18. Juli 1909 standen drei Rennen auf dem Programm. Die Wettkämpfe begannen mit dem Großen Einweihungspreis für Flieger, den nach drei begeisternden Läufen der populäre Willi Arend für sich entscheiden konnte.

Danach folgte ein Prämienrennen, an dem etwa 40 Fahrer teilnahmen. Dicht gedrängt raste das Feld über die kleine Bahn. Ein Ausweichen war nahezu unmöglich. Nach wenigen Runden kam es zu einem gefährlichen Sturz, bei dem aber keiner der Fahrer ernsthaft verletzt wurde. Die Massenkarambolage tat der angeregten Stimmung keinen Abbruch. Das Publikum auf der ausverkauften Bahn fieberte dem Höhepunkt des Nachmittags entgegen – dem Einstundenrennen mit Motorführung, genannt Steherrennen.

Diese Art von Radrennsport, eine Kombination von Mensch und Maschine, gab es in Berlin seit der Wende vom 19. zum 20. Jahrhundert. Der Begriff Steherrennen stammt aus der Zeit um 1820, als man Wettrennen zwischen Pferd und Draisine austrug. Ein Stayer war ein Pferd, das lange hohe Geschwindigkeiten durchstehen konnte. Bei den ersten Radrennen fand man heraus, dass ein Fahrer in zweiter Position bei gleichem Kraftaufwand eine bedeutend höhere Leistung erreichen konnte als der Vordermann. Der erste nimmt für den zweiten den Fahrtwind weg. Im Windschatten fährt es sich leichter, heute eine Grundweisheit im Radrennsport.

Damals galt das als eine revolutionierende Idee. Manche Fahrer spezialisierten sich ausschließlich auf die Führungsposition, man nannte sie Schrittmacher. Um den anderen wirkungsvoll zu unterstützen, ließen sie sich oft auswechseln. Der Hinterherfahrende, der Steher, wurde auch Dauerfahrer genannt. Er profitierte von einem Effekt, der heute noch im Vierer-Mannschaftsfahren genutzt wird. Allerdings auf eine Weise, die im Verlauf des Rennens nur einem der vier ein Ausscheiden gestattet.

Um möglichst hohe Geschwindigkeiten zu erreichen, gingen die Rennfahrer hinter mehrsitzigen Schrittmachern an den Start. Alles vom Tandem bis zum Fünf- oder Sechssitzer wurde benutzt. In Wien fand 1898 sogar eine Weltmeisterschaft für Schrittmacher statt. Mit einer Geschwindigkeit von rund 60 Stundenkilometern siegte der damals weltberühmte Mulder-Fünfsitzer aus Holland.

Schließlich kam man darauf, beim Schrittmacher die Muskelkraft durch Maschinenkraft zu ersetzen, zuerst durch einen Elektromotor, dann auch durch einen Benzinmotor. Der Sportler auf dem Rennrad hinter dem Motorrad brauchte dieselbe Fähigkeit wie ein Stayer, nämlich Stehvermögen. Er musste einem extrem aufrecht sitzenden, in den Schultern und an den Armen stark aufgepolsterten Motorradfahrer, der ihm Windschutz bot, schnell und ausdauernd hinterherfahren, ohne den Anschluss zu verlieren.

Viele Veranstalter in Deutschland schreckten anfangs noch vor der Unfallgefahr zurück und zögerten, diese Maschinen zuzulassen. Die meisten Ausschreibungen für die großen Dauerrennen des Jahres 1898 waren noch mit dem Zusatz versehen: »Führungsmaschinen mit elektrischem oder motorischem Antrieb sind unzulässig.« Die Bahn am Kurfürstendamm in Berlin war die erste, die sich der neuen Entwicklung öffnete. Am 3. und 4. September 1898 gingen dort zum ersten Mal motorisierte Führungsmaschinen an den Start. Bald darauf folgten die Radrennbahnen in Halensee und in Friedenau. Obwohl an den Motoren noch vieles verbesserungsbedürftig war, stand nach den Rennen in Berlin fest, dass dem Benzinmotor auch auf den deutschen Radrennbahnen die Zukunft gehörte. Der Berliner Arthur Heimann fuhr 1899 auf der Bahn in Friedenau mit einem eigens für diesen Zweck gebauten Motorrad. Es besaß einen 3-PS-Motor und einen weit nach hinten gesetzten Sattel, damit der Steher möglichst dicht hinter der Führungsmaschine im Windschatten fahren konnte.

Nach der Jahrhundertwende wurden die Motoren stärker und die Rennen schneller. Wiederholt kam es durch das Hineinfahren in die Führungsmaschine bei Motorschaden oder durch das Berühren der Reifen von Rennrad und Motorrad zu tödlichen Stürzen. Zur Sicherheit der Fahrer wurde um 1903 die Schutzrolle obligatorisch eingeführt, eine quer hinter dem Hinterrad der Schrittmachermaschine auf Kugeln gelagerte Stahlstange. Um optimal im Windschatten zu fahren, muss der Rennfahrer mit dem Vorderrad möglichst ständig den Kontakt zur Rolle halten. Schafft er das nicht, ist er »von der Rolle«. Ein Ausdruck, der in den allgemeinen Sprachgebrauch übergegangen ist.

Stärkere Motoren, bessere Reifen und widerstandsfähigere Rahmen ließen die Führungsmaschinen immer schneller werden. Es wurden Geschwindigkeiten bis zu 120 Stundenkilometern gefahren. Auch nach Einführung der Schutzrolle an der Schrittmachermaschine blieb der Stehersport gefährlich. Zwischen 1899 und 1928 ereigneten sich 47 tödliche Stürze, bei denen 14 Schrittmacher und 33 Steher ums Leben kamen. Schließlich entschied man, dass die Motorräder ein Mindestgewicht haben mussten und in der Leistung gedrosselt wurden. Heute liegt die Norm bei 80 Stundenkilometern.

Tödliches Rundenkarussell

Zu dem Steherrennen auf der Schöneberger Holzbahn am 18. Juli 1909 traten vier international bekannte Fahrer an: Henri Contenet, Fritz Ryser, Arthur Stellbrink und John Stol. Der Schweizer Ryser ging als erster in Führung. Stol griff sofort an. Schon beim zweiten Versuch konnte er überholen. Währenddessen wurde der an letzter Stelle fahrende Contenet immer schneller. Nacheinander überholte er seine Kontrahenten und setzte sich schließlich an die Spitze. Bald hatte Contenet einen deutlichen Vorsprung herausgefahren. Doch Stol kam wieder heran. Ihm folgte Ryser, ein Stück zurück Stellbrink. Alle vier fuhren mit hohem Tempo.

Beim zwanzigsten Kilometer plötzlich ein lauter Knall. Zwei, drei Menschen fliegen durch die Luft. Das Motortandem Rysers schleudert mit großer Wucht über die niedrige Barriere in die dicht gedrängte Zuschauermenge. Beim Überschlagen der Brüstung gibt es eine Explosion.

In Sekundenschnelle steht der leichte Holzbau in Flammen. Aus dem Innenraum der Rennbahn drängen die Menschen durch die schmale Ausgangstür. Die schwere Schrittmachermaschine hat zwei Frauen unter sich begraben. Beherzten Zuschauern gelingt es, eine der beiden unter dem brennenden Motorrad hervorzuziehen. Sie ist schwer verletzt. Emil Borchert und Willi Porte, die beiden Schrittmacher Rysers, sind über die Bahn geschleudert worden und liegen regungslos auf dem Rasen des Innenraums. Die Helfer öffnen ihnen die Lederbekleidung und tragen sie eilig in die Kabinen.

Unterdessen greift das Feuer rasch um sich. Das mit Karbolineum getränkte Holz brennt wie Zunder. Auf der Tribüne bricht Panik aus. Menschen mit brennender Kleidung laufen schreiend umher, andere wälzen sich brennend am Boden. Die beiden Feuerwehrleute der Brandwache können gegen das Flammenmeer kaum etwas ausrichten. Qualvolle Minuten vergehen, ehe der erste Löschzug eintrifft. Sieben weitere folgen. Um den Brand vollständig unter Kontrolle zu bringen, muss die Tribüne auseinander gerissen werden.

Die Rettungsarbeiten gehen die ganze Zeit über unvermindert weiter. Fünf Unfallstationen aus der Umgebung haben Ärzte und weiteres Personal entsandt. Sechs Krankenwagen sind im Einsatz. Auch mit Droschken und privaten Kraftfahrzeugen werden Verletzte trans-

Brandkatastrophe auf der Radrennbahn im alten Botanischen Garten 1909

portiert. Die Mehrzahl von ihnen kommt in die Unfallstation an der Steglitzer Straße und in das Elisabeth-Krankenhaus. Einige Schwerverletzte werden später in andere Krankenhäuser verlegt.

Bis gegen 19 Uhr sind die Feuerwehrleute im Einsatz. In den Abendstunden ist der Innenraum der Radrennbahn noch immer mit Menschen angefüllt. Sie drängen sich an der verbrannten Tribüne und debattieren über die Einzelheiten der Katastrophe. Auch an den Motorrädern, die auf dem Rasen liegen, versammeln sich Neugierige. Als es langsam dunkel wird, greift die Schutzmannschaft ein und räumt die Rennbahn. Zur Sicherung bleiben einige Polizeibeamte am Unglücksort zurück.

Die menschenleere Rennbahn lässt das Ausmaß der Brandkatastrophe erkennen. Am Ort des Unglücks in der nördlichen Kurve gähnt ein großes, schwarz umrändertes Loch, durch das man in die darunter liegenden Kabinen hineinsehen kann. Die elf Reihen der aus Holz gebauten Zuschauerplätze sind vollständig verbrannt. Auf der Fahrbahn liegen teilweise verkohlte Holzstücke. Überall ist der Boden mit Blut bedeckt. Zerfetzte, blutige und versengte Kleidungsstücke liegen verstreut, dazwischen angebrannte Stöcke, Schirme, Hüte, Operngläser, Programmhefte.

Am folgenden Montag ist die Katastrophe auf der Radrennbahn im alten Botanischen Garten das beherrschende Thema in der Stadt.

Die Namen der Getöteten und Schwerverletzten sind in den Zeitungen zu lesen. So veröffentlichte der Berliner Lokal-Anzeiger in einer Sonderausgabe folgende Liste:

»Getötet wurden:

Fräulein Anna Krüger, am 28. Februar 1892 zu Schöneberg geboren, die bei ihrer Mutter in der Mauerstraße 51 wohnte. Ihre Leiche wurde nach dem Schauhause gebracht.

Frau Emma Großmann, am 25. November 1862 zu Blandikow geboren, Emdener Straße 49 wohnhaft.

Vermutlich der Handlungsgehilfe Friedrich Gehricke, am 15. Januar 1888 zu Klietz geboren und Usedomstraße 27 wohnhaft.

Vermutlich der Arbeiter Fritz Gutsche aus Hannover, Jakobystraße 65, etwa 25 bis 30 Jahre alt, mit braunem Haar und Schnurrbart, etwa 1,70 Meter groß. Bekleidet war der Tote mit einem graukarierten Jackettanzug, braunen Strümpfen, schwarzen Schnürstiefeln, grauem, baumwollenem Unterhemd.«

Die Namen dieser vier Todesopfer stehen auch im Archivbuch des Leichenschauhauses von 1909, und zwar unter den Nummern 976, 980, 981 und 990. Ein kurzer Vermerk erklärt den Unfallhergang: »18.7.09 durch Explosion eines Motors auf Radrennbahn alter Botanischer Garten getötet.«

Ausführlich berichteten die Zeitungen auch über den Zustand der 20 Schwerverletzten. Sie hatten vorrangig Schädel-Hirn-Verletzungen, Knochenbrüche sowie ausgedehnte Verbrennungen davongetragen. Mehr als 20 Rennbahnbesucher wurden überdies ambulant behandelt, viele davon in der Rettungswache an der Steglitzer Straße.

Von den Radsportlern hatten sich mehrere bei dem Unfall ernsthaft verletzt. Porte, der Steuermann des Motortandems, zog sich eine schwere Gehirnerschütterung zu. Er wurde in eine Privatklinik gebracht. Sein Hintermann Borchert brach sich den linken Fuß. Der Rennfahrer Ryser hatte sich bei dem Sturz am Kopf verletzt. Andere erlitten Prellungen und Quetschungen.

Die Verletzungen am Kopf sind oft die gefährlichsten. Eine stumpfe Gewalteinwirkung führt bei entsprechender Stärke zu Verletzungen des Schädelinhalts. Nach Art und Ausmaß der *Gehirnschädigung* lassen sich mehrere Schweregrade unterscheiden.

Die Gehirnerschütterung (Commotio cerebri) ist eine vollkommen rückbildungsfähige Funktionsstörung des Gehirns ohne nachweisbare Strukturveränderungen. Die Schädigung zeigt sich an einer sofort einsetzenden, kurz andauernden Bewusstlosigkeit, Kopfschmerzen, Schwindel, Brechreiz und Erbrechen. Weiterhin kann eine Erinnerungslosigkeit für das Unfallgeschehen und auch zeitlich weiter zurück auftreten (retrograde Amnesie).

Die Hirnprellung (Contusio cerebri) stellt eine nachweisbare Schädigung des Hirngewebes dar. Es finden sich Prellungsherde mit gruppiert angeordneten, punktförmigen Blutungen vorwiegend in der Hirnrinde. Die Bewusstlosigkeit hält längere Zeit an. Eine Genesung ist möglich, jedoch können Schäden zurückbleiben, wie Hirnleistungsschwäche und Epilepsie.

Die Hirnquetschung (Compressio cerebri) entsteht meist durch Hirndrucksteigerung, die neben einer Gewalteinwirkung auch krankhafte Ursachen haben kann. Die Schädigung des Gehirns wirkt sich auf die Regulation der lebensnotwendigen Organsysteme aus. Der Tod kann infolge Atemlähmung eintreten.

Die Hirnzertrümmerung und die Hirnzermalmung werden durch schwerste Gewalteinwirkung verursacht. Es kommt zu einer ausgedehnten Zerstörung des Gehirns. Beide sind immer sofort tödlich.

Jeder sah es anders

Keine der großen Tageszeitungen ließ es sich nehmen, Berichte von Augenzeugen des Unglücks abzudrucken. Wie nicht anders zu erwarten, wichen die Schilderungen erheblich voneinander ab. Sowohl die beteiligten Personen als auch der Unfallhergang wurden unterschiedlich dargestellt. Dazu zwei Beispiele.

Im Berliner Lokal-Anzeiger ist die Aussage zu lesen: »Ich befand mich zur Zeit des Unfalls gerade gegenüber der Unfallstelle, die links von der großen Tribüne liegt. Stol wollte Contenet, der an der Innenkante lag, überholen. In diesem Augenblick platzte ein Pneumatik der von Krüger gesteuerten Führungsmaschine. Das dicht auffolgende Tandem Borchert-Porte wollte ausweichen, fuhr mit voller Wucht gegen die Barriere. Dabei wurde es zurückgeschleudert und sprang glatt über die Brüstung in die Zuschauermenge. Im selben Augenblick sah man eine Flammengarbe emporschießen. Durchdringende Hilferufe ertönten. Ich sprang so rasch wie möglich über die Barriere in den Innenraum, durcheilte diesen und drängte mich durch die dort befindliche Menge, die nach allen Seiten die Flucht ergriff. Dann erkletterte ich die Barriere. Das Bild, das sich mir bot, war entsetzlich. Mitten unter den Holzstufen, die hell flammten, befand sich das brennende Tandem. Darunter lagen zwei Frauen, deren Kleider eine einzige Flamme waren. Ich sprang hinzu, faßte die eine Frau an und zog sie unter dem Rade hervor. Mit den bloßen Händen erstickte ich die brennenden Kleider und die Flammen, die ihre Haare versengten. Nun machte ich mich an die Rettung der zweiten. Die Flammen züngelten gegen mich, verbrannten mir die Hände und bereiteten mir solche Schmerzen, daß ich nicht näher herankonnte. Im selben Augenblick sah ich auch, daß die Frau längst tot war, so daß mein Rettungswerk ohnehin keinen Zweck mehr gehabt hätte. Mit der Feuerwehr zusammen schleppte ich dann die umherliegenden Männer, die vom Blut überrieselt waren, von der Tribüne herunter und bettete sie auf dem Rasen. Unterdes war der Brand des Motorrades gelöscht worden, und nun zogen wir auch die zweite Frau hervor. Ein unkenntlicher, fast ganz verkohlter Leichnam!«

Anders verlief der Unfall nach einem Bericht im Berliner Tageblatt. Darin heißt es: »Ich habe aus einer Entfernung von ungefähr 40 Metern gerade gegenüber dem Kurvenplatz, an dem das Unglück geschah, das Ueberholen Stols durch Ryser verfolgt und habe nichts beobachtet, was die Behauptung, es sei ein Schlauch der Maschine Stols geplatzt, rechtfertigen könnte. Der erste Anlaß zu dem Unglück schienen die beiden Schrittmacher Rysers zu sein, die nicht die gleiche Absicht des Ausweichens hatten. Infolge des Steuerns fuhr Ryser den Rennfahrer Stol an. Infolgedessen schoß die Maschine Stols nach links, Ryser wurde mit seinen Schrittmachern an die Barriere gerissen, über die beide in hohem Bogen in den Kurvenplatz hineinrasten. Die Geschwindigkeit der Fahrer mag in diesem Augenblick ungefähr 80 bis 90 Kilometer die Stunde betragen haben, und auch diesem Umstande ist die Größe des Unglückes zuzuschreiben.«

In den Tagen nach der Rennbahnkatastrophe verstarben drei der Schwerverletzten, registriert im Archivbuch von 1909 unter den Nummern 982, 991 und 1028. Das fünfte Opfer war die 54-jährige Anna Krüger, die Mutter der sofort getöteten 17-Jährigen gleichen Namens. Sie erlag am Montagmorgen im Elisabeth-Krankenhaus ihren Verbrennungen. Am Nachmittag desselben Tages verstarb der 48-jährige Julius

Großmann, der Ehemann der ebenfalls getöteten Emma Großmann. Sein Tod war die Folge schwerer Schädel-Hirn-Verletzungen. Als siebentes und letztes Opfer erlag der 23-jährige Willy Martin seinen *Kopfverletzungen.* Das geschah am Dienstag der darauf folgenden Woche.

Die Schwere von Kopfverletzungen ergibt sich vorrangig aus dem Grad der Hirnschädigung. Abhängig von der einwirkenden Gewalt, können entweder Schädelbrüche mit Gehirnbeteiligung oder eine alleinige Verletzung des Gehirns auftreten.

Ein Schlag mit einem stumpfen oder stumpfkantigen Gegenstand verursacht bei entsprechender Wucht direkt am Ort der Einwirkung eine Gehirnverletzung. Bei der Katastrophe auf der Radrennbahn im alten Botanischen Garten könnte das schleudernde, schwere Motortandem wie ein Schlagwerkzeug gewirkt haben. Kommt es zu einem Schädeltrümmerbruch, verletzen die Knochenfragmente zusätzlich das Gehirn. Je nach Schwere der Gewalt entstehen umschriebene bis ausgedehnte Blutungen im Hirngewebe und Hirngewebszerstörungen.

Manche der Zuschauer sind wahrscheinlich bei der Flucht von der brennenden Tribüne gestürzt. Ein Sturz auf das Hinterhaupt führt zu einer Kombination aus direkter und indirekter Gewalteinwirkung auf das Gehirn. Dieser spezielle Verletzungsmechanismus wird als Coup-Contre-Coup bezeichnet.

Als direkte Folgen entstehen im Bereich der Aufschlagstelle Prellungsblutungen in der Hirnrinde der Hinterhauptslappen (Stoß- oder Coup-Verletzungen). Die punktförmigen Blutungen kommen durch das Einreißen feinster Blutgefäße zustande. Bei einer schweren Schädigung finden sich größere Quetschungsherde mit Einblutung.

Indirekte Folgen der Gewalteinwirkung sind die Prellungsherde in den gegenüberliegenden vorderen Hirnanteilen (Gegenstoß- oder Contre-Coup-Herd). Das beschleunigte Gehirn erleidet am Aufschlagbereich eine Druckerhöhung, an der Gegenseite einen Unterdruck. Da das Hirngewebe gegen Sog empfindlicher ist als gegen Druck, erklärt sich der stärker ausgeprägte Blutungsherd an der Gegenstoßstelle. Dadurch gelingt es auch, zwischen Schlag- und Sturzverletzungen zu unterscheiden.

Ein anderes Verletzungsmuster tritt auf, wenn jemand auf das Gesicht stürzt. Die einwirkende Gewalt wird durch das Entstehen von Brüchen des Gesichtsschädels vermindert, so dass nur eine geringe Fortleitung der Energie auf den Schädelinhalt erfolgt. Deshalb sind die Hirnprellungen an der Ge-

genseite meist klein oder fehlen völlig. Unter Berücksichtigung der äußeren Verletzungen ermöglichen es Lokalisation und Ausdehnung von Stoß- und Gegenstoßherd, die Richtung der Gewalteinwirkung zu beurteilen.

Als sekundäre Folge von Hirnverletzungen entwickelt sich bereits nach einer kurzen Überlebenszeit ein traumatisches Hirnödem. Durch Flüssigkeitseinlagerung in das Gewebe schwillt das gesamte Gehirn an. Das führt zu einer fortschreitenden Druckerhöhung im Schädelinneren. Der Druck im Hirnschädel übersteigt irgendwann den arteriellen Blutdruck und darum hört die Hirndurchblutung auf. Die Druckzunahme kann auch zum Tod durch Atemlähmung infolge Kompression des verlängerten Marks und des Mittelhirns führen.

Ein geplatzter Reifen

Von amtlicher Seite wurde zum Unfallhergang mitgeteilt: »Zunächst war während des Rennens der Hinterreifen der Maschine von Krüger geplatzt. Er fuhr ganz unten und stürzte auf den inneren Rasen. Ihm folgte sein Fahrer Stol, der gleichfalls zu Falle kam. Um den beiden Maschinen auszuweichen, fuhr das Tandem Borchert und Porte von unten an die Wand herauf, schnellte gegen die Brüstung, und über diese hinweg in das Publikum hinein.«

Noch am Abend des Unglückstages leitete die Staatsanwaltschaft des Landgerichts Berlin I eine Untersuchung ein, um die Schuldfrage zu klären. Der Untersuchungskommission gehörten Vertreter der Staatsanwaltschaft, der Kriminalpolizei, der Gewerbepolizei und der Feuerwehr an. Von verschiedener Seite waren schwere Vorwürfe gegen Verantwortliche erhoben worden, mit denen sich nun die Kommission zu beschäftigen hatte. Im Berliner Lokal-Anzeiger ist zu lesen: »Es wird u. a. behauptet, daß die Schläuche gegen die Vorschrift nicht angeschraubt waren. Die Feuerwehrleute sollen die Schläuche erst an dem Hahn angebracht haben, als das Feuer bereits ausgebrochen war, und so verstrichen kostbare Minuten für die Rettung. Als die Schläuche endlich angebracht waren, zeigte es sich, daß das Wasserrohr eine Zeitlang kein Wasser gab, und so kam es, daß sich der Brand sehr rasch ausbreiten konnte. Es wird ferner behauptet, daß die Barrieren viel zu niedrig waren, so daß die unheilbringende Maschine leicht über sie hinwegsetzen konnte; dann aber waren die

Barrieren so angebracht, daß die Besucher des Rennens sich nur mühsam in Sicherheit bringen konnten. Auch der Ausgang aus der Rennbahn soll ein viel zu enger gewesen sein. Schließlich soll die Tribüne mit Teer bestrichen gewesen sein, wodurch sich das Feuer mit unheimlicher Schnelligkeit fortpflanzen konnte.« Auch die Fahrbahn sei geteert gewesen, um ein Rutschen auf der glatt gehobelten Fläche zu verhindern.

Die Untersuchungskommission besichtigte am Montagnachmittag den Unglücksort. Alle bedeutsamen Spuren auf der Rennbahn wurden vermessen und fotografiert. Es zeigte sich, dass die Unglücksmaschine steil gegen die Barriere gefahren war, daran etwa zehn Meter entlangrutschte und dann in den Zuschauerraum schleuderte. Auch die sichergestellte Schrittmachermaschine wurde von der Kommission besichtigt. Mehr als zwei Stunden dauerte der Lokaltermin.

Am nächsten Tag begannen die Vernehmungen aller Rennfahrer und Schrittmacher, die an dem Unglücksrennen teilgenommen hatten. Sie wurden nach ihren Wahrnehmungen bei dem Rennen und nach ihrer Ansicht über die Bahnanlage befragt. Als besonders bedeutsam erwies sich die Aussage des Schrittmachers Werner Krüger. Ihm wurde von verschiedener Seite die Schuld an dem Unglück zugeschrieben. Mancher mag sich daran erinnert haben, dass ein Reifenschaden an Krügers Maschine am 30. August 1908 in Düsseldorf zu einem schweren Unfall geführt hatte. Damals war sein Schrittmacher-Kollege Josef Schwarzer getötet worden.

Zur Rennvorbereitung sagte Krüger: »Wir sind erst zum Start gegangen, nachdem unsere Führungsmaschine von einer Kommission in Ordnung befunden worden war. Ich mußte noch die Breite des Spritzleders etwas vermindern. Währenddessen machte mich Borchert aufmerksam, daß mein Vorderradmantel einen Riß habe. Es war aber nur ein kleines Stückchen Gummi herausgerissen, so daß ein Unfall ausgeschlossen war. Den Hinterradreifen habe ich erst am Donnerstag in ganz neuem Zustand aufgelegt. Ich habe mit dem Reifen höchstens 80 Kilometer vor dem Rennen gefahren. Den Sturz kann ich mir nur dadurch erklären, daß der Reifen zu heiß wurde und platzte. Ich fuhr kurz vor dem Unglück sehr schnell, da Stol vier Runden verloren hatte. Wir waren gut im Zuge, und ich hatte mir schon ausgerechnet, daß wir in zehn Minuten an der Spitze sein würden. Wir sind öfters gerutscht, aber es ließ sich noch gut steuern. Beim Eingang der Kurve platzte nun plötzlich der ganz neue Hinterradreifen, nicht, wie zuerst angenommen wurde, der vordere Reifen, und Stol und ich stürzten.«

Bis Donnerstag dauerten die polizeilichen Vernehmungen aller beteiligten Radsportler und der Rennleitung. Ein Kriminalbeamter befragte auch die Verletzten im Elisabeth-Krankenhaus, soweit sie vernehmungsfähig waren. Zum Ergebnis der Ermittlungen wurde festgestellt: »Sie haben nichts Belastendes gegen einen der Beteiligten ergeben. Es ist jetzt sicher, daß niemand die Katastrophe verschuldet hat, sondern daß sie durch mehrere unglückliche Zufälle herbeigeführt worden ist.«

Die Schwierigkeiten zu Beginn der Löscharbeiten konnten ebenfalls geklärt werden. Wie die amtliche Untersuchung ergab, waren die Hydranten vor Beginn der Rennen von der Feuerwehr geprüft worden. Alle gaben Wasser. Die Schläuche hatten eine Zeitlang versagt, weil die flüchtenden Zuschauer darauf traten. »Auch die Behauptung, daß die Bahn geteert worden war, ist, wie amtlich festgestellt wurde, falsch. Sie war nur karboliniert worden und befand sich in vollkommen trockenem Zustande. Die Freigabe der Bahn wird lediglich von der Baupolizei abhängen.«

Nach dem Abschluss der amtlichen Untersuchung wurden von der Staatsanwaltschaft die beschlagnahmten Leichen zur Bestattung freigegeben. Am folgenden Wochenende wurden die Opfer der Rennbahnkatastrophe beigesetzt. Viele Berliner zeigten bei den Trauerfeiern ihre Anteilnahme. Vom Verband deutscher Radrennbahnen und vom deutschen Rennfahrerverband waren Vertreter anwesend. Besonders berührt war die Radsportgemeinde vom Schicksal des Ehepaares Großmann. Beide waren an dem Unglückssonntag das erste Mal zur Rennbahn gekommen, um ihren Sohn fahren zu sehen. Der war an diesem Tag als Sprinter gestartet und blieb unverletzt. Die Eltern gerieten in das Katastrophengeschehen. Sie wurden auf dem Heilandskirchhof in Plötzensee beigesetzt.

Kraftprobe mit den Behörden

Der Radsportbegeisterung der Berliner tat das Unglück auf der Schöneberger Holzbahn keinen Abbruch. Schon stand die zweite Generation von Rennsportanhängern hinter den Barrieren. Zur populärsten Piste entwickelte sich die Zementbahn in Treptow. Dort wurden der Große Preis von Deutschland ausgefahren und viele Meisterschaften mit internationaler Beteiligung ausgetragen. Von den Berlinern wurde die Bahn wegen ihrer Form Nudeltopp genannt. Wenn die Publikumslieblinge ihre Runden drehten, dann brodelte es im Topp. Viele Schaulustige, die nicht das Glück hatten, eine der 3 500 Eintrittskarten zu ergattern, kletterten auf die umliegenden Bäume, um die Rennen wenigstens aus der Ferne zu beobachten.

Die Steherrennen blieben auch in Treptow – besonders wegen der hohen Geschwindigkeiten – ziemlich gefährlich. Schon 1904 hatte man die Fahrer verpflichtet, Sturzhelme zu tragen. Dennoch geschahen auch später tödliche Unfälle. Max Bauer, der wegen seiner spektakulären Siege vom Publikum oft begeistert gefeiert worden war, stürzte 1915 bei einer Karambolage im Nudeltopp und erlag seinen schweren Verletzungen.

Gleich nach dem Schöneberger Unglück von 1909 bemühte sich der Verband der Radrennfahrer um eine Änderung des Reglements. Auf einer Versammlung in Berlin erhoben viele Fahrer die Forderung, die Geschwindigkeiten der Dauerrennen zu verringern. Es gab eine heftige und kontroverse Diskussion, in der keine Einigung erzielt werden konnte. Ohne einen Beschluss zu fassen, ging die Versammlung auseinander.

Eines jedoch hatte die Diskussion gezeigt: Von manchen Rennbahndirektoren wurden Regelwidrigkeiten an den Schrittmachermaschinen absichtlich übersehen, um die Rennen mit hoher Geschwindigkeit fahren zu können und so ihrer Bahn den Ruf besonderer Schnelligkeit zu sichern. Gegenüber dem Berliner Tageblatt äußerte der langjährige Direktor des Sportparks Treptow: »Je größer die Schnelligkeit, je besser der Besuch und das Renommee der Bahn. Eine Maximalgeschwindigkeit vorzuschreiben, ist für den Rennbetrieb ein Unding.«

Anders reagierten die Behörden. Die Katastrophe in Berlin führte zu einem vorübergehenden Verbot der Radrennen mit Motorschrittmachern in Preußen. Am Sonnabend, dem 24. Juli 1909, wurde diese Entscheidung des Innenministers bekannt gegeben. Daraufhin ließ die Direktion des Sportparks Treptow verlauten, dass die geplanten Dauerrennen am Sonntag trotz des ministeriellen Verbots stattfinden werden. Sie wolle es »auf eine Kraftprobe ankommen lassen«.

Auch die Betreiber von Radrennbahnen in anderen Städten meldeten sich zu Wort. Sie verkündeten, dass der Radsport durch die Aufrechterhaltung des Verbots »auf das schwerste geschädigt« werde, meinten aber ihre finanziellen Verluste.

Der heftige und einhellige Protest veranlasste das Innenministerium zu folgender Erklärung: »Das Verbot soll nur vorübergehenden Charakter haben. Es ist durchaus nicht bezweckt, dadurch den Radrennsport und die Radrennbahnbesitzer zu schädigen. Das Unglück im alten Botanischen Garten in Berlin hat aber gezeigt, daß die baupolizeilichen Vorschriften nicht ausreichten, um ähnliche Unfälle für die Zukunft zu verhindern. Da die Regierung angesichts der am Sonntag auf mehreren preußischen Radrennbahnen stattfindenden Rennen mit Schrittmachermotoren keine andere Möglichkeit sah, alles Menschenmögliche zur Vermeidung weiterer Rennbahnkatastrophen von ihrer Seite zu tun, so entschloß sich der Minister des Inneren auf Grund der vorliegenden amtlichen Berichte über die Katastrophe im Sportpark Botanischer Garten und über die Bauart der übrigen Radrennbahnen im Verwaltungsbezirk der preußischen Monarchie kurzerhand zu der generellen Maßnahme, bei den Radrennen die Verwendung von Schrittmachermotorrädern zu untersagen.

Die Behörden werden jetzt allen Radrennbahnen aufgeben, den gesamten Zuschauerraum, insbesondere an den Bahnkurven, durch höhere und festere Barrieren von der Rennbahn abzugrenzen und auch sonst all die Vorsichtsmaßregeln zu treffen, die auf Grund der bei der Berliner Katastrophe gewonnenen Erfahrungen zum Schutze des Publikums getan werden müssen. Wie sich diese im einzelnen durch ein Zusammenwirken von technischen Vorrichtungen mit einem erhöhten Sicherheitsdienst durch Polizei-, Feuerwehr- und Sanitätsbeamte gestalten, muß natürlich erst entschieden werden. Die Aufgabe der Behörden ist es jetzt, zusammen mit den Radrenn-Sachverständigen die Radrennbahnen nach diesen Gesichtspunkten auszubauen. Ist dies geschehen, so würde der ferneren Gestattung des Schrittmachens mit Motorrädern nichts mehr entgegenstehen. Daher ist auch das Verbot nur ›bis auf weiteres‹ erfolgt.«

Neben Veränderungen an den Radrennbahnen ging es nach der Katastrophe im alten Botanischen Garten auch um neue Bestimmungen für die Schrittmachermotorräder. Schließlich wurde das Verbot am 17. August 1909 aufgehoben.

Diese Entscheidung war an mehrere Bedingungen geknüpft. An den Radrennbahnen mussten bauliche Veränderungen zum Schutz der Zuschauer vorgenommen werden. An den Schrittmachermaschinen durfte kein künstlicher Windschutz mehr angebracht sein. Lediglich ein Ölfangblech von definierter Größe am Hinterbau des Motorrads war zugelassen. Die Schutzrolle musste 40 Zentimeter Abstand zum Hinterrad der Schrittmachermaschine haben. Dadurch bekamen die Rennfahrer wieder mehr Gegenwind und die Geschwindigkeit ging zurück. Schließlich wurden auch strengere Bestimmungen für den Bau von Schrittmachermaschinen festgelegt, um eine erneute Steigerung des Renntempos zu verhindern.

Für die Radrennbahn im alten Botanischen Garten war bereits drei Tage nach der Katastrophe die polizeiliche Sperrung teilweise aufgehoben worden. Dem Besitzer wurde gestattet, die noch unfertige Haupttribüne auszubauen. In der folgenden Woche begannen die Reparaturarbeiten an der schwer beschädigten Nordkurve. Danach konnte der Rennbetrieb wieder aufgenommen werden. Allerdings wurden an der Pallasstraße nur noch wenige Wochen Radrennen ausgetragen. Weil der Betreiber pleite ging, wurde die Bahn im Oktober 1909 endgültig geschlossen. Noch im selben Jahr wurde die Unglücksbahn als Olympia-Radrennbahn nach Plötzensee verlegt.

Für die meisten der älteren Berliner Radsportstätten erledigte sich das Sicherheitsproblem von allein. Einige fielen bald nach ihrer Fertigstellung den Bodenspekulationen zum Opfer. So verschwanden die Bahnen in Halensee 1899, am Kurfürstendamm 1902 und in Friedenau 1904. Deren Nachfolge trat 1905 eine 500 Meter lange Zementbahn in Steglitz am heutigen S-Bahnhof Feuerbachstraße an, allerdings nur für fünf Jahre.

Die Treptower Rennbahn überlebte den Ersten Weltkrieg, aber nur kurz. Im Jahr 1923 wurde das 25-jährige Jubiläum gefeiert, doch drei Jahre später kündigte die Stadt Berlin den Pachtvertrag, weil sich Anwohner der Umgebung durch den Lärm der Besucher gestört fühlten. Im Winter 1926 wurde die beliebte und traditionsreiche Rennbahn abgerissen.

Das neue Velodrom

Zur Legende wurde der 1910 eröffnete Berliner Sportpalast ganz in der Nähe der alten Schöneberger Bahn an der Potsdamer Straße. Nach dem Einbau eines Ovals konnten ab März 1911 darin auch Radrennen gefahren werden. Ihm war eine mehr als sechzigjährige, wechselvolle Geschichte beschieden. Zu den Höhepunkten im Radsport gehörten die Sechs-Tage-Rennen, besonders in den zwanziger Jahren.

Die Nationalsozialisten verboten 1934 die Sechs-Tage-Rennen und missbrauchten die Sportstätte für Massenkundgebungen. Im Februar 1943 rief Hitlers Propagandaminister Joseph Goebbels vor einer organisierten Masse von fanatischen Anhängern den »totalen Krieg« aus, der schließlich auch den Sportpalast zerstörte.

Das erste Sechs-Tage-Rennen nach dem Krieg am 12. Dezember 1949 fand in der Funkturmhalle statt und wurde überschattet von einem schweren Massensturz. Drei Fahrer, die Deutschen Rudi Mörke und Paul Kroll sowie der Holländer Arie van Bek, starben im Krankenhaus. Sie hatten keine Helme getragen.

Ab 1953 stand der neu aufgebaute Sportpalast wieder zur Verfügung. In den sechziger Jahren wechselte man in die Deutschlandhalle. Der Sportpalast diente noch ein Jahrzehnt lang für verschiedene Großveranstaltungen. Dann traten die Abrissbirnen in Aktion.

Seit 1997 ist das neue Velodrom an der Landsberger Allee Schauplatz der Berliner Sechs-Tage-Rennen. Es wurde auf dem Gelände gebaut, auf dem zuvor die Werner-Seelenbinder-Halle stand. Das Velodrom genügt modernsten Sicherheitsansprüchen. Auch die Bedingungen für die Aktiven wurden verbessert. Von schweren Unfällen, so hoffen die Berliner Radsportverantwortlichen, möge es verschont bleiben.

Tod in der Nordkurve

Avus, 1926–1995

Zu Beginn des Jahres 1926 fiel eine lang ersehnte Entscheidung: Großer Preis von Deutschland für Sportwagen in Berlin. Die Allgemeine Automobil-Zeitung jubelte: »Der Automobilclub von Deutschland hat als Rennstrecke die unseren Fahrern wohlbekannte Avus gewählt.«

Avus – das ist die Abkürzung für Automobil-Verkehrs- und -Übungsstraße. So nannte man die erste in Deutschland gebaute Autorennstrecke. Sie wurde in den Jahren 1913 bis 1921 angelegt und führte durch den Grunewald. Ursprünglich verbanden zwei flache Kurven die beiden 8,5 Kilometer langen, schnurgeraden Pisten. Die Nordkehre wies einen Radius von 244 Metern auf, die Südschleife von nur 166 Metern. Insgesamt legten die Fahrer bei einer Runde 19,6 Kilometer zurück.

Der 11. Juli 1926 sollte einen glanzvollen Höhepunkt für die damals von der ganzen Rennsportwelt bewunderte Avus bringen, aber es wurde der schwärzeste Tag ihrer an Unfällen nicht armen Geschichte.

Unfall mit drei Toten beim Großen Preis von Deutschland 1926 auf der Avus

Für den Großen Preis von Deutschland hatten sich 46 Bewerber gemeldet, darunter Fahrzeuge 16 ausländischer Fabrikate. Erstmalig waren in den Starterlisten auch Teilnehmer aus Frankreich, Italien, der Schweiz und der Tschechoslowakei verzeichnet. Die Routiniers der Frühzeit des Automobilrennsports boten schon leistungsstarke Markenwagen wie Alfa Romeo, Bugatti, NAG und Mercedes auf. Dem Gewinner winkten eine Siegesprämie von 10 000 Mark und der kiloschwere Goldpokal des Automobilclubs von Deutschland. Berliner Tageszeitungen hatten weitere Prämien und Ehrenpreise gestiftet.

Aus ganz Deutschland kamen Motorsportbegeisterte an die Rennstrecke zwischen dem neuen Funkturm und Nikolassee. Die Trainingsläufe an den Vortagen hatten das Starterfeld schon ziemlich dezimiert. Noch 38 Fahrzeuge waren übrig geblieben.

Durch einen schweren Unfall war die Stimmung vor dem Rennen etwas belastet. Das Training hatte das erste Todesopfer der Avus gefordert. Am Freitag war der Italiener Enrico Platé gegen Ende des letzten Durchgangs in der Südkurve mit dem schweren 2,6-Liter-NAG eines deutschen Fahrers kollidiert. Sein leichterer Chiribiri-Monza überschlug sich mehrmals. Zuschauer kamen nicht zu Schaden. Der Beifahrer aber, der Mechaniker Piroli, wurde schwer verletzt. Er verstarb noch an der Unfallstelle. Platé selbst erlitt mehrfache Rippenbrüche und innere Verletzungen und musste in ein Krankenhaus eingeliefert werden.

Am Sonntag pünktlich um 14 Uhr senkte sich die Startflagge. Dem neuen Klassement entsprechend, waren die Rennwagen nach ihrem Hubraum in drei Gruppen eingeteilt und wurden im Abstand von zwei Minuten gestartet. Vor den Fahrern lagen zwanzig Runden zu exakt 19,569 Kilometern. Damit betrug die Renndistanz 391,38 Kilometer.

Mit ohrenbetäubendem Motorengeräusch gingen die Boliden auf die Piste. Gleich zu Beginn entspann sich ein packender Zweikampf zwischen dem Berliner Lokalmatador Christian Riecken, der einen großen Drei-Liter-NAG fuhr, und dem favorisierten Adolf Rosenberger auf einem Mercedes mit Achtzylinder-Kompressormotor.

Nach drei Runden überholte Rosenberger den zwei Minuten früher gestarteten Riecken. Mit Durchschnittsgeschwindigkeiten um 170 Stundenkilometer pro Runde vergrößerte er seinen Vorsprung. Als die Rennwagen in die vierte Runde gingen, schlug das Wetter um.

Ein heftiges Gewitter entlud sich über der Avus. Das Regenwasser vermischte sich mit Öl von der Strecke zu einem schmierigen Film. Schlecht ausgebesserte Fahrbahnschäden vergrößerten das Risiko zusätzlich. Besonders im nördlichen Teil mussten die Fahrer die Geschwindigkeit drosseln und ihr ganzes Können aufbieten, um nicht von der Bahn zu rutschen.

Doch in der siebenten Runde passiert es: Der führende Rosenberger kommt durch die Nordschleife. Ausgangs der Kurve, wo gerade die Fahrbahn ausgebessert und deshalb besonders glatt geworden ist, gerät sein Mercedes ins Schleudern. Der routinierte Rennfahrer versucht gegenzulenken, aber auf der schmalen, nach außen abfallenden Fahrbahn lässt sich der Wagen nicht abfangen. Das schwere Fahrzeug dreht sich zweimal um die eigene Achse, gerät dabei mit den Vorderrädern auf die Grasnarbe am Straßenrand, richtet sich auf, prallt gegen das Eisengestänge einer Anzeigetafel und schlägt dann mit dem Fahrzeugboden in ein Zeitnehmerhäuschen ein. Zwei Studenten, die in dem leichten Holzbau Rennhelferdienste leisten, sind sofort tot. Der Schriftmaler, der neben der Anzeigetafel stand, stirbt in der folgenden Nacht im Krankenhaus. Bei allen drei Unfallopfern hat ein *Polytrauma* zum Tod geführt.

Ein Polytrauma ist eine Mehrfachverletzung. Davon spricht man, wenn durch eine Gewalteinwirkung gleichzeitig mehrere Körperregionen oder Organsysteme geschädigt werden, wobei mindestens eine oder die Kombination mehrerer Verletzungen als lebensbedrohlich gilt. Am häufigsten geschieht das bei Verkehrsunfällen. Je nach Unfallhergang kommen unterschiedliche Verletzungsformen zustande. Im schwersten Fall sind Kopf, Brustkorb, Bauch und Gliedmaßen betroffen, aber auch jede andere Kombination kann auftreten. Vielfache schwere Verletzungen sämtlicher Körperregionen werden kaum überlebt.

Bei einer Mehrfachverletzung ist die Prognose von der Anzahl verletzter Körperregionen, der Lokalisation der Verletzungen und dem Alter des Unfallopfers abhängig. Besonders gefährdet sind Kinder und Menschen über 60 Jahre, weil sie den großen Blutverlust nur schwer ausgleichen können. Bei älteren Verletzten wirken sich vorbestehende Herz- und Lungenkrankheiten ungünstig aus.

Vorrangig durch den Blutverlust können nach einer gewissen Überlebenszeit verschiedene Schockfolgen auftreten. Der Schock ist ein fortschreitendes, generalisiertes Kreislaufversagen, das mit einem Blutdruckabfall, einer Verminderung der Gewebsdurchblutung und Blutgerinnungsstörungen einhergeht. Typische Schockorgane sind Lungen, Nieren und Magen-Darm-Kanal, deren Funktionsausfall in der Fachsprache als Multiorganversagen zusammengefasst wird. Das kann zum Tod des Verletzten führen. Später auftretende Todesfälle sind meist die Folge nicht beherrschbarer Infektionen.

Der Avus-Starter Rosenberger wurde bei dem Unfall nur leicht verletzt. Schon nach wenigen Tagen konnte er das Krankenhaus verlassen. Seinen Beifahrer Coqueline hatte es schlimmer erwischt. Er erlitt Kopfverletzungen und komplizierte Knochenbrüche.

Zwei Runden später – es ist die neunte des Rennens um den Großen Preis von Deutschland – folgt der nächste schwere Unfall. In der Südkurve kommt der Franzose Jean Chassagne von der Fahrbahn ab und überschlägt sich. An seinem Talbot war der Lenkhebel gebrochen. Fahrer und Beifahrer werden erheblich verletzt. Der mitfahrende Mechaniker Rivet erlangt erst am nächsten Tag des Bewusstsein wieder.

Und nicht genug damit: Ebenfalls in der neunten Runde schleudert der Pluto-Sport des Berliners Alfred Mederer mit gebrochener Spurstange von der Piste. Das manövrierunfähige Geschoss prallt ausgangs der Nordkurve auf ein Technikfahrzeug der Rennleitung, das auf dem Mittelstreifen steht. Dieses verhindert, dass der defekte Rennwagen auf der Gegengeraden einen Massenunfall verursacht. Fahrer und Beifahrer werden verletzt geborgen, Mederer mit gespaltener Oberlippe, sein Mechaniker Henkel mit Knochenbrüchen.

Wenige Runden später, wieder in der Nordschleife, verbremst sich der Talbot-Fahrer Hugo Urban-Emmerich aus der Tschechoslowakei beim Einfahren in die Kurve. Der ausbrechende Rennwagen rutscht seitwärts die Böschung zur Tribüne B hinauf und landet in der Zuschauermenge. Eine junge Frau, ein Fotograf und ein Polizeibeamter werden schwer verletzt, mehrere Personen erleiden leichte Verletzungen.

Ungeachtet der Unfälle wurde das erste Avus-Rennen um den Großen Preis von Deutschland zu Ende gefahren. Von den 38 gestarteten Sportwagen erreichten 17 das Ziel, elf deutsche und sechs ausländische. Der Schnellste von allen war der junge Rudolf Caracciola auf einem Mercedes der Zwei-Liter-Klasse. Er siegte mit einem Gesamtdurchschnitt von 135,036 Stundenkilometern. Das bedeutete einen neuen Avus-Rekord. Der zweitplatzierte Riecken auf NAG war Sieger in der Drei-Liter-Klasse. Georg Klöble auf NSU gewann in der Klasse bis 1 500 Kubikzentimeter.

Damit ergab sich folgende Bilanz für den I. Großen Preis von Deutschland: drei Sieger, vier Tote, sechs Schwerverletzte, zahlreiche Leichtverletzte. Ab 1927 wurden die jährlichen Rennen um den Großen Preis von Deutschland auf dem gerade fertig gestellten Nürburgring in der Eifel gefahren.

Premiere auf der Avus

Es war das erste Mal, dass schwere Unfälle auf der Rennstrecke im Grunewald die Berliner Gerichtsmediziner beschäftigten. Die Eröffnungsrennen fünf Jahre zuvor hatten unter einem glücklicheren Stern gestanden. Das war am Wochenende 24./25. September 1921.

Der ganze Kurs war eingezäunt. Wer nicht als Zaungast die Rennen erleben wollte, der musste an einer der 65 Kassen in der Stadt sein Eintrittsgeld entrichten. Für einen Tribünenplatz waren 50 bis 200 Mark zu zahlen, die Stehplätze kosteten zwischen 10 und 25 Mark. Im Bereich der beiden Kurven gab es insgesamt acht Tribünen mit Sitzplätzen für 7 700 Zuschauer. Schon lange vor dem Wochenende waren alle Sitzplätze ausverkauft. Die Zuschauer kamen aus ganz Deutschland und aus dem Ausland in den Grunewald.

Für die Rennsportpremiere auf der Avus konnten die Veranstalter 68 Fahrzeuge in die Starterlisten eintragen. Es wurde ein buntes Feld von Fahrzeugen solcher Marken wie Adler, Brennabor, Dixi, Horch, Simson, NAG und NSU. Der damals größte Automobilhersteller Deutschlands, die Firma Opel, hatte gleich mehrere Rennfahrer nominiert.

Eine »Satzung der Rennen, veranstaltet vom Automobilclub von Deutschland unter Mitwirkung des Vereins Deutscher Motorfahrzeug-Industrieller« regelte die Teilnahmebedingungen. Zugelassen waren nur Fahrzeuge von »Automobilfabriken, welche in Deutschland in eigenen Fabriken fabrizieren«. Dazu mussten die Teilnehmer eine Bescheinigung vorlegen, dass »bis zum Jahre 1921 eine Serie von mindestens 20 Fahrzeugen der gleichen allgemeinen Konstruktion wie die gemeldeten« gebaut worden war. Die Starter wurden in drei Gruppen mit unterschiedlichen Leistungs- und Gewichtsbegrenzungen eingeteilt.

Was die Wagenlenker und ihre Beifahrer erlitten, ist in einem Trainingsbericht zu lesen: »Die Fahrer, die am Freitag versuchten, mit ihren Wagen ohne wesentliche Herabminderung der Geschwindigkeit durch die Kurven zu gehen, mußten ihren Sporteifer mit einem nicht allzu geringen Schrecken und einigen Hautabschürfungen bezahlen. Ein Dürkoppwagen wurde aus der Südkurve geschleudert, wobei sich der Wagen mehrmals überschlug und die Fahrer in hohem Bogen über die Böschung geschleudert wurden. Auch einem Dinoswagen erging es in der Nordkurve ähnlich. Hier bremste der Fahrer seinen Wagen so scharf, daß derselbe einen Hinterreifen verlor und in vollem Tempo bis auf die Böschung kletterte, wo er glücklicherweise hängenblieb.«

Am Sonnabend wurden drei von sechs Rennen ausgetragen. Der schnellste Mann des Tages war der 22-jährige Fritz von Opel auf einem Wagen der gleichnamigen Marke. In einem taktisch geschickt gefahrenen Rennen setzte er sich gegen seinen schärfsten Kontrahenten Klöble auf NSU durch. Seine erste Rekordfahrt auf der Avus dauerte 64 Minuten und 23 Sekunden. Das entsprach einer Durchschnittsgeschwindigkeit von 128,84 Stundenkilometern – ein Tempo, das selbst die größeren Rennwagen nicht erreichten. Nach diesem historischen Sieg genügte ihm am Sonntag ein dritter Platz, um als Gesamtsieger des ersten Avus-Rennens in die Motorsportgeschichte einzugehen.

Trotz mancher Befürchtungen nach den Zwischenfällen beim Training verliefen die beiden Renntage ohne schweren Unfall. Lediglich ein Horch ging mit Tempo 120 zu schnell in die Nordkurve und überschlug sich. Die beiden Insassen wurden aber nur leicht verletzt.

Nach den Eröffnungsrennen wurden an der Avus einige Verbesserungen vorgenommen. Zuerst verbreiterte man die Nordschleife auf knapp zehn Meter, dann erhielt die ganze Fahrbahn einen neuen Asphaltbelag. Auch die technische Ausstattung erfuhr eine Modernisierung. Man versah die Strecke mit Zeittafeln, Telefonstellen und riesigen Lautsprechern. Durch den Umbau der Tribünen an der Nordkurve entstand Platz für bis zu 30 000 Zuschauer. Schließlich wurde als weiterer Zugang in Nikolassee ein Südtor erbaut.

Überdies gab man die Avus für den Alltagsverkehr frei. Das geschah schon nach dem ersten Rennwochenende am 1. Oktober 1921. Am Torhaus im Norden musste dafür eine Benutzungsgebühr entrichtet werden. Die Einzelfahrt auf der mautpflichtigen Privatstraße kostete 10 Mark, die Dauerkarte für ein Vierteljahr 1 000 Mark.

Die nächste sportliche Neuheit folgte im Jahr 1922: das erste Motorradrennen. Wieder ein Jahr später veranstaltete der Automobilclub von Deutschland auf der inzwischen populären Rennstrecke die ersten Kleinwagenrennen. Die anfängliche Begeisterung für diese Fahrzeugklasse ließ jedoch rasch nach. Das muss nicht unbedingt an den Rennen gelegen haben, denn während der Inflation 1922/23 ging der Zustrom zahlender Zuschauer generell stark zurück. Dafür kletterten die Eintrittspreise in astronomische Höhen. So musste man im September 1923 für einen Tribünenplatz 100 Millionen Mark hinblättern.

Nach dem 11. Juli 1926, dem schwarzen Tag mit der katastrophalen Unfallserie beim Großen Preis von Deutschland, wurde die Avus vorrangig zu ihrem eigentlichen Zweck als Versuchsstrecke genutzt. Verschiedene Unternehmen erprobten Maschinen und Materialien für den Straßenbau. Auch Testfahrten fanden auf dem Kurs statt. Man experimentierte mit Motoren, Treibstoffen und Reifen. Eine dieser Testfahrten erregte besonderes Aufsehen. Am 23. Mai 1928 stellte Fritz von Opel, der Sieger des Eröffnungsrennens von 1921, mit seinem Raketenauto RAK 2 auf der Avus einen Geschwindigkeitsrekord auf. Die 24 Feststoffraketen im Heck katapultierten den torpedoförmigen Wagen mit 238 Stundenkilometern über die Piste. Bei dieser Rekordfahrt kam niemand zu Schaden.

Die Liste der Avus-Opfer verlängerte sich erst vier Jahre später. Am Sonntag, dem 22. Mai 1932, fand wieder ein internationales Avus-Rennen statt. Gefahren wurde in zwei Hubraumklassen, die kleine bis 1 500 Kubikzentimeter, die große darüber. In der Leistungsklasse ohne Begrenzung waren die Motoren im Laufe der Jahre immer größer geworden. So gingen die Fahrer von Mercedes-Benz in Rennwagen mit einem 7,2-Liter-Kompressormotor an den Start. Nicht minder leistungsfähig waren das 16-Zylindertriebwerk von Maserati oder der Achtzylinder von Bugatti, beide mit knapp fünf Litern Hubraum.

Einen solchen Bugatti vom Typ 54 fuhr an diesem Sonntag der junge böhmische Prinz Georg Christian Lobkowicz. Auf der Avus startete er mit einem Bugatti, den er erst im April erworben hatte. Der 25-Jährige stand am Anfang seiner Rennfahrerlaufbahn. Bislang noch ohne Sieg, wollte Fürst Lobkowicz in Berlin unbedingt gewinnen.

Zum zweiten Lauf des Tages in der großen Hubraumklasse traten 16 Fahrer an. Vom Start weg wurde Tempo 200 und mehr gefahren. Nach der Eingangsrunde fiel auf, dass die Startnummer 38 fehlte. Es war der Bugatti des Fürsten. Zu diesem Zeitpunkt war Lobkowicz schon tot.

Den Unfall des jungen Rennfahrers beschrieb Manfred von Brauchitsch, der Sieger von 1932, später in seinen Memoiren: »In der zweiten Runde bemerkte ich ausgangs der Südkurve bei Wannsee einen Unfall, ohne zu ahnen, wen es erwischt hatte. Nach Beendigung des Rennens erfuhr ich, daß es Fürst Lobkowicz war, der tot unter den Trümmern seines Wagens hervorgezogen wurde. Er hatte schon in der ersten Runde bei einem Überholmanöver die Betoneinfassung einer kleinen Brücke gestreift und dadurch die Gewalt über den Wagen verloren. Mit 200 Stundenkilometer Geschwindigkeit war er über den Mittelstreifen auf die andere Fahrbahn geschleudert worden, hatte sich einige Male überschlagen und war hundert Meter weiter mit seinem Fahrzeug auf den Bahndamm der S-Bahn aufgeschlagen.«

Hanussens düstere Prophezeiung

Die Avus gewann zu dieser Zeit einen legendären Ruf, den sie später nie mehr ablegte. Kein Wunder, dass sie auch die Aufmerksamkeit von Aufschneidern, Spekulanten und anderen zwielichtigen Gestalten der damaligen Amüsiergesellschaft auf sich zog. Vom Avus-Rennen 1932 hat von Brauchitsch eine oft zitierte Episode überliefert. Drei Tage vorher saßen sechs Rennfahrer am Stammtisch der Roxy-Bar in der Joachimstaler Straße. Zu ihnen gesellte sich der berühmte Hellseher Erik Jan Hanussen. Was lag näher, als den großen Meister nach dem Ausgang des bevorstehenden Rennens zu befragen. Hanussen nahm ein Stück Papier und schrieb etwas darauf. Dann schaute er in die Runde und sagte mit leiser Stimme: »An diesem Tisch sitzt heute der Sieger, aber einer von Ihnen muß sterben. Die beiden Namen habe ich Ihnen aufgeschrieben.« Den Zettel überreichte

Hanussen in einem verschlossenen Briefumschlag dem Mann an der Bar.

Das Rennen war vorüber. Es gab einen Toten, den Fürsten Lobkowicz, und einen Sieger, von Brauchitsch. Dieser schrieb über den Tag seines Triumphes: »In der überglücklichen Stimmung eines Siegers erinnerte ich mich am Abend des hinterlegten Hanussen-Briefes und telefonierte mit dem Mann an der Theke in der ›Roxy-Bar‹. Ich bat ihn, den Umschlag zu öffnen. Deutlich hörte ich ihn zwei Namen sagen: ›Lobkowicz – Brauchitsch‹. Verblüfft legte ich den Hörer auf die Gabel. Hatte Hanussen nun wirklich seherische Gaben? Oder war es nur eine besondere Kombinationsgabe und die Hilfe des Zufalls? Allzu schwierig konnte die Vorhersage eines Todessturzes bei diesem gefährlichen Sport ja nicht sein, und als guter ›Prophet‹ hatte er gerade die Richtigen erwischt. Eine große Bedeutung konnte ich der Sache nicht beimessen, und der einsetzende Rummel ließ mir keine Zeit, weiter darüber nachzudenken.«

Den treffsicheren Hellseher verließen später seine prophetischen Gaben. Er übersah die Gefahr, in der er selbst bald schwebte. Der Wiener Jude Hermann Steinschneider, so sein bürgerlicher Name, verschwand am 24. März 1933 scheinbar spurlos. Das war sieben Wochen nach der Machtergreifung der Nationalsozialisten, von denen er einige Prominente ebenfalls mit mysteriösen Voraussagen bedient hatte. Am 7. April fanden Holzfäller ihn in einem Wald zwischen Neuhof und Baruth südlich von Berlin tot auf.

»Im Leichenschauhaus in der Hannoverschen Straße endet die bunte Karriere des Schwadroneurs aus Bratislava«, kommentierte ein Journalist das Ende des Hellsehers. Die Berliner Staatsanwaltschaft II ließ die Kleidungstücke zur Todesermittlungssache Hanussen in die Hannoversche Straße übersenden. Der Auftrag mit der Nummer II.P.I.612.33 lautete: »Zu untersuchen auf Nahschußzeichen«. Jedoch ist weder unter dem Namen Steinschneider noch unter dem Pseudonym Hanussen der Eingang einer Leiche im Archivbuch von 1933 verzeichnet. Auch wurde in der fraglichen Zeit kein unbekannter Mann eingeliefert.

Steilwand für die Rekordwut

Auf der Avus hielt das Rekordfieber an. Reichte von Brauchitsch 1932 noch die Durchschnittsgeschwindigkeit von 194,4 Stundenkilometern, um zu gewinnen, so fuhr der Sieger von 1933, der Italiener Achille Varzi auf Bugatti, einen neuen Rekord mit dem Schnitt von 206,84 Kilometern pro Stunde.

Das Avus-Rennen 1933 forderte auch das nächste Todesopfer. Der Rennstall von Mercedes-Benz hatte wie im Vorjahr seine 1 775 Kilogramm schweren und 320 PS starken Giganten an den Start gebracht. Neben von Brauchitsch ging Otto Merz aus Cannstatt ins Rennen. Der 44-jährige Schwabe hatte sich schon vor dem Ersten Weltkrieg den Ruf eines erstklassigen Fahrers und Mechanikers erworben. Sein Erscheinen in Berlin war für Eingeweihte überraschend, denn eigentlich galt der Große Preis von Deutschland 1931 als sein letztes Rennen.

Bei dem unerwarteten Start auf der Avus verunglückte Merz am 21. Mai 1933 tödlich. Wieder war die Piste regennass. Ein plötzlich einsetzender Seitenwind nahm dem Schwaben die Kontrolle über den Mercedes-Benz. Rund 1 500 Meter vom Nordtor entfernt raste er die Böschung neben der Fahrbahn hinauf. Der Rennwagen überschlug sich mehrmals. Merz war sofort tot.

Das letzte Rennen auf der Avus in ihrem ursprünglichen Zustand fand 1935 statt. Noch einmal war die Durchschnittsgeschwindigkeit gesteigert worden. Der Italiener Luigi Fagioli auf Mercedes-Benz gewann mit einem Rekordschnitt von 238,5 Stundenkilometern.

In den Jahren 1936/37 wurden umfangreiche Umbauten an der Rennstrecke vorgenommen, vor allem an der Nordkurve. Die alte Flachkehre wurde durch eine 18 Meter breite Steilkurve mit rotbraunem Klinkerbelag ersetzt. Der Neigungswinkel betrug nun 43,6 Grad. Ein Sicherheitswulst an der 12,42 Meter hohen Mauerkrone der Steilwand sollte verhindern, dass die Rennwagen darüber hinausschossen. Für die Rennen wurde die Breite der Fahrbahn auf acht Meter reduziert. Die Fahrer waren verpflichtet, die markierte Spur einzuhalten. Nach den baulichen Veränderungen ergab sich eine etwas kürzere Rundenlänge von 19,3 Kilometern.

Die neue Steilkurve forderte Fahrer und Rennwagen bis an die Grenzen des Erträglichen. Auf knapp das Dreifache erhöhte sich die Erdanziehungskraft in der Kurve. Bei einem rund 1 000 Kilogramm

Die Nordkurve der Avus nach dem Umbau zur Steilwand 1936/37

schweren Fahrzeug mussten Reifen und Fahrgestell plötzlich das Gewicht von fast drei Tonnen aushalten. Ein Berichterstatter, der im April 1937 mit von Brauchitsch in einem 5,4-Liter-Kompressor-Mercedes durch die Nordkurve gefahren war, schrieb über seine Eindrücke: »Sekundenbruchteile später erhebt sich eine Steilwand, sie rast auf uns zu. (...) Urplötzlich wird man mit mächtigem Druck auf den Sitz gepreßt. Es ist unmöglich, auch nur die geringste

Bewegung zu machen, der Kopf neigt sich nach unten, zu sehen ist nichts mehr.«

Das Eröffnungsrennen auf der umgebauten Avus fand am 30. Mai 1937 statt. Der Sieger hieß Hermann Lang. In einem Mercedes-Benz W 25 gewann er mit dem sensationellen Schnitt von 261,648 Stundenkilometern. Nie wieder hat später in Berlin jemand ein solches Durchschnittstempo erreicht. An diesem denkwürdigen Tag fuhr Bernd Rosemeyer in einem Auto-Union Typ C mit 276,4 Stundenkilometern die schnellste Runde. Das bedeutete Spitzengeschwindigkeiten um 380 auf den Geraden. Die Avus blieb danach für 21 Jahre die schnellste Rennstrecke der Welt.

Der Geschwindigkeitsrausch forderte anderswo sein Opfer. Rosemeyer überlebte seinen Erfolg nur um etwas mehr als ein halbes Jahr. Am 28. Januar 1938 verunglückte der 28-Jährige bei einem Rekordversuch auf der Autobahn Frankfurt – Darmstadt tödlich. Bei Tempo 430 kam sein Rennwagen von der Straße ab. Nach ihm ist der Rosemeyerweg direkt an der Avus in Nikolassee benannt.

Das Ende eines Mythos

Mit dem Rekordrennen 1937 endete für den Grunewald-Kurs die große Zeit. Vor dem Zweiten Weltkrieg wurden nur noch einige kleinere Rennen veranstaltet. Am 1. Dezember 1939 verlor die Avus ihren Rechtsstatus als Privatstraße und wurde im Süden als Teilstück der Reichsautobahnen mit dem Berliner Ring verbunden. Die alte Südkehre mit dem Torhaus verschwand.

Nach Kriegsende dauerte es einige Zeit, bis die Strecke und die Haupttribüne instand gesetzt waren. Rund 30 Jahre nach der Eröffnung wurde der Rennbetrieb auf einem 8,3 Kilometer langen Kurs wieder aufgenommen. Die neue Epoche der traditionsreichen Avus begann am 1. Juli 1951. Vor etwa 350 000 Zuschauern starteten Fahrer aus Ost und West in zwei Formelklassen. Den Sieg bei den stärkeren Formel-II-Wagen errang zur allgemeinen Überraschung ein Fahrer aus der DDR. Der Suhler Paul Greifzu aus dem Rennkollektiv Johannisthal triumphierte mit seinem BMW-Eigenbau. Im Jahr darauf verunglückte dieser erfolgreiche Fahrer und Konstrukteur beim Training auf der Dessauer Autobahn-Rennstrecke tödlich. Warum er am

10. Mai 1952 sterben musste, wusste Der Tagesspiegel aus Westberlin vier Tage später ganz genau: »Ums Leben kam Greifzu bei der Vorbereitung auf ein Dessauer Rennen, an dem er – von den sowjetdeutschen Dienststellen praktisch gezwungen – als einer der wenigen in der ›DDR‹ verbliebenen prominenten Fahrer teilnehmen sollte, obgleich er sich dagegen gewehrt hatte und ihm von den Aerzten wegen schwerer Kreislaufstörungen eine Beteiligung verboten worden war. Nun liest man in der ›DDR‹-Presse, der Tod sei dadurch eingetreten, daß Greifzu bei einer durch Kurbelwellenbruch hervorgerufenen Blockierung des Wagens mit dem Hinterkopf gegen die Kopfstütze geschlagen sei und sich dabei die Schädelbasis gebrochen habe. (...) In Wirklichkeit wurde Greifzu beim Training wegen seines schlechten Gesundheitszustandes bewußtlos. Er verlor die Gewalt über den Wagen und fuhr mit hoher Geschwindigkeit gegen eine Tribüne. Sein Tod ist auf das Propagandabedürfnis der Machthaber, das in der ›DDR‹ wichtiger ist als ein Menschenleben, zurückzuführen.« Nur einen Tag zuvor hatte Der Tagesspiegel zum Tod des DDR-Rennfahrers Folgendes gemeldet: »Greifzu war aus der Kurve der Autobahnauffahrt Dessau in die ein Kilometer lange Gerade eingebogen, als der Motor blockierte und sein Wagen ruckartig zum Stehen kam. Bei diesem plötzlichen Bremsen muß der 51jährige Greifzu mit dem Hinterkopf gegen die Kopfstütze geschlagen sein, wo er sich einen Schädelbasisbruch zuzog.«

Sieben Jahre später forderte auch die Steilkurve der Avus ihr erstes Todesopfer. Der Automobilclub von Deutschland hatte sich wegen sinkender Zuschauerzahlen am Nürburgring entschieden, den XXI. Großen Preis von Deutschland nach Berlin zu verlegen. Es war das zweite und auch das letzte Mal, dass dieser Wettbewerb auf der Avus ausgetragen wurde.

Als Rahmenprogramm fand am Sonnabend, dem 1. August 1959, ein Sportwagenrennen statt. Kurz vor dem Start am Nachmittag ging ein starker Gewitterregen nieder. Zwölf Fahrer traten dennoch an.

Erste Runde: Alle fahren langsam und versuchen, die regennasse Bahn zu erkunden.

Zweite Runde: Der Argentinier Anton von Doery macht Tempo. Sein Porsche RSK dreht sich in der Steilwand mehrmals und prallt gegen die Betonbrüstung. Der Fahrer entsteigt dem Wrack unverletzt.

Dritte Runde: Der Holländer Carel Godin de Beaufort wird mit hoher Geschwindigkeit aus der Steilkurve getragen und fliegt über die Mauerkrone. Er hat unglaubliches Glück. Auf allen vier Rädern landet er im Fahrerlager. Unverletzt nimmt er kurz darauf mit dem lädierten Sportwagen das Rennen wieder auf.

Vierte Runde: Der Franzose Jean Behra, ebenfalls auf Porsche RSK, setzt zum Überholen an. Die Fliehkraft treibt seinen Wagen in der Steilkurve auf eine gefährlich hohe Bahn. Der Porsche schleudert, dreht sich und kracht oben gegen einen massiven Betonklotz, auf dem im Zweiten Weltkrieg ein Flakgeschütz montiert war. Bei dem Anprall zerbricht der Rennwagen in zwei Teile. Behra wird aus dem Fahrzeug geschleudert. Sein Körper schlägt gegen einen Fahnenmast, der, wie ein Journalist schrieb, »für den französischen Rennfahrerstar zur Guillotine wird«. Im Hildegard-Krankenhaus stellt man mehrfache *Brüche des Schädels und der Halswirbelsäule* als Todesursache fest.

Der menschliche Schädel ist in bestimmten Grenzen elastisch verformbar. Ein Knochenbruch tritt erst auf, wenn die Elastizitätsgrenze überschritten wird. Die verursachende Gewalt greift entweder direkt an oder wirkt fortgeleitet, also indirekt.

Durch lokale Verformung des Schädels entsteht am Ort der Gewalteinwirkung ein Biegungsbruch. Ein solcher direkter Schädelbruch kann sich auf einen einzelnen Bruchspalt beschränken oder zur Eindellung des Schädeldachs führen. Sind die herausgebrochenen Knochenstücke zum Schädelinneren eingedrückt, handelt es sich um eine Impressionsfraktur. Oft sind die Biegungsbrüche so gestaltet, dass mehrere Bruchlinien das Bruchzentrum kreisförmig umfassen und von radiär aus dem Bruchzentrum abgehenden Frakturlinien gekreuzt werden. Das Frakturbild ähnelt einem Spinnennetz oder den Längen- und Breitengraden auf einem Globus und heißt deshalb auch Globusbruch.

Wird ein umschriebenes Knochenstück vollständig herausgestanzt und hirnwärts verlagert, liegt ein Lochbruch vor. Einen unvollständigen Knochenbruch dieser Art bezeichnet man wegen seines Aussehens als Terrassenbruch.

Indirekte Schädelbrüche entstehen durch Verformung des gesamten Schädels als Berstungsbrüche im Schädeldach und in der Schädelbasis. Beim Sturz mit dem Hinterhaupt auf eine größere Fläche verformt sich der Schädel derart, dass der Schädellängsdurchmesser (Stirn-Hinterkopf-Achse) verkürzt wird und die beiden Schädelseiten nach außen weichen. Infolgedessen entsteht an der Schädelbasis ein durch Zugkräfte bedingter Längsbruch. Wird der Schädel von der Seite her zusammengedrückt, resultiert ein Querbruch der Schädelbasis. Es gilt die Regel: Längsdruck erzeugt Längsbruch und Querdruck erzeugt Querbruch.

Häufig verläuft der Bruchspalt quer durch die mittlere Schädelgrube. Die dadurch getrennten Teile der Schädelbasis können nach Entfernung des Schädeldachs scharnierartig gegeneinander bewegt werden. Diese Frakturform heißt deshalb Scharnierbruch.

Bedenkt man die hohen Renngeschwindigkeiten, dann wird vorstellbar, mit welch enormer Wucht der Anprall des Kopfes an ein Hindernis erfolgt. Der Schutzhelm hilft da gar nichts. Die massive Gewalt verursacht eine weitgehende Zertrümmerung des gesamten Schädels mit entsprechender Zerstörung des Gehirns. Zugleich können vielfache Zerreißungen von Kopf- und Gesichtshaut entstehen. Eine so schwerwiegende Verletzung wird nicht überlebt.

Die Halswirbelsäule des Menschen verfügt über eine gute Beweglichkeit. Werden die anatomisch gegebenen Grenzen überschritten, treten ebenfalls Knochenbrüche auf. Eine meist unmittelbar tödliche Verletzung ist der so genannte Genickbruch. Dabei bricht der Zahn des zweiten Halswirbels ab, so dass Rückenmark und verlängertes Mark abgequetscht werden. Das führt zu einer Schädigung der Nervenzentren für Atmung und Blutkreislauf. Vom Genickbruch spricht man auch, wenn ein oberer Halswirbel an anderer Stelle gebrochen ist.

Der Tod des Franzosen löste einen heftigen Streit um die Konstruktion der Steilkurve aus. Experten wurden befragt und Gutachten geschrieben. Alfred Neubauer, ehemaliger Rennleiter bei Mercedes, setzte den Schlusspunkt unter die Diskussion: »Die Zusammenfassung aller Gründe, die zu dem Unfall Behras führten, zeigt wohl zur Genüge, daß schuldtragend daran sein eigener Siegeswille war.« Dennoch blieb für manch einen die Nordkurve eine Mordkurve.

Aber nicht die Steilkurve allein war es, die weitere Todesopfer forderte. Innerhalb weniger Jahre verloren auf der Avus drei Motorradrennfahrer ihr Leben. Auf der Geraden stürzte 1963 Horst Wolff. In der Nordkurve verunglückte 1964 Albert Achinger und in der Südkehre 1965 Klaus Fischer.

Im Herbst 1967 begann eine vierjährige Bauphase. Zwischen Messedamm, Halenseestraße und Bahnstrecke Westkreuz – Grunewald entstand das Autobahndreieck Funkturm. Mit diesem Straßennetz auf 50 000 Quadratmetern wurde die Avus nördlich an den Stadtring angeschlossen. Die berühmt-berüchtigte Steilkurve verschwand. Seitdem gab es wieder eine flache Nordkurve, die nur zu Sportveranstaltungen geöffnet wurde.

Ab Juli 1971 fanden in Berlin wieder Rennen statt. Mit der neu gestalteten Strecke sollte im Jubiläumsjahr an die Höhepunkte vergangener Zeiten angeknüpft werden. Immerhin war es das 50. Jahr nach der Eröffnung der Avus. Am 12. September 1971 veranstaltete der ADAC ein Formel-III-Rennen mit erstklassigen Fahrern. Doch es zeigte sich, dass die Avus von ihrer Gefährlichkeit nicht viel verloren hatte. In einer Schikane aus Strohballen schleuderte die Rennfahrerin Hannelore Werner von der Piste. Ihr March 713 erfasste den 59-jährigen Streckenposten Hans Werner Böhnke, der kurz darauf seinen schweren Verletzungen erlag.

In den Folgejahren wurde die Avus weiter ausgebaut. Leitplanken und Fangzäune sollten den Stadtkurs sicherer machen. Ab 1992 war die Strecke so kurz wie nie in ihrer Geschichte. Nur noch 2,64 Kilometer betrug die Distanz. Eine Runde führte von der Haupttribüne zur Südkehre – nunmehr eine Lücke in den Mittelleitplanken – und auf der Gegengeraden durch eine Bremsschikane zurück über die flache Nordkurve wieder zu Start und Ziel.

Sportlich wurde das Programm in den letzten Jahren von den Läufen der Deutschen Tourenwagen-Meisterschaft bestimmt. Die Wettbewerbe boten den Zuschauern spannende Rennen, aber ebenso spektakuläre Unfälle. Am ersten Mai-Wochenende 1995 führte eine Massenkarambolage von zwölf Fahrzeugen zum Rennabbruch. Zum Glück wurde dabei niemand verletzt.

Doch im Herbst desselben Jahres forderte ein Rennen um den Super-Tourenwagen-Cup das letzte Todesopfer. Am 10. September 1995 verunglückte der Brite Kieth Odor auf der Avus schwer. Sechs Runden vor Schluss brach der Nissan des 33-Jährigen in einer Kurve plötzlich aus, prallte gegen die Leitplanke und zurück auf die Strecke. Zwei nachfolgende Fahrer konnten noch ausweichen, ein dritter krachte mit Tempo 220 in die rechte Seite des Nissan. Genau da saß Odor. Er erlitt bei dem Aufprall schwere Kopfverletzungen, mehrere

Knochenbrüche und diverse Schnittwunden an den Beinen. In der folgenden Nacht erlag er im Klinikum Steglitz seinen Gehirnblutungen.

Bei Verletzungen des Schädelinhalts handelt es sich vorwiegend um Blutungen. Folgt man den anatomischen Gegebenheiten, lassen sich die *Schädelinnenblutungen* nach ihrer Lokalisation einteilen.

Im Bereich der Hirnhäute können Blutansammlungen zwischen Schädeldach und harter Hirnhaut (epidurales Hämatom), zwischen harter und weicher Hirnhaut (subdurales Hämatom) und innerhalb der weichen Hirnhaut (Subarachnoidalblutung) auftreten. Am Gehirn selbst sind Blutungen in der Hirnrinde und in den zentralen Gewebsanteilen sowie in das Hirnkammersystem möglich.

Eine schwere Gewalteinwirkung gegen den Kopf verursacht nicht selten kombinierte Blutungen. Über einem Hirnprellungsherd kann begleitend ein subdurales Hämatom auftreten. Die Blutungsquellen sind vielfältig. Es können Blutgefäße im Bereich der Hirngewebszerstörung, abgerissene Verbindungsvenen zwischen harter und weicher Hirnhaut, verletzte Blutgefäße in der weichen Hirnhaut oder eröffnete Hirnblutleiter sein. Jede größere Rindenprellung lässt Blut zumindest in den Subarachnoidalraum gelangen.

Gewaltbedingte Blutungen kommen weiterhin im Hirnstamm vor. Solche zentralen Hirnblutungen sind nicht zwangsläufig mit dem Auftreten von Rindenprellungsherden verbunden. Im Gegensatz zu dieser direkten Hirnschädigung können sich Blutungen in der weißen Hirnsubstanz nach nicht sofort tödlichem Schädel-Hirn-Trauma sekundär infolge massiver Hirndrucksteigerung herausbilden.

Nach dem Tod des Briten entschloss man sich noch einmal zum Umbau der Avus. Es sollte der letzte werden. Durch eine weitere Schikane wurden die Fahrer genau an der Stelle zum Bremsen gezwungen, wo der Brite verunglückte. Das Aus für die Rennstrecke im Grunewald kam vier Jahre später. Mit dem großen Avus-Finale am 1. Mai 1999 verabschiedeten sich Fahrer und Zuschauer von dem legendären Stadtkurs. Der neu erbaute Lausitzring trat die Nachfolge an.

Was bleibt, sind die Erinnerungen an dramatische Rennen und viele Rekorde. Und das Gedenken an die Opfer. In den 78 Jahren Avus-Rennsport kamen fünf Fahrer, vier Streckenposten und drei Motorradfahrer ums Leben. Das ist die schwarze Schlussbilanz der Rennstrecke.

Heute ist die Avus ein viel befahrener Autobahnzubringer und Berlins wichtigste Ausfallstraße nach Südwesten mit Tempo 80 bis 100. Aber das wird von manchen Benutzern nicht respektiert. Wie viele Personen, die keine Rennfahrer waren, auf der Avus ihr Leben ließen, hat niemand gezählt. Jeden Tag gefährden Möchtegern-Rennfahrer weiterhin auf diesem Straßenabschnitt sich und ihre Mitmenschen.

Dampfer torpediert Fähre

Wannsee, 1921
Am 30. Oktober 1921, pünktlich um 19 Uhr, legte die Fähre Storkow von der Anlegestelle Kladow ab. Es war ihre letzte fahrplanmäßige Tour über den Wannsee an diesem Sonntagabend. An Bord befanden sich etwa 65 Passagiere. Viele von ihnen hatten sich wegen des herbstlichen Wetters in die Kajüte am Heck verkrochen.

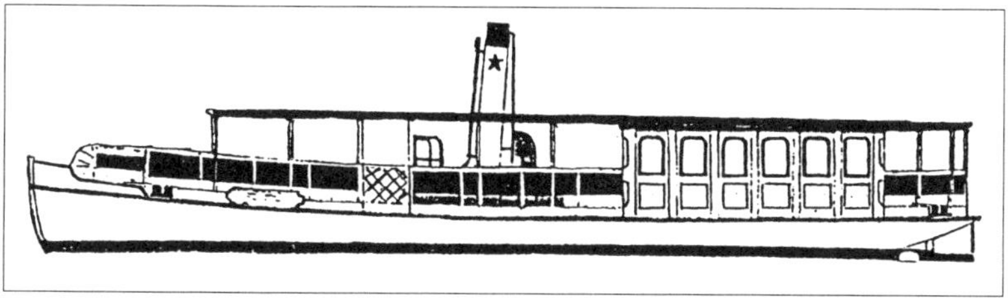

Unglücksdampfer Storkow, gesunken im Wannsee 1921

Die Leute nutzten gern die bequeme Verbindung, um von einem Ufer der Havel auf das andere zu gelangen. Die Route führte über den Großen Wannsee, der von einer 2,74 Quadratkilometer großen Havelbucht gebildet wird. Seit 1892 waren die Berliner Ortsteile Kladow und Wannsee durch diese Fährlinie miteinander verbunden. Im Herbst 1921 pendelte zwischen den beiden Stationen die Storkow, ein kleiner Dampfer, der von der Stern-Gesellschaft betrieben wurde. Route und Fahrzeiten waren allen Schiffern, die den Großen Wannsee befuhren, bekannt.

Aus der Gegenrichtung dampft zu dieser Abendstunde die Kaiser Wilhelm über die Havel. Das Ausflugsschiff gehört ebenfalls der Stern-Gesellschaft. Es hat nach einer ganztägigen Havelrundfahrt gegen 17.30 Uhr an der Anlegestelle Wannsee festgemacht. Alle Passagiere sind dort von Bord gegangen. Gegen 19 Uhr macht sich der

Doppelschraubendampfer auf die Rückfahrt zu seinem Liegeplatz in Potsdam. Es herrscht keine Spur von Herbstnebel, nur durch die fortschreitende Dämmerung wird das Navigieren etwas beeinträchtigt.

Etwa 15 Minuten später haben die beiden Stern-Dampfer Sichtkontakt. Sie befinden sich nun auf halber Strecke zwischen Schwanenwerder und Haveleck. Was dann geschah, schilderte ein Passagier der Storkow: »Ich stand mittschiffs Backbord neben dem Steuermann und konnte daher genau die Bewegung des auf uns zukommenden Dampfers verfolgen, der in linksseitiger Richtung in einer Entfernung von vielleicht 50 Metern an uns vorbeiwollte. Der Dampfer, auf dem ich mich befand, fuhr den richtigen Kurs, als plötzlich die ›Storkow‹ zweimal hintereinander die Dampfpfeife ertönen ließ. ›Kaiser Wilhelm‹ antwortete nicht. Ich sprang vor und sah, daß der andere Dampfer direkten Kurs auf uns nahm. Er war inzwischen auf dreißig Meter an uns herangekommen, riß im selben Augenblick das Schiffsbackbord herum und rammte mit großer Kraft den Dampfer ›Storkow‹ mittschiffs. Ich befand mich in diesem Augenblick einen Meter von der Rammstelle entfernt, geriet durch den furchtbaren Zusammenstoß unter die Seitenbänke und bekam den ausströmenden Dampf in das Gesicht. Für Sekunden war mir die Beobachtung der Vorgänge unmöglich. Als ich wieder zu mir kam, sah ich, daß der Steven des großen Dampfers einen Meter tief in die ›Storkow‹ eingedrungen war.«

Nach dem Zusammenstoß herrscht Panik an Bord. Verzweifelt versuchen die Fahrgäste, aus der Kajüte ins Freie zu gelangen. Einige, die sich auf dem Hauptdeck aufgehalten haben, sind durch die Wucht des Anpralls über Bord geschleudert worden. Andere versuchen, sich durch einen Sprung auf die Kaiser Wilhelm zu retten. Auch dabei stürzen manche ins Wasser. Innerhalb weniger Minuten versinkt der gerammte Fährdampfer. Viele Passagiere werden dabei mit in die Tiefe gerissen. Nur wenigen von ihnen gelingt es, wieder aufzutauchen. Die meisten sterben durch *Ertrinken* im kalten Wasser des Wannsees.

Das typische Ertrinken verläuft in mehreren Phasen und dauert etwa drei bis fünf Minuten. Die Zeitspanne verlängert sich, wenn der Ertrinkende zwischendurch Gelegenheit hat, Luft einzuatmen. Ein Mensch, der überraschend und gegen seinen Willen durch einen Unfall in das Wasser gerät, versucht im letzten Moment noch tief Luft zu holen und hält mit aller Kraft den

Atem an, um das Eindringen von Wasser zu verhindern. Je nach Trainingszustand kann die Zeit dieser Verzögerung 30 Sekunden bis einige Minuten betragen.

Infolge Anreicherung des Blutes mit Kohlendioxid wird dabei das Atemzentrum im Zentralnervensystem gereizt, so dass die Atmung zwanghaft wieder einsetzt. Liegen Mund und Nase unter der Wasseroberfläche, beginnt die Einatmung von Wasser.

Das Wasser, das in den Kehlkopf eindringt, wirkt auf die Schleimhaut ein und verursacht dadurch einen Hustenreiz. Der Husten und die weitere Einatmung von Wasser führen zu starker Atemnot.

Bedingt durch den zunehmenden Sauerstoffmangel im Gehirn, verliert der Ertrinkende das Bewusstsein. Mit dem Einsetzen der Bewusstlosigkeit endet der Husten und das Wasser dringt tiefer in die Atemwege vor.

Bald darauf treten Erstickungskrämpfe auf, die noch mit einigen schwachen Atembewegungen verbunden sind. Nach einer kurzen Atempause folgt die so genannte Schnappatmung, ein krampfhaftes Schnappen nach Luft. Dann kommt die Atmung zum Stillstand und der Tod tritt ein.

Suche im Sturm

Anwohner und Angehörige eines nahen Jachtklubs vernahmen an jenem Oktoberabend des Jahres 1921, als die Fähre Storkow im Wannsee unterging, die lautstarken Notsignale der Kaiser Wilhelm. Wer konnte, fuhr sofort mit dem Motorboot zur Unglücksstelle. Starke Dunkelheit und das schlechte Wetter behinderten die Rettungsversuche. Dennoch konnten die Helfer 16 Verunglückte aus dem Wasser bergen, die meisten hatten sich an Schiffstrümmer geklammert.

Die Rettungs- und Bergungsarbeiten wurden die ganze Nacht über fortgesetzt. Unter Anleitung der Kriminalpolizei beteiligten sich daran Beamte der Schutzpolizei und viele Privatpersonen. Von Motorbooten aus wurde die Unglücksstelle noch einmal systematisch abgesucht. Dabei konnten weitere fünf Überlebende aus dem Wasser geholt werden.

Am nächsten Morgen zählte man 30 gerettete Personen, die sich bei der Polizei gemeldet hatten. Zwölf bis 15 Passagiere galten als vermisst, aber erst ein Todesopfer war geborgen worden. Am Ufer gegenüber der Unglücksstelle herrschte schon großer Auflauf. Mit den ersten Frühzügen hatten sich viele Angehörige und noch mehr Neugierige auf den Weg zum Haveleck gemacht. Sie verfolgten gespannt, was sich auf dem Wasser abspielte. Weder der strömende Regen und der kalte, stürmische Wind noch die Polizei konnten sie davon abhalten. Das Wrack lag etwa 350 Meter vom Ufer entfernt in einer Tiefe von knapp 10 Metern. Die Stelle wurde mit zwei roten Fähnchen auf Bojen gekennzeichnet.

Die Ermittlungen zur Aufklärung der Schiffskollision nahmen die Kriminalkommissare Friedrich Hermann und Georg Heßler vom Polizeiamt Zehlendorf auf. Zur Untersuchungskommission gehörten auch Vertreter der Staatsanwaltschaft, des Reichswasserschutzes (vergleichbar der heutigen Wasserschutzpolizei), des Wasserbauamtes und der Stern-Dampfergesellschaft. Der Reichswasserschutz richtete einen Beobachtungsdienst ein, um auf dem See treibende Leichen ausfindig zu machen und bergen zu können. Zahlreiche Beamte der Schutzpolizei durchkämmten das Havelufer, vor allem den Schilfgürtel. Doch bis Montagabend wurden nur zwei Todesopfer gefunden. Die Mehrzahl der Leichen schien in der Kajüte der gesunkenen Fähre eingeschlossen.

Die geborgenen Toten brachte man unterdessen mit einem Auto zum Kaiserpavillon am Bahnhof Wannsee. Dort sollten alle Verstorbenen vorläufig untergestellt werden. Keines der namentlich bekannten Opfer ist in den Archivbüchern des Instituts für Rechtsmedizin der Charité verzeichnet. Anzunehmen ist, dass der zuständige Gerichtsarzt Professor Dr. Paul Fraenckel die Untersuchung der Leichen nicht in der Hannoverschen Straße, sondern gleich an Ort und Stelle vorgenommen hat.

Die gerichtsärztliche Zuständigkeit ergab sich aus der damaligen Verwaltungsgliederung. Der Vorort Zehlendorf gehörte seit reichlich einem Jahr zur Hauptstadt. Seit dem 1. Oktober 1920 war das Gesetz über die neue Stadtgemeinde Berlin in Kraft. Das alte Zehlendorf bildete fortan den Kern des gleichnamigen Verwaltungsbezirks. Auch die Gerichtsarztbezirke in Groß-Berlin wurden neu geordnet. Zusammen mit Schöneberg, Steglitz und Tempelhof gehörte Zehlendorf zum Bezirk Berlin VI. Zuständig für den Südwesten der Stadt war ebenjener Professor Fraenckel, ein langjähriger Mitarbeiter der Praktischen Unterrichtsanstalt für Staatsarzneikunde der Universität Berlin in der Hannoverschen Straße.

Am Dienstag, dem zweiten Tag nach der Schiffskollision auf dem Wannsee, regnete es unaufhörlich. Ein stürmischer Wind trieb starke Wellen über den Wannsee. Im Laufe des Vormittags trafen aus Potsdam zwei Stern-Dampfer, zwei Prahme und mehrere Motorboote ein. Einer der Dampfer ankerte so, dass er sich direkt über dem Wrack befand. Ein Taucher stieg in das kalte Wasser. Schon nach wenigen Minuten riss er zum ersten Mal an der Sicherheitsleine – das Zeichen zum Hochziehen. An einem Tau wurde die Leiche einer jungen Frau aus dem Wasser geborgen. Kurze Zeit später folgte eine zweite Ertrunkene.

Dann kam der Taucher wieder herauf. Er berichtete, dass er sich noch keinen Zugang zur Kajüte verschaffen konnte. Beim zweiten Tauchgang nahm er ein Brecheisen mit in die Tiefe. Damit gelang es ihm, das Holz aufzubrechen. Bald darauf gab er wieder das Zeichen zum Hochziehen. Zum dritten Mal an diesem Tag wurde eine Frauenleiche an die Wasseroberfläche gehoben. Nun aber setzte ein solcher Sturm ein, dass die Schiffe nicht mehr an der Unglücksstelle gehalten werden konnten. Um den Taucher nicht zu gefährden, mussten die Bergungsarbeiten unterbrochen werden.

Am dritten Tag regnete es nicht mehr, aber der Sturm hatte sich noch verstärkt. Durch den lang anhaltenden, kräftigen Westwind waren die Schiffe weit abgetrieben und konnten nur mit Hilfe eines anderen Dampfers wieder zur Unfallstelle bugsiert werden. Dort wurden sie neu verankert. Erst gegen 12 Uhr gelang es, den Arbeitsdampfer so weit festzulegen, dass er endlich zur Ruhe kam.

Danach nahm der Taucher seine Arbeit wieder auf. An diesem Tag war die Strömung in der Tiefe stärker als zuvor. Zwar stand die gesunkene Storkow aufrecht auf ihrem Kiel und war nicht – wie angenommen – in zwei Teile auseinandergebrochen. Aber der schlammige Grund unter dem Wrack erschwerte das Arbeiten zusätzlich. Leicht hätte der Taucher in dem einen Meter dicken Schlick versinken können.

Beim zweiten Versuch schaffte er es dennoch, alle Räume des Wracks systematisch zu durchsuchen. Weder in der Kajüte noch im übrigen Schiffskörper konnte er weitere Leichen entdecken. Offensichtlich hatte die starke Strömung die Ertrunkenen aus dem Innenraum herausgespült.

Vom vierten Suchtag an wurde das Wetter besser. Auf dem ruhigen Wasser konnten die Hebekräne längsseits der Unglücksstelle gebracht werden. Drei volle Tage brauchte man, um das Heben der Fähre vorzubereiten. Dazu musste der Schiffsrumpf mit sechs Ketten unterfangen werden. Diese Arbeit wurde für den Taucher von Mal zu Mal schwieriger, da das Wrack immer tiefer in den Seegrund sank. Erst am Sonnabend war es soweit. Die Bergung des untergegangenen Schiffes begann. Zunächst wurde der Dampfer aus dem Schlick gelöst. Am Sonntag endlich, eine Woche nach dem Zusammenstoß mit der Kaiser Wilhelm, konnte die Storkow mit Hilfe der beiden Prahme gehoben werden.

Was folgte, war untersuchungstechnische Routine. Im Auftrag der Staatsanwaltschaft wurden Fotoaufnahmen vom Wrack gefertigt, speziell von der Lage des Ruders, von den zertrümmerten Deckaufbauten und von dem Leck im Rumpf. Es befand sich backbord fünf Meter vom Bug entfernt. Wie das keilförmige, etwa 50 Zentimeter breite Leck erkennen ließ, war der Zusammenstoß etwa in einem Winkel von 45 Grad erfolgt.

Da wegen des böigen Windes ein längeres Halten des Wracks unmöglich war, schleppten die Prahme den Dampfer zur Potsdamer Werft der Stern-Gesellschaft. Dort nahmen Sachverständige eine genaue Untersuchung der Unglücksfähre vor.

Eile mit den Wasserleichen

Die ganze Woche über, während die Bergungsarbeiten liefen, hatte man weiter nach Vermissten gesucht. Bis zum Wochenende waren zahlreiche Angehörige von Reichswasserschutz und Schutzpolizei am Haveleck eingesetzt. Auch der Potsdamer Jachtklub beteiligte sich.

Fünf Tage nach dem Unglück wandte sich das Berliner Polizeipräsidium mit einem Aufruf an die Überlebenden: »Um ein einwandfreies, klares Bild von der Anzahl der Toten zu erhalten, ist es erforderlich, daß sämtliche Personen, die sich auf dem ›Storkow‹ befunden haben und gerettet worden sind, sich unverzüglich telephonisch oder persönlich beim Kriminalkommissar Hermann, Polizeiamt Zehlendorf, melden.« Insgeheim bestand wohl auch die Hoffnung, dass es Überlebende gab, von denen die Behörden nichts wussten. Denn eine Fähre führt keine Passagierlisten, nur der Betreiber kann anhand der ausgegebenen Fahrscheine Auskunft über die Anzahl der beförderten Personen geben.

Immerhin gewannen die Behörden bis zum Wochenende Klarheit, dass noch neun Personen fehlten. Als dann das Wrack gehoben worden war, wurden weitere Leichen entdeckt. Vier fand man im Laufe des Sonnabends, eine weitere am Sonntag. Damit waren insgesamt zehn Todesopfer aus dem Wannsee geborgen. Vier Passagiere blieben vermisst.

Um auch die letzten vier Opfer zu finden, beauftragte der Bruder eines vermissten Fabrikanten den Oberfischmeister aus Potsdam mit der Suche. Mit Suchleinen gelang es dem Mann und seinen beiden Gehilfen tatsächlich, noch Wasserleichen aufzufinden. Am 8. November zwei, am folgenden Tag eine weitere. Schließlich wurde die amtliche und auch die private Suche eingestellt. Das vierzehnte Opfer, eine junge Frau aus Schöneberg, blieb unauffindbar.

Die Körper der zuletzt Geborgenen zeigten bereits deutliche *Leichenveränderungen* infolge der längeren Liegezeit im Wasser.

Bedingt durch den langen Aufenthalt im Wasser, treten Leichenveränderungen auf, die unabhängig von der Todesursache zustande kommen. Entscheidend für das Fortschreiten ist die Wassertemperatur. Außerdem haben Verunreinigungen, vor allem der Bakteriengehalt, und die Bewegung des Wassers einen Einfluss. Kriminalistisch bedeutsam sind die Leichenveränderungen deshalb, weil sich davon gewisse Rückschlüsse auf die Liegezeit im Wasser ableiten lassen.

Bereits nach kurzer Zeit bildet sich die so genannte Waschhaut mit Quellung und Runzelung der Oberhaut. Die Veränderungen beginnen nach etwa drei Stunden an den Fingerkuppen und an den Zehenspitzen. Nach etwa sechs Stunden erfassen sie auch die Hohlhand und die Fußsohle. Die Haut wirkt ausgelaugt und blass. Schließlich löst sich am ganzen Körper die Oberhaut in Fetzen von der Lederhaut ab. Nach drei bis sechs Wochen kann an Händen und Füßen die Haut mit Nägeln handschuh- bzw. sockenartig abgezogen werden. Die Kopfhaare lassen sich ebenfalls leicht herausziehen.

Zur Identifizierung von Wasserleichen können Fingerabdrücke auch an waschhautveränderten Fingern abgenommen werden. Das gelingt selbst dann, wenn sich die Waschhaut bereits vollständig abgelöst hat.

Neben der Leichenfäulnis beginnt nach einigen Tagen ein Algenbewuchs des Körpers. Nach wenigen Wochen kann an Wasserleichen auch Fettwachs auftreten. Es bildet sich durch Umwandlung des Fettgewebes in eine grauweiße, körnige, zuerst feucht-pastenartige, später trocken-mörtelartige Masse mit ranzig-erdigem Geruch. Das Fettwachs entsteht durch hydrolytische Spaltung des Körperfetts in Glycerol und Fettsäuren und anschließende Härtung der Fettsäuren durch Hydrierung.

Nach der Bergung einer Leiche aus dem Wasser schreitet die Fäulnis rasch voran. Innerhalb nur weniger Stunden kann eine zunächst noch gut erhaltene Leiche hochgradige Fäulniserscheinungen mit monströser Auftreibung des Körpers zeigen. Deshalb müssen Identifizierungsmaßnahmen und Leichenöffnung möglichst bald vorgenommen werden.

Feuchtfröhliches Treiben an Bord

Auf die juristische Bewertung des Unfallhergangs und der Schuldfrage hatte die Arbeit der Gerichtsmediziner nach dem Wannsee-Unglück keinen Einfluss. Das war Angelegenheit der kriminalpolizeilichen Ermittlungen.

Gleich am Folgetag waren Wilhelm Nichelmann, der Kapitän der Kaiser Wilhelm, und sein Steuermann Wilhelm Goldmann festgenommen worden. Ihnen wurde vorgeworfen, den Zusammenstoß verursacht zu haben. Das Ausflugsschiff sei am Abend des Unglückstages nicht auf dem vorgeschriebenen Kurs gefahren, sondern zu früh aus dem Wannsee in Richtung Pfaueninsel abgebogen. So sei der Dampfer zu weit nach links geraten. Als die Storkow sich näherte, habe der Schiffsführer den nächsten Fehler gemacht. Statt nach rechts zu steuern, signalisierte er die Absicht, nach links auszuweichen. Das bedeutete, den Kurs der Fähre zu kreuzen. Zu dem Ausweichmanöver kam es aber nicht mehr, weil offensichtlich auch die Entfernung des entgegenkommenden Schiffes falsch eingeschätzt worden war.

Die beiden Beschuldigten wurden nach drei Tagen aus der Haft entlassen. Doch die polizeilichen Vernehmungen gingen weiter. Beide Schiffsführer konnten keine plausiblen Gründe für das Steuermanöver kurz vor der Kollision angeben. Nichelmann, der zu dieser Zeit das Schiff geführt hatte, räumte ein, dass er sich wahrscheinlich verschätzt und deshalb seinen Kurs zu früh geändert habe.

Von mehreren Zeugen wurde ausgesagt, Kapitän und Steuermann seien am Sonntagabend betrunken gewesen. Den ganzen Tag hätten die Passagiere auf dem Schiff »stark gezecht«. Schon in den Mittagsstunden sei Spaziergängern am Havelufer das laute Johlen und Singen an Bord aufgefallen. Wie aus der Tagesabrechnung ersichtlich war, hatte die Besatzung der Kaiser Wilhelm mitgetrunken. Die kriminalpolizeilichen Ermittlungen ergaben, dass »Goldmann vom ›Kaiser Wilhelm‹ vollständig betrunken war. Ob aber Nichelmann gleichfalls durch Genuß von Alkohol an der Ausübung seiner dienstlichen Pflichten verhindert war, steht noch nicht fest«.

Die Schilderungen von Zeugen über das feuchtfröhliche Treiben an Bord des Ausflugsdampfers veranlassten den Vorsitzenden des Potsdamer Jachtklubs, am 2. November 1921 eine Erklärung zu veröffentlichen. Darin heißt es: »Die ganze Fahrt verlief in lustiger Stimmung unter Absingung gemeinschaftlicher Lieder, ohne jemals die schicklichen Grenzen zu überschreiten. Von einer Bezechtheit der Fahrtteilnehmer kann keine Rede sein. Von Seiten des Klubs wurden dem Schiffspersonal einige Glas Bier, in der Hauptsache aber heißer Kaffee und Brote zur Verfügung gestellt. Einladungen des Schiffspersonals zum Genuß von Spirituosen wurden von den anwesenden Vorstandsmitgliedern verhindert. Bei der Ankunft in Wannsee, die bereits nachmittags halb sechs Uhr vor Dunkelwerden erfolgte, war die Führung des Dampfers einwandfrei.«

Einzelne Fahrgäste behaupteten nach dem Unglück, die Besatzung der Kaiser Wilhelm habe sich nicht an der Bergung der Schiffbrüchigen beteiligt. Zudem sei der Ausflugsdampfer völlig unzureichend mit Rettungsmitteln ausgerüstet gewesen. An Bord habe es nur zwei Rettungsringe gegeben, obwohl das Schiff rund 300 Passagiere befördern konnte. Es seien keine Signalraketen, Strickleitern, Notbeleuchtungen, Medikamente oder warme Decken auf dem Schiff vorhanden gewesen.

Die Stern-Dampfergesellschaft wollte die Vorwürfe nicht auf sich sitzen lassen. Sie wandte sich an den Berliner Lokal-Anzeiger, der am 10. November 1921 folgende Erklärung abdruckte: »Die bisherigen Vernehmungen und Zeugenaussagen haben durchaus nicht ergeben, daß die Mannschaft angetrunken gewesen ist. Es ist nicht wahr, daß in unserer Gesellschaft schlechte Löhne gezahlt wurden. Unsere Leute wurden dem vom Reichsarbeitsminister für allgemein verbindlich erklärten Tarifvertrag gemäß gelöhnt. Auch die Arbeitszeit ist zwischen unseren Leuten und uns geregelt. Die vorhandenen Rettungsmittel entsprechen der Polizeivorschrift.«

Die Alkohol-Frage konnte auch später nicht mit letzter Sicherheit geklärt werden. Denn die Untersuchungsmethoden zu diesem Punkt waren damals noch unvollkommen. Ob Kapitän und Steuermann unter dem Einfluss von Alkohol standen, hatten die Kriminalbeamten bei den ersten Vernehmungen am Sonntagabend vom Alkoholgeruch der Atemluft und von Verhaltensauffälligkeiten abzuleiten versucht.

Heute wäre es nach einem solchen Unfall selbstverständlich und durch die Strafprozessordnung auch rechtlich zulässig, den beiden verantwortlichen Schiffsführern eine Blutprobe zu entnehmen, um die Blutalkoholkonzentration zu bestimmen. Das aber war damals noch nicht ohne weiteres möglich. Erst 1922 wurde von dem schwedischen Mediziner Professor Dr. Erik M. P. Widmark eine praktikable Mikromethode zur Feststellung des Alkoholgehalts im Blut beschrieben. Heute erfordert die forensische Alkoholanalyse im Strafverfahren die Untersuchung von Blutproben mit zwei voneinander unabhängigen Bestimmungsmethoden bei vorgeschriebener minimaler Fehlerbreite, Qualitätskontrollen in Ringversuchen und Zertifizierung für diese Methoden.

Die Gerichtsverhandlung gegen Wilhelm Nichelmann vor der 1. Strafkammer des Potsdamer Landgerichts fand am 13. und 16. Mai 1922 statt. In der Beweisaufnahme wurde der Kapitän der Kaiser Wilhelm zuerst befragt. Der 28-Jährige bestritt erneut alle Vorwürfe. Insbesondere die Frage, ob er am Tag des Unglücks betrunken gewesen sei, verneinte er entschieden. Als unstrittig erwies sich dagegen, dass der Angeklagte nur eine oberflächliche Ausbildung in der Schiffsführung erhalten hatte und nicht im Besitz des vorgeschriebenen Erlaubnisscheins war. Daraufhin warf der Verteidiger ein, dass es der Stern-Gesellschaft seit 1902 widerruflich gestattet sei, auch Personen ohne Führerschein mit der Schiffsführung zu betrauen. Der Angeklagte erklärte, es sei am Abend des Unglückstages besonders dunkel gewesen. Von der entgegenkommenden Fähre habe er nur ein schwaches Licht bemerkt und den Dampfer für ein Ruder- oder Segelboot gehalten.

Vom Auftritt des Kapitäns der untergegangenen Storkow im Zeugenstand musste das Gericht zunächst befürchten, dass dieser von seinem Zeugnisverweigerungsrecht Gebrauch machen würde. Es handelte sich nämlich um den Bruder des Angeklagten. Doch auch

Gottlieb Nichelmann sagte aus. Er betonte, dass an diesem Abend eine ungewöhnlich starke Dunkelheit geherrscht habe. Offensichtlich wollte er seinen Bruder auch durch den Hinweis entlasten, dass die Sicht zusätzlich durch leichten Nebel beeinträchtigt gewesen sei. Andere Zeugen hatten am Abend des Unglücktages keinen Nebel über dem Wannsee wahrgenommen.

Der Staatsanwalt beantragte für den Angeklagten Nichelmann »wegen fahrlässiger Tötung unter Außerachtlassung seiner im Beruf erforderlichen Sorgfalt in Tateinheit mit fahrlässiger Versenkung eines Schiffes« drei Jahre und sechs Monate Gefängnis. Das Gericht folgte dem Antrag nicht. Es verurteilte den Angeklagten zu zwei Jahren Gefängnis.

Nachspiel mit Ganoven

Die gehobene Fähre wurde in der Werft der Stern-Gesellschaft repariert und befuhr ab 1922 unter dem Namen Köpenick wieder Berliner Gewässer. Nach dem Umbau zum Motorschiff im November 1935 hieß sie Nuthe, nach dem kleinen brandenburgischen Flüsschen, das einige Kilometer südlich der Unglücksstelle in die Havel mündet.

Bemerkenswert ist die Begleitkriminalität des Dampferunglücks auf dem Wannsee. Am Tag nach dem Schiffsuntergang veröffentlichten Berliner Tageszeitungen eine Namensliste vermisster Personen mit Wohnanschriften und das eine oder andere über die persönlichen Verhältnisse. Dieses Wissen nutzten Ganoven für ihre kriminellen Zwecke.

Am frühen Morgen des dritten Tages nach dem Unglück erhielt eine Bürgerin in Charlottenburg Besuch von einem Mann, der sich als Vertreter der Such- und Tauchkommission des Reichswasserschutzes vorstellte. Er bat die Frau, sich gleich zum Haveleck zu begeben. Dort sei eine wildlederne Tasche ihrer ertrunkenen Freundin mit wichtigen Papieren gefunden worden. Die Frau fuhr mit der S-Bahn nach Wannsee und dann weiter mit einer Droschke zur Unfallstelle. Am Haveleck angekommen, stellte sich heraus, dass nichts von der Mitteilung des seltsamen Gastes stimmte. Sie war einem Betrüger zum Opfer gefallen. Unverzüglich wurde eine polizeiliche Sicherung ihrer Wohnung angeordnet, durch die ein Einbruch verhindert werden konnte.

Ein ähnlicher Trick richtete sich gegen einen geretteten Fahrgast aus Steglitz. Der Überlebende hatte bei dem Schiffsuntergang seine Frau und seine Schwägerin verloren. Ein Anrufer behauptete, dass die Leiche seiner Ehefrau gefunden worden sei. Der Witwer solle sofort zum Haveleck kommen. Ohne zu zögern eilte er zur Unfallstelle und erlebte die gleiche böse Überraschung. Auch in seinem Fall wurde telefonisch angeordnet, die Wohnung polizeilich zu überwachen.

Eine Woche später wurden die Eltern der Kapitäne Wilhelm und Gottlieb Nichelmann von einem falschen Kriminalbeamten bestohlen. Im Elternhaus der Brüder in Schwina bei Lehnin erschien ein junger Mann und erklärte, eine Durchsuchung vornehmen zu müssen. Er ließ sich von der Mutter, die allein zu Hause war, den Schlüssel zu einer Kommode geben. Nachdem er das Möbelstück durchsucht hatte, verkündete er, den Schlüssel beim Ortsvorsteher abgeben zu müssen. Als die Eheleute am Abend den Kommodenschlüssel dort abholen wollten, stellte sich heraus, dass der angebliche Kriminalbeamte ein Dieb war. Aus der Kommode fehlten 2 000 Mark und vom Täter jede Spur.

Explosion auf der Spree

Treptow, 1951

In unmittelbarer Nähe des Treptower Hafens geschah vor mehr als fünfzig Jahren die schlimmste Katastrophe, die es in der Personenschifffahrt der DDR gegeben hat. Dabei kamen 30 Fahrgäste ums Leben. Die meisten waren Kinder.

Havel, Spree und Dahme bilden zusammen mit den Kanälen ein weitverzweigtes Netz von Wasserstraßen in und um Berlin. In der Innenstadt ist die Oberspree ein viel befahrener Flussabschnitt, auf dem täglich große Mengen von Gütern und einige tausend Personen befördert werden. Dort beginnen verschiedene Rundfahrten durch das Stadtgebiet und durch die reizvollen Seen der Umgebung. An der Jannowitzbrücke, am Schlesischen Tor oder im Treptower Hafen können die Fahrgäste an Bord gehen.

Wie vieles andere in Berlin war bei Kriegsende auch der Schiffsverkehr auf der Oberspree zum Erliegen gekommen. An zahlreichen Stellen versperrten Trümmer und Wracks den Flusslauf. Im Treptower Hafen lagen mehrere Schiffe auf Grund. Die Jannowitzbrücke war zerstört, an der Oberbaumbrücke war der mittlere Bogen gesprengt.

Bis zum Frühjahr 1946 hatte man die Kriegsfolgen so weit beseitigt, dass auf der Oberspree wieder Passagierschiffe fahren konnten. Allerdings wurde der Betrieb durch die Teilung der Stadt in vier Sektoren mit vier Besatzungsmächten erschwert. Zwischen der Schillingbrücke und der oberen Schleuse des Landwehrkanals bildete die Spree die Sektorengrenze zwischen Kreuzberg und Friedrichshain. Der Fluss gehörte in ganzer Breite zum Ostsektor, während sich die Kaianlage schon im westlichen Bezirk Kreuzberg befand. Dennoch legten in den fünfziger Jahren Schiffe einiger Reedereien aus Ostberlin auch am Gröbenufer an.

Die Fahrgastflotte dieser Zeit bestand ausschließlich aus immer wieder reparierten Veteranen. Einige davon stammten noch aus den 1890er Jahren. Vor dem Krieg waren viele dieser alten Kästen andernorts eingesetzt gewesen. Eine ganze Reihe der betagten Dampfer kam aus Stettin. Namen wie Pommern oder Lübzin verrieten die Herkunft. Daneben wurden auch ehemalige Schlepper und Privatjachten als Fahrgastschiffe genutzt.

Als 1949 in Berlin die Deutsche Schiffahrts- und Umschlagsbetriebszentrale (DSU) gegründet wurde, bildeten die notdürftig instand gesetzten Dampfer älterer Reedereien die Grundausstattung an Passagierschiffen. Bald nach ihrer Gründung begann die DSU mit dem Ankauf von Schiffen privater Unternehmen. Im Jahr 1954 verfügte sie über 31 Schiffe mit 5 100 Plätzen. Außerdem gab es damals noch 102 Schiffe privater Eigner mit 14 200 Plätzen.

Das Unglücksschiff Heimatland gehörte zum Bestand einer Privatreederei. Es war 1905 in Berlin-Rummelsburg auf der Werft Larsen & Hanne gebaut worden. Nach dem Zweiten Weltkrieg, im Jahr 1948, erfolgte ein Neuaufbau bei der Teltow-Werft. Im Oktober 1949 übernahm es ein Eigner namens Otto Kliche aus Potsdam-Babelsberg. Im Januar 1951 gelangte es in den Besitz des Berliner Reeders Erich Weise.

Angetrieben wurde die Heimatland von einem Dieselmotor, für den ursprünglich eine Leistung von 100 PS ausgewiesen war. Lautes

Rumpeln signalisierte dringende Reparaturbedürftigkeit. Die Maschine war schon ziemlich verschlissen. Ein Austauschmotor war jedoch nicht zu erhalten. Auch die Beschaffung von Ersatzteilen bereitete große Schwierigkeiten. Deshalb entschloss sich Weise zu einem Umbau. Er ließ die Dieselmaschine durch einen Benzinmotor ersetzen, Fachleuten zufolge »eine für den Schiffsbetrieb ungewöhnliche Lösung«.

Nach einer kurzen Probefahrt nahm der Reeder mit der umgerüsteten Heimatland den Fahrgastbetrieb wieder auf. Vom 1. bis zum 4. Juli 1951 schaffte er nur vier Fahrten. Sämtliche Ausflüge mussten wegen eines Motorschadens vorzeitig beendet werden. Die Passagiere konnten von Glück reden, wenn sie wieder an Land gesetzt wurden.

Schiffbrüchige Kinder

Der 5. Juli 1951 war für viele Kinder aus der 33. und der 34. Schule im Stadtbezirk Prenzlauer Berg ein Ferientag, auf den sie sich ganz besonders freuten. Das Wetter an diesem kühlen und regnerischen Donnerstag konnte ihre Vorfreude kaum trüben. Mit dem Schiff sollten sie zu den Ferienspielen nach Hessenwinkel am Dämeritzsee im äußersten Osten Berlins fahren. So wie viele Kinder von anderen Schulen mit anderen Schiffen auch.

Am Morgen fanden sich die Schüler vom Prenzlauer Berg am Gröbenufer nahe der Oberbaumbrücke ein. Um 9.35 Uhr legte die Heimatland ab, an Bord 127 Personen, größtenteils Schulkinder mit ihren Lehrern und Betreuern. Etwa zehn Minuten später machte das 46 Jahre alte Motorschiff noch einmal kurz im Treptower Hafen fest. Dann ging die Fahrt weiter stromauf.

Was wenig später geschah, beobachtete der Augenzeuge Bernhard Langwaldt aus unmittelbarer Nähe: »Ich war damals Schiffsführer auf MS ›Elfriede‹. Bei einer Ferienkinderaktion habe ich 130 Schüler an der Jannowitzbrücke an Bord genommen. Wir fuhren Richtung Müggelsee, dort fand eine internationale Jugendbegegnung statt. Als ich in Treptow ankam, legte vor mir die ›Heimatland‹ ab. Plötzlich sah ich im Steuerstand eine Stichflamme hochschießen, das Schiff brannte.«

Das geschah gegen 9.50 Uhr. Die Heimatland befand sich zu diesem Zeitpunkt rund 300 Meter oberhalb der Treptower Eisenbahnbrücke. Eine gewaltige Explosion erschütterte das Schiff. Die Kinder, die am Heck saßen, wurden ins Wasser geschleudert, andere liefen schreiend auf dem brennenden Oberdeck umher. Bei einigen brannte die Bekleidung. Nur wenige wagten, ins Wasser zu springen.

Der Kapitän musste untätig zusehen. Da der Brand im Heck entstanden war, fiel die Ruderanlage aus. Das Schiff trieb manövrierunfähig und in dichte Qualmwolken gehüllt auf der Spree. So konnte Weise die Passagiere, die Verbrennungen und *Explosionsverletzungen* erlitten hatten, nicht an Land bringen.

Bei Explosionen entstehen oft schwere Verletzungen. Die zerstörende Wirkung geht von der Druckwelle aus, die sich kugelförmig ausbreitet, wobei abwechselnd Über- und Unterdruck auftreten. Chemisch handelt es sich um schnelle exotherme Reaktionen, so dass auch erhebliche Wärmemengen freigesetzt werden. Explosionsfähig sind feste, flüssige und gasförmige Stoffe. Auf dem Unglücksschiff Heimatland war es ein Benzin-Luft-Gemisch. Die Zündquelle für solche explosiblen Dämpfe können Flammen oder Funken sein.

Die Luftdruckwellen bei einer Explosion wirken auf den Körper wie ein stumpfes Gewaltmittel. Es kann zu Rippenbrüchen und zur Zerreißung von inneren Organen kommen. Bei schweren Explosionen tritt der Tod häufig durch Lungenrupturen ein. In den Atemwegen sammelt sich schaumiges Blut, das oft auch aus Mund und Nasenöffnungen herausquillt. Mikroskopisch finden sich neben Gewebszerreißungen und Blutungen auch Luftbläschen in den kleinen Schlagaderästen (arterielle Luftembolie). Mitunter lassen sich außerdem Gasbläschen in den Herzkranzgefäßen und in den Schlagadern des Gehirns feststellen.

Weitere Verletzungen entstehen durch herumfliegende Splitter und Trümmer. Der Schädigungsgrad hängt vom Ausmaß der Explosion ab. Es können Körperteile abgerissen, fortgeschleudert oder völlig zerstört werden. Als Todesursachen kommen das Verbluten und die Zerreißung oder Zertrümmerung lebenswichtiger Organe in Betracht.

In nächster Nähe des Explosionsortes sind außerdem Brandverletzungen möglich. Sie entstehen primär durch die freigesetzte Explosionswärme. Kommt es nachfolgend zu einem Brand, kann der Körper auch dadurch schwer geschädigt werden.

Die Lehrer und Betreuer auf dem Spree-Schiff bemühten sich verzweifelt um die Rettung ihrer Schützlinge. Inge Zerwacki, die Leiterin des Transports, holte die Kinder aus der verqualmten Kabine zum Vorderdeck. Dort gab sie denen, die schwimmen konnten, Anweisung, vom Schiff zu springen. Sie selbst stürzte sich hinterher. Im Wasser half sie den Kindern, in die Rettungsboote zu steigen.

Der Lehrer Wolfram Gillhausen, der im Krieg ein Bein verloren hatte, kämpfte sich durch die starken Flammen zum Bug des Schiffes. Dort befreite er einige Kinder, nachdem er die verklemmte Mitteltür zertrümmert hatte. Gillhausen verließ als Letzter das Schiff. Mehrmals schwamm er zwischen Ufer und brennendem Wrack hin und her, um Kinder in Sicherheit zu bringen.

Nahe der Unglücksstelle waren zum Zeitpunkt der Explosion Arbeiter damit beschäftigt, eine Notbrücke über die Spree zu bauen. Sie verließen sofort die Baustelle, um den Verunglückten zu helfen. Mit Rettungsringen und kleinen Booten konnten sie viele Opfer bergen.

Auch Kapitän Langwaldt beteiligte sich mit seinem Motorschiff Elfriede an der Rettungsaktion. Er setzte sich über die Anweisung hinweg, dass sich Schiffe, die Fahrgäste befördern, niemals einem brennenden Schiff nähern sollten. »Mir war das egal. Ich sagte meinen Passagieren, daß sie sich ruhig verhalten und sitzen bleiben sollen. Irgendwie ist es den mitfahrenden Lehrern auch tatsächlich gelungen, die Schüler ruhig auf ihren Plätzen zu halten. Wir kamen ziemlich nah an die ›Heimatland‹ heran. Die Lehrer und Betreuer konnten viele Kinder auf mein Schiff holen. Das war alles sehr schwierig. Ich mußte gut auf die ›Elfriede‹ aufpassen, denn plötzlich hatte ich ja über 200 Passagiere an Bord.« Langwaldt rettete mit seinem Schiff fast 50 Kinder. Aber er musste mit ansehen, wie eine Lehrerin mit mehreren Kindern von dem brennenden Schiff ins Wasser sprang. »Wir versuchten, sie zu retten, aber ich kam nicht schnell genug an sie heran – sie sind ertrunken.«

Auf der Straße organisierte der 72-jährige Paul Salzmann, Lagerverwalter im Volkseigenen Betrieb Bau, die Rettungsaktion. Er hielt Kraftfahrzeuge und Straßenbahnen an. Alle, die schwimmen konnten, schickte er zur Unglücksstelle. Mutige Passanten sprangen vom Ufer aus ins Wasser und schwammen auf das brennende Schiff zu. Salzmann sorgte an Land für den Abtransport geretteter Kinder. Die Schwerverletzten wurden in drei Krankenhäuser der umliegenden

Stadtbezirke eingeliefert. Sie kamen nach Lichtenberg, Friedrichshain und Köpenick. In der Betriebspoliklinik der nahe gelegenen Elektro-Apparate-Werke Treptow wurden etwa 20 Verletzte versorgt. Sie konnten alle im Laufe des Tages nach Hause entlassen werden.

Um unverletzt gebliebene Kinder kümmerten sich Anwohner aus der Umgebung. Das Altersheim in der Rudolfstraße nahm vorübergehend 28 Unglücksopfer auf. Später wurden die Kinder mit Kraftfahrzeugen zu ihren Eltern gebracht.

Trotz der tapferen Helfer konnten nicht alle Schiffbrüchigen gerettet werden. Zunächst waren 24 Todesopfer geborgen worden. Bei der weiteren Suche mit Booten und Tauchern wurden in den Abendstunden noch zwei getötete Kinder gefunden. Erst Tage später konnten noch ein toter Junge im Osthafen und ein anderer weiter stromabwärts geborgen werden.

Die Leichen überführte man in das Institut für Gerichtliche Medizin der Charité. Im Archivbuch ist in 26 Fällen als Todesursache Ertrinken angegeben, bei den übrigen zwei Verbrennung.

Je nach Ablauf unterscheidet man *typisches und atypisches Ertrinken*. Beide Formen können bei dem Schiffsunglück auf der Oberspree vorgekommen sein. Einige Kinder konnten nicht schwimmen, andere sind verletzt ins Wasser gefallen. Nicht alle haben es geschafft, sich an Wrackteile zu klammern, bis Hilfe kam.

Das typische Ertrinken ist gekennzeichnet durch einen Kampf gegen das Untersinken. Ein Nichtschwimmer versucht im Wasser mit aller Kraft, an der Oberfläche zu bleiben. Er strampelt und schlägt um sich, klammert sich an alles, was er erreichen kann. Verlassen ihn die Kräfte, geht er unter. Der Ertrinkende kann es schaffen, noch einmal oder mehrmals wieder aufzutauchen. Dabei werden die Abwehrbewegungen immer schwächer. Schließlich versinkt er endgültig im Wasser.

Anders verläuft das atypische Ertrinken. Gerät jemand bewusstlos ins Wasser, versinkt er sofort. Dadurch kommt es zu einer kontinuierlichen Wassereinatmung. Die Luftwege füllen sich rasch mit Flüssigkeit. Der Ertrinkungstod tritt nach wenigen Minuten ein. Die Bewusstlosigkeit kann durch äußere Einwirkungen verursacht sein. Insbesondere die Kinder, die am Heck des verunglückten Schiffes saßen, hat die ganze Wucht der Explosion getroffen. Dadurch kann manch ein Kind das Bewusstsein verloren haben. Es wurde in verletztem Zustand ins Wasser geschleudert und ertrank.

Von den lebend geborgenen Opfern erlag noch am Unglückstag ein sechsjähriger Junge im Oskar-Ziethen-Krankenhaus seinen schweren Brandverletzungen. Zwölf Tage nach der Schiffskatastrophe verstarb ein Elfjähriger im Krankenhaus Friedrichshain ebenfalls an seinen Verbrennungen.

Für die Eltern betroffener Kinder wurde im Bezirksschulamt Prenzlauer Berg ein Sonderbüro eingerichtet, an das sie sich mit ihren Fragen wenden konnten. Der Magistrat stellte 100 000 DM bereit, um die soziale Notlage der Familien zu lindern. Die Eltern sollten nicht auf Sammlungen oder Spenden angewiesen sein. Auch den unverletzt gebliebenen Kindern wurde soziale und gesundheitliche Betreuung zugesichert.

Streit um die Schuldfrage

Die Rettungsmaßnahmen und die Schuldfrage wurden in Ost und West unterschiedlich dargestellt. Beide Seiten erhoben schwere Vorwürfe gegeneinander. So geriet der Tod von 30 Menschen zwischen die Fronten des Kalten Krieges.

Das Amt für Information beim Magistrat von Ostberlin veröffentlichte am Tag nach der Schiffskatastrophe auf der Oberspree eine umfangreiche Erklärung. Darin heißt es: »Trotz der sofort mit allen zur Verfügung stehenden Kräften eingesetzten Rettungsmaßnahmen konnte nicht verhindert werden, daß 25 Kinder und Erwachsene tödliche Brandverletzungen erlitten oder ertranken und eine weitere Anzahl schwere und leichte Verletzungen davontrug. Die Verletzten, die sofort in das nächstgelegene Krankenhaus gebracht wurden, befinden sich mit ganz geringen Ausnahmen außer Lebensgefahr. Die Rettungsmaßnahmen wurden durch Boote der Wasserschutzpolizei, der Feuerwehr und die Besatzungen der Dampfer ›Elfriede‹ und ›Edelweiß‹ unter aktiver Mithilfe der Bevölkerung durchgeführt. Der schnellstmögliche Einsatz der Rettungswagen wurde allerdings dadurch erschwert, daß infolge der bestehenden rigorosen Maßnahmen der Stumm-Polizei [Bezeichnung für die Westberliner Polizei nach dem damaligen Polizeipräsidenten Dr. Johannes Stumm] ein Stück der Köpenicker Straße im amerikanischen Sektor nicht benutzt werden konnte und die Rettungswagen den Umweg über Schöneweide machen mußten.«

Der Tagesspiegel aus Westberlin verbreitete in seiner Freitag-Ausgabe eine andere Version: »Das [Westberliner] Polizeipräsidium in der Friesenstraße, das gegen 10 Uhr 20 durch Augenzeugen von der Schiffsexplosion unterrichtet wurde, beorderte sofort drei Boote der Wasserpolizei und ein Feuerlöschboot zur Sektorengrenze und bot dem Präsidium der ›Volkspolizei‹ jede Unterstützung an. Das Angebot wurde von der Ostberliner Polizei mit der Begründung abgelehnt, daß genügend eigene Kräfte zur Verfügung stünden. Das erste Boot der ›Volkspolizei‹ traf, wie Augenzeugen berichten, erst nach einer halben Stunde an der Katastrophenstelle ein. Ohne sich um die im Wasser treibenden Kinder zu kümmern, fuhr das Patrouillenboot 15 im großen Bogen um das brennende Wrack herum und wartete das Eintreffen des Ostberliner Feuerlöschbootes ab, das gegen 10 Uhr 30 erschien. Die erste Hilfe wurde ausschließlich von Arbeitern und Passanten geleistet, die, ohne ihre Kleider abzulegen, sofort ins Wasser gesprungen und auf das in Rauch und Flammen gehüllte Schiff zugeschwommen waren.«

Auf Seite 2 derselben Ausgabe setzten sich die Vorwürfe fort: »Etwa eine Stunde nach der Katastrophe hatte die ›Volkspolizei‹ die Umgebung der Katastrophenstelle im Umkreis von drei Kilometern hermetisch abgeriegelt; selbst den Angehörigen der Kinder wurde das Betreten der Sperrzone verweigert. (...)

An der Oberbaumbrücke, an der das Motorschiff ›Heimatland‹ am Donnerstag morgen abgefahren war, hatten sich am Nachmittag gegen 16 Uhr Hunderte von Eltern eingefunden in der Hoffnung, etwas über das Schicksal ihrer Kinder zu erfahren. Obwohl sie mehrmals versucht hatten, vom ›Volkspolizeipräsidium‹ eine Auskunft über ihre Kinder zu erhalten, war ihnen lediglich gesagt worden, daß über die Einzelheiten des Unglücks ›noch nichts bekannt‹ sei. Die Absperrungsmannschaften an der Unfallstelle hatten die Eltern mit den Worten zurückgewiesen: ›Scheren Sie sich weg! Wir wissen selber nichts Genaues.‹«

Am Ende des Beitrags ging die Zeitung auf den Ostberliner Vorwurf ein, von Westberliner Seite seien die Rettungsarbeiten behindert worden. Überschrift: »Propaganda wichtiger als Menschenleben«. Darunter heißt es: »In das Gefühl der Trauer mischte sich Empörung, als bekannt wurde, daß die Polizei des Sowjetsektors auf die ihr von Westberlin angebotene Hilfe verzichtet hat, obwohl sie nach Berichten von Augenzeugen selbst nicht über genügend Rettungsmittel verfügte. Ihr ging es in einer Situation, die überhaupt keinen Gedanken an Politik hätte aufkommen lassen dürfen, um ihr mehr als zweifelhaftes ›Prestige‹. Um ihr Versagen zu bemänteln, verbreitete sie durch ADN die Behauptung, ihre Rettungswagen hätten wegen ›rigoroser Maßnahmen der Westpolizei‹ nur auf Umwegen zu der Unfallstelle kommen können. Genauso verantwortungslos handelte der kommunistische Staatssicherheitsdienst, der allen Krankenhäusern Schweigepflicht auferlegte und sogar das Betreten des Leichenschauhauses verbot. Hunderte von Müttern blieben so in Ungewißheit über das Schicksal ihrer Kinder. Zweck der kommunistischen Taktik kann nur der Versuch gewesen sein, die Größe der Katastrophe zu verschleiern, damit die Propaganda für die bevorstehenden ›Weltjugendfestspiele‹ nicht gefährdet wird. Aus der Zeit des nationalsozialistischen Regimes, das ebenfalls schwere Unglücksfälle zu verheimlichen pflegte, ist diese Methode bekannt. Sie ist kennzeichnend für diktatorische Systeme, die sich, da sie sich mit jedem ›Fortschritt‹ identifizieren, zwangsläufig von Katastrophen belastet fühlen.«

Die Ostberliner Seite gab indessen weitere ausführliche Informationen. Am Sonnabend berichtete die Berliner Zeitung über eine Pressekonferenz im Neuen Stadthaus, wo die Verantwortlichen des Magistrats und der zuständigen DDR-Ministerien ihre Erklärungen zum Unglück auf der Oberspree abgaben. Der Präsident der Volkspolizei von Berlin, Waldemar Schmidt, erklärte dort, »daß der Anruf der Westpolizei etwa 1 1/2 Stunden nach dem Unglück bei uns eintraf, das heißt zu einem Zeitpunkt, als es sich nicht mehr darum handelte, Menschen zu retten, sondern lediglich einige Bergungsarbeiten durchzuführen«. Weiter teilte er mit, »daß 27 Personen, hauptsächlich Kinder, der Katastrophe zum Opfer fielen und noch vier Personen vermißt werden«. Wie der Benzinmotor des Schiffes in Brand geriet, war am Tag nach der Katastrophe noch nicht zweifelsfrei geklärt. Vermutlich, so fügte Schmidt hinzu, habe es sich um einen Vergaserbrand gehandelt.

Zu Einzelheiten der Rettungsmaßnahmen äußerte sich der Leiter der Wasserschutzpolizei, Volkspolizeirat Tetzlaff. Er berichtete, »daß bereits vier Minuten nach der Explosion, dank der Einsatzfreudigkeit der Wasserschutzpolizisten, sechs Boote zu der Unglücksstelle entsandt werden konnten. Das erste der eintreffenden Polizeiboote wollte sofort eine in der Nähe liegende Schute zu dem brennenden Schiff herüberziehen, um möglichst viele Menschen lebend retten zu können. Es sei jedoch notwendig gewesen, von diesem Vorhaben abzusehen, da dieses Boot mit Sprengstoff zur Sprengung der noch in der Spree liegenden Wracks beladen war. Der Wasserpolizei blieb dann nichts weiter übrig, als mit den eigenen Booten die Rettungs- und Suchaktion aufzunehmen.«

Der Ost-West-Streit hielt dennoch an. Auf der Titelseite der Sonnabend-Ausgabe erhob die Berliner Zeitung schwere Vorwürfe gegen die leitenden Ärzte der Westberliner Krankenhäuser Am Urban und Bethanien. Auf ein Ersuchen um die Übernahme der Behandlung brandverletzter Kinder sei von beiden erklärt worden, es könnten nur solche Kinder aufgenommen werden, die in Westberlin versichert seien. Neben dieser Meldung platzierte die Zeitung einen scharfen Kommentar. Darin heißt es: »Ganz abgesehen davon, daß die Westberliner Zeitungen ganz im Stile amerikanischer Revolverblätter einander scharf widersprechende Sensationsberichte veröffentlichen, ganz abgesehen davon, daß es ihnen auf ein paar Tote mehr oder weniger nicht ankommt (nach dem Prinzip: je mehr Tote, umso besser), versuchen sie aus Schwarz Weiß und aus Weiß Schwarz zu machen. Sie verschweigen zum Beispiel bewußt, daß sich das Westberliner Urban-Krankenhaus noch Stunden nach der Katastrophe beharrlich weigerte, Verunglückte aufzunehmen, wenn sie nicht in der West-VAB versichert waren.«

Es folgt die propagandistische Verwertung des Streits in Form der rhetorischen Frage: »Vergießen die Westberliner Zeitungen eine Träne der Rührung, wenn amerikanische Flieger ihre Napalm-Bomben auf koreanische Städte abwerfen und Tausende von koreanischen Kindern, Männern und Frauen in brennende Fackeln verwandeln?« Und der Leiter des Amtes für Information bei der Regierung der DDR, Professor Gerhart Eisler, setzte hinzu: »Wir werden es nicht zulassen, daß diese Mörder von koreanischen Kindern und die ›Möchte-Gern-Mörder‹ von deutschen Kindern eine Angelegenheit, die uns alle betrifft, für ihre reaktionären Angelegenheiten ausnützen.«

Zum Dank einen Passierschein

Noch am Tag der Katastrophe wurde der Reeder und Schiffsführer Weise festgenommen. Gegen ihn leitete die Staatsanwaltschaft ein Ermittlungsverfahren ein. Außerdem wurde am Donnerstagabend ein 18-jähriger Hilfsarbeiter von der Heimatland aus Kreuzberg nach Ostberlin in das Volkspolizei-Präsidium geholt, aber nach einer mehrstündigen Vernehmung wieder entlassen.

Auch der Retter Langwaldt war festgenommen worden: »Ich hatte zu tun, das völlig überfüllte Schiff ans Ufer zu bringen. Als ich schließlich angelegt hatte, kam Polizei auf mich zu. Mir wurden die Hände gefesselt, und ich wurde abgeführt. Da lagen schon einige Leichen am Ufer. Ich weiß nicht, ob es war, weil ich gegen Vorschriften verstoßen hatte, oder ob die Polizei mich für den Schiffsführer des Unglücksschiffes hielt. Ich weiß es nicht! Ich wurde dann aber kurz danach wieder freigelassen.«

Um die Ursache der Explosion zu klären, wurde das Wrack der Heimatland in der Nacht zum Freitag von zwei Booten der Volkspolizei abgeschleppt und sichergestellt. Auch alle übrigen Fahrgastschiffe mit Benzinmotor wurden beschlagnahmt und einer technischen Überprüfung unterzogen. Schließlich erhielten sämtliche anderen Passagierschiffe und die Schiffsanlegestellen ebenfalls eine Inspektion. Als Konsequenz aus der Katastrophe auf der Oberspree wurde im gesamten Ostblock durchgesetzt, dass größere Schiffe keine Benzinmotoren mehr haben durften.

Eine Woche nach dem Unglück fand die Trauerfeier auf dem Zentralfriedhof in Berlin-Friedrichsfelde statt. Tausende gaben am Donnerstag, dem 12. Juli 1951, den Opfern das letzte Geleit. An der Zeremonie nahmen mehrere hochrangige Regierungsvertreter und Angehörige des Magistrats teil. Dicht gedrängt standen die Trauergäste um die 27 mit Blumen übersäten weißen Kindersärge und die schwarzen Särge der beiden toten Betreuerinnen. Neben einer großen Gedenktafel mit den Namen der Toten loderten Flammen aus zwei Opferschalen. Mit dem gedämpften Gesang von Mozarts »Ave verum« leitete der Chor der Volksbühne die Trauerfeier ein. Die Ansprache hielt Oberbürgermeister Friedrich Ebert, der Sohn des früheren Reichspräsidenten gleichen Namens. Als Vertreter der Regierung sprach der Minister für Volksbildung, Paul Wandel. Im Namen der evangelischen Kirche richtete Generalsuperintendent Dr. Friedrich-Wilhelm Krummacher tröstende Worte an die Angehörigen. Nachdem Kirchenrat Karl Rose die 15 in der Gemeinschaftsgruft beigesetzten Toten eingesegnet hatte, schritten die Trauergäste noch einmal an der Gruft vorbei. Auf Wunsch der Angehörigen wurden 14 der Opfer auf verschiedenen anderen Friedhöfen in Ostberlin beigesetzt.

Zwei Tage später empfing Oberbürgermeister Ebert im Neuen Stadthaus 34 Personen, die sich bei der Rettungsaktion besonders ausgezeichnet hatten. Alle Lebensretter erhielten eine Dankesurkunde und einen Einkaufsgutschein über 500 DM für die Handelsorganisation HO. Darüber hinaus erfüllte der Oberbürgermeister jedem von ihnen einen persönlichen Wunsch. Von Arbeitsplatz und Wohnung über Rheumakur bis Akkordeon und Kleiderschrank erhielt jeder, worum er gebeten hatte.

Auch der mutige Schiffsführer Langwaldt kam an die Reihe: »Ebert hat mir die Hand gedrückt und gesagt, ich hätte einen Wunsch offen. Ich wollte aber nichts haben. Ebert sagte dann, die anderen Retter hätten auch einen Wunsch erfüllt bekommen. Ich müßte nur etwas sagen.« Damals wollte Langwaldt nichts. Erst nach mehr als zehn Jahren kam er auf das Angebot zurück. Inzwischen waren Ost- und Westberlin durch die Mauer getrennt. Langwaldt, der im Westteil wohnte, wollte seine Schwester im Osten besuchen. »Ich habe an die DDR-Stellen geschrieben, daß ich als Erfüllung meines Wunsches einen Passierschein haben möchte. Den habe ich dann auch irgendwann bekommen.«

Prozess mit Widersprüchen

In den Wochen nach der Brandkatastrophe versuchte die Staatsanwaltschaft, die Unfallursache aufzuklären. Dabei stellte sich heraus: Der verwendete Benzinmotor war ein Vorkriegsmodell und zuvor für den Betrieb mit Holzgas umgerüstet worden. Vor dem Einbau in die Heimatland musste er abermals verändert werden, damit er wieder mit Benzin betrieben werden konnte. Der Autoschlosser Albert Krüger hatte diese Arbeiten erledigt, obwohl er nach eigener Aussage von Schiffsmotoren nur sehr wenig verstand. Wie es später in einem Prozessbericht hieß, nahm Krüger »den Umbau in flüchtiger und unsachgemäßer Art vor und verzichtete auf notwendige Sicherheitsmaßnahmen«.

Und es gab noch einen bemerkenswerten Umstand. Nach dem Einbau des Benzinmotors hätte das Schiff der Deutschen Schiffs-Revision und -Klassifikation zur Abnahme vorgeführt werden müssen. Der Reeder unterließ es jedoch, die behördliche Zulassung einzuholen.

Im Bericht der Berliner Zeitung über die Gerichtsverhandlung gegen Weise und Krüger wurde zur Unglücksursache festgestellt: »Ein Vergaserbrand führte auf Grund der mangelhaften Sicherungsvorrichtungen des Motors zur Entzündung des Benzins. Hätte Weise wenigstens die Fünflitergrenze des Tagestanks eingehalten, wären die Ausmaße des Brandes nur unbedeutend gewesen. Unter Mißachtung aller Bestimmungen hatte er sich aber einen 25-Litertank direkt über dem Motor eingebaut, dessen Inhalt das ganze Schiff sofort in ein Flammenmeer verwandelte.«

Von Schifffahrtshistorikern wurden später unterschiedliche Versionen über das Zustandekommen des Brandes favorisiert. Kurt Groggert schreibt in seinem Buch »Personenschiffahrt auf Spree und Havel«: »Vermutlich hatte sich beim Tanken übergelaufenes Benzin an dem glühenden Auspuffrohr entzündet. Im Heck war der 200 l fassende Treibstofftank untergebracht, dessen Explosion mit einer Stichflamme das ganze Schiff in Brand setzte.« Im Unterschied dazu ist bei Tristan Micke zu lesen: »Am 5. Juli 1951 kam es dann zu einem Vergaserbrand, der schließlich die Explosion auslöste. Daß das Schiff frisch aufgetankt war und fast 400 Liter Benzin an Bord hatte, führte zu den katastrophalen Folgen.«

Eines blieb unstrittig: Der Reeder Weise hatte fahrlässig gehandelt. Allerdings fiel die Erklärung, warum er sich derart leichtsinnig verhalten hatte, in Ost und West unterschiedlich aus.

Von Ostberliner Seite wurde dem privaten Unternehmer die Alleinschuld zugewiesen. Es wäre seine Pflicht gewesen, den Umbau behördlich genehmigen zu lassen. Er habe jedoch genau gewusst, dass sein Schiff nicht abgenommen worden wäre. Zumal Motor und Tank nicht, wie vorgeschrieben, gegeneinander abgeschirmt eingebaut worden waren. Um zu verhindern, dass ihm die Betriebserlaubnis entzogen werde, habe er die Heimatland dem zuständigen Klassifikationsinstitut nicht vorgestellt. Der Grund dafür sei klar, denn »damit hätte er den Gewinn verloren«.

Auf Westberliner Seite wurde eine Mitverantwortung der unter staatlicher Aufsicht stehenden DSU erörtert. Weise habe Anfang Juni 1951 das Schiff als reparaturbedürftig gemeldet. Es seien aber keine Ersatzteile für den Dieselmotor vorhanden gewesen. Hauptdirektor Salomon von der DSU, unter deren Regie das Schiff fuhr, habe Weise zum Einbau des Benzinmotors gedrängt. Die Heimatland sollte nicht aus dem Verkehr gezogen werden, weil ohnehin viele Fahrgastschiffe nicht einsatzbereit waren. Vom Leiter der Hauptabteilung Passagierschiffahrt der DSU, Schneider, habe Weise nach einer kurzen Probefahrt den Auftrag zur Beförderung der Schulkinder erhalten.

Der Prozess gegen Weise und Krüger fand am 1. August 1951 vor der 4. Großen Strafkammer des Berliner Landgerichts statt. Nach elf Stunden endete die Verhandlung mit dem Schuldspruch für die beiden Angeklagten. Das Gericht verurteilte den 38-jährigen Reeder zu 15 Jahren Zuchthaus und den Autoschlosser zu fünf Jahren Gefängnis. Weise soll sich nach der Haftentlassung in Westberlin noch einmal als Reeder versucht haben.

An die Opfer der Schiffskatastrophe in Treptow erinnert noch heute ein dreiteiliges Mahnmal auf dem Städtischen Zentralfriedhof in Berlin-Friedrichsfelde. Die Namen der Verunglückten auf dem Gedenkstein aus rotem Porphyr verwitterten im Laufe der Jahre und waren kaum noch lesbar. Am 4. Mai 1994 wurde das erneuerte Mahnmal enthüllt. Auf zwei Gedenktafeln sind die Namen der 30 Getöteten verzeichnet.

Jedoch ist die Gesamtzahl der Todesopfer bis heute umstritten. Aus Darstellungen in der westlichen Presse gehen andere Zahlen hervor. Dazu heißt es in einem Gedenkartikel: »Während die Behörden elf Stunden schwiegen, wurde auf Anfrage vom Ost-Berliner Institut für Gerichtsmedizin die Zahl von 45 geborgenen Toten genannt. Später war auch dort keine Auskunft mehr zu bekommen, denn den Krankenhäusern und auch dem gerichtsmedizinischen Institut war eine Schweigepflicht auferlegt worden. Schließlich tauchte die Zahl von insgesamt 49 Toten auf.« Zur Bewertung der westlichen Angaben ist in dem Artikel zu lesen: »Die Anzahl von 45 bis 49 Todesopfern, wie sie sich in westlichen Quellen findet, erscheint realistisch.«

Am Tag des Schiffsunglücks wurden 25 Tote in das Institut für Gerichtliche Medizin der Charité eingeliefert. In den Archivbüchern sind die Leichen am 5. Juli 1951 mit den fortlaufenden Nummern ab 504 verzeichnet. Es handelt sich um 23 Kinder der Geburtsjahrgänge 1937 bis 1944 und zwei Frauen. Zwei weitere Todesopfer wurden am 6. Juli, je ein weiteres am 7. und 8. Juli in das Institut gebracht. Die vier später eingelieferten Leichen lassen sich aufgrund der Angabe »Schiffsunglück« zweifelsfrei zuordnen. Ein schwer verletztes Kind erlag am 17. Juli im Krankenhaus Friedrichshain seinen Verbrennungen. Es ist unter der Nummer 579 im Archivbuch erfasst. Danach finden sich bis zum Jahresende 1951 keine weiteren Eintragungen, die einen Zusammenhang mit der Schiffskatastrophe auf der Oberspree nahe legen. Demnach sind insgesamt 30 Todesopfer registriert.

Gedenktafeln für die Opfer des Schiffsunglücks in Berlin-Treptow 1951

Die neuerdings wieder behauptete Anzahl von 45 bis 49 Toten wird jedenfalls durch die Archivbücher des Instituts für Rechtsmedizin der Charité nicht getragen. Vielmehr entsprechen die 1951 von Ostberliner Seite gemeldeten Zahlen den Archivaufzeichnungen. Bei der Pressekonferenz am Tag nach dem Unglück sprach der Präsident der Volkspolizei von 27 Todesopfern. Damit hatte er die aktuelle Gesamtzahl der am 5. und 6. Juli in das Institut eingelieferten Leichen bekannt gegeben. Nach der Bergung von Herbert Lipstreuer am 7. Juli und von Hans-Joachim Bild am 8. Juli erhöhte sich die Zahl auf 29. Für genau diese Anzahl von Toten fand am 12. Juli in Berlin-Friedrichsfelde die Trauerfeier statt. Schließlich verstarb am 17. Juli Hermann Schmidt und damit waren es 30 Todesopfer. Das wiederum ist die Zahl, die von Ostberliner Seite offiziell als endgültig angegeben wurde. Abgesehen von unwesentlichen Differenzen, stimmen alle Namen und Geburtsdaten im Archivbuch des Instituts für Rechtsmedizin der Charité mit den Angaben auf den beiden Gedenktafeln in Berlin-Friedrichsfelde überein.

Kältetod im Müggelsee

Köpenick, 1976

In einer Zeittafel zur Entwicklung des Rudersports in der DDR ist für das Jahr 1976 vermerkt: »Bei den Ruderwettkämpfen der Olympischen Spiele in Montreal gewinnen die Ruderinnen und Ruderer aus der DDR neun der zu vergebenden vierzehn Goldmedaillen; alle in den olympischen Rennen eingesetzten Mitglieder der Mannschaft konnten sich auf Medaillenränge platzieren.« Unerwähnt bleibt, dass sich im Frühjahr desselben Jahres der schwerste Unfall ereignete, den der DDR-Rudersport erleben musste. Dabei ertranken drei Sportler im Müggelsee.

Der Achter mit Steuermann startete am Vormittag von Grünau aus zu einer längeren Trainingsfahrt. Das Wasser in Berlins größtem See ist vier Grad kalt an diesem 30. März 1976. Die Lufttemperatur liegt nur zwei Grad höher. Kein Grund jedoch für die angehenden Olympioniken aus Leipzig, auf die täglichen Trainingseinheiten zu verzichten. Sie sind kräftige junge Männer, mit Ausnahme des Steuermanns alle mehr als 1,80 Meter groß, durchtrainiert und abgehärtet. Eine eingeschworene Gemeinschaft, in der jeder gewohnt ist, für den anderen da zu sein.

Für die Ruderer aus dem Sächsischen ist das Revier ein ideales Trainingsgebiet. Die Gewässer am Südostrand von Berlin gelten seit mehr als hundert Jahren als Paradies für Wassersportler. Östlich von Köpenick bildet die verbreiterte Spree den Großen Müggelsee mit einer Fläche von rund 7,5 Quadratkilometern und einer maximalen Tiefe von acht Metern. Großer Müggelsee, Langer See und Seddinsee sind durch Spree, Dahme und Gosener Kanal miteinander verbunden. Die bewaldeten Berge in dieser Gegend sind bis zu 115 Meter hoch.

Es gibt oft auch Zuschauer, die das Training beobachten. Müggelsee und Müggellandschaft locken alljährlich Millionen Besucher an. Beliebte Ausflugsziele sind der Müggelturm mit seiner weiten Aussicht und die Gaststätten am südlichen Seeufer. Auch das Strandbad Müggelsee und das Seebad Friedrichshagen am Nordufer gehören in der wärmeren Jahreszeit zu den Besuchermagneten.

Das Zentrum des Rudersports, in dem der Leipziger Achter für einige Zeit stationiert ist, liegt an der Dahme in Berlin-Grünau. Ein Ort mit langer Rudertradition, was den Ehrgeiz zusätzlich stimuliert. Seit 1880 werden dort Bootswettfahrten ausgetragen. Zur ersten Regatta am 27. Juni jenes Jahres starteten die Ruderer auf dem Langen See in Matrosenkleidung und mit schottischen Mützen. Spezielle Trainingsanzüge, wie sie von den Sportlern hundert Jahre später getragen werden, kannte man noch nicht.

Im Jahr 1881 konstituierte sich der Berliner Regattaverein. Bald nach der Gründung schrieb er für 1882 eine Regatta »offen für Clubboote aller Länder« aus. Das Bootsrennen wurde bald so beliebt, dass es zweimal im Jahr stattfand: einmal im Frühjahr und dann wieder im Spätsommer als Große Grünauer Ruderregatta. Bis zu 50 000 Zuschauer verfolgten in der Anfangszeit die großen Wettfahrten. Einen sportlichen Höhepunkt erlebte die Grünauer Regattastrecke zu den Olympischen Spielen 1936, als dort unter technisch guten Bedingungen die Ruder- und Kanuwettbewerbe ausgetragen wurden. Deutsche Boote gewannen fünf der sieben Goldmedaillen im Rudern.

Der Zweite Weltkrieg hatte auch den Anlagen in Grünau schwer zugesetzt. Mit großen Anstrengungen wurde das Rudersportzentrum wieder aufgebaut. Tausende von Wassersportfreunden halfen, die Schäden an der Regattaanlage zu beseitigen. Im Sommer 1949 fanden die ersten zentralen Rudermeisterschaften statt. Ab 1952 wurde die Große Grünauer Regatta auf der Dahme wieder jährlich gefahren.

Schließlich, in den Jahren von 1975 bis 1979, ließ der Berliner Magistrat an der Regattastraße einen repräsentativen Neubau als Ausbildungszentrum für den Leistungssport und als Clubobjekt für den

SC Grünau errichten. Dort wurden Ruderinnen und Ruderer der DDR auf große nationale und internationale Wettkämpfe vorbereitet. So auch der Achter mit Steuermann vom SC DHfK, dem Sportclub der Deutschen Hochschule für Körperkultur in Leipzig.

Am 30. März 1976 steht eine so genannte Umfahrt auf dem Trainingsplan. Das bedeutet für die jungen Ruderer eine vollständige Runde über die Seen und Wasserstraßen im Osten Berlins.

Solange sie sich auf der Dahme bewegen, ist es ziemlich windstill und von der Kühle des Morgens kaum etwas zu spüren. Auch auf dem Müggelsee läuft anfänglich alles glatt und routiniert im Boot. Am späteren Vormittag, als sich die Mannschaft 500 bis 600 Meter vom Ufer entfernt in der Mitte des Sees bewegt, kommt eine Brise auf. Sie treibt leichte Wellen vor sich her, Wasser schwappt über Bord. Jedoch nicht so viel, als dass das Training dadurch ernsthaft beeinträchtigt werden könnte.

Zu den Regeln gehört es, dass der Trainer von einem Motorboot aus die Aufsicht führt. An diesem Vormittag aber hat er nicht genug Benzin im Tank und entschließt sich kurz vor dem Müggelsee, die Mannschaft für einige Zeit allein zu lassen, um zum Bootshaus nach Grünau zurückzufahren und dort nachzutanken.

Der Trainer ahnt nicht, dass sich dies als ein Fehler mit tödlichen Folgen erweisen wird. Als er die Spree erreicht hat, kommt stürmischer Wind auf mit Geschwindigkeiten um 20 Meter pro Sekunde, und die Jungen auf dem Müggelsee sind allein. Dort spielt sich unterdessen eine Tragödie ab. Kurze harte Wellen schlagen das Ruderboot rasch voll. Das Boot sinkt bis auf Wasserspiegelhöhe. Sie geraten mit ihren Trainingsanzügen in das vier Grad kalte Wasser. Aber bis zum Ufer ist es mehrere hundert Meter weit. Was bei sommerlichen Temperaturen für einen halbwegs geübten Schwimmer überhaupt kein Problem wäre, ist in der Kälte wegen des schnellen Wärmeverlustes lebensgefährlich. Wer es in etwa zehn Minuten nicht schafft, der gerät in eine bedrohliche Situation, lauten die Erfahrungswerte.

Noch behalten die Ruderer die Übersicht. Sie wenden das Boot, so dass es kieloben schwimmt. So können sie darauf sitzen und mit den unter Wasser liegenden Riemen eine Bewegung uferwärts erzeugen. Der Kräftigste von ihnen versucht, schwimmend an Land zu kommen, um Hilfe zu holen.

Aber sie schaffen es nicht. Der Wind und das eiskalte Wasser setzen den Jungen schwer zu. Als Ersten verlassen den 15-jährigen Steuermann die Kräfte. Er ist zwar bei gutem Ernährungszustand, aber nur 1,59 Meter groß. Sein Körper hat die wenigste Wärme zuzusetzen. Erschöpft gleitet er mehrmals von der glatten Außenhaut des Bootes ab. Schließlich können ihn die anderen nicht mehr über Wasser halten und müssen mit ansehen, wie er in der Tiefe versinkt.

Die Lage wird immer hoffnungsloser. Dennoch verfallen die anderen nicht in Panik. Schon stark unterkühlt und entkräftet, versucht es einer nach dem anderen ebenfalls mit dem Schwimmen. Der Letzte verlässt das gekenterte Boot, als es noch etwa 100 Meter vom Land entfernt ist. Und tatsächlich: Fünfen von ihnen gelingt es, mit letzter Kraft das Ufer zu erreichen. Sie und der vorausgeschwommene Ruderer überleben das Unglück. Ein weiterer, der in Ufernähe untergeht, wird von Rettern, die inzwischen eingetroffen sind, nur noch tot geborgen. Die Wiederbelebungsversuche kommen zu spät.

Zwei Sportler fehlen. Nach den beiden Vermissten suchen Taucher vom Südufer des Müggelsees. Am übernächsten Tag wird der Steuermann tot geborgen. Der andere ist nicht zu finden.

Ertrinken ist Ersticken

Die beiden geborgenen Leichen wurden in das Institut für Gerichtliche Medizin der Charité überführt und dort obduziert. Bei dem kurz vor dem Ufer ertrunkenen Ruderer (Sekt.-Nr. 303/76) ergaben sich folgende Befunde: »Deutliche akute Blähung beider Lungen, erhebliche Vermehrung des Flüssigkeitsgehaltes der Lungen und Ausfüllung der Luftröhre und ihrer Äste mit Wasser. Schaumiger Inhalt der Mundhöhle, der Luftröhre und teilweise der Luftröhrenäste. 2 ml klare Flüssigkeit in der Keilbeinhöhle. Mittelohrräume und Warzenfortsätze frei von Blutungen. Zahlreiche punktförmige Blutungen des Lungenfelles. Deutlich verwässerter Mageninhalt. Absetzen eines Bodensatzes nach längerem Stehen in einem Glas. Kleine, nicht unterblutete Einrisse der Schleimhaut im Mageneingang. Zahlreiche punktförmige Magenschleimhautblutungen. Mehrfache gruppierte Blutungen im sehnigen Teil des Zwerchfelles neben den Durchtrittsöffnungen von Körperhauptschlagader und Speiseröhre.«

Ein ähnliches Ergebnis erbrachte die Leichenöffnung (Sekt.-Nr. 317/76) bei dem toten Steuermann: »Sog. Schaumpilz vor Mund-

und Nasenöffnungen. Feiner hell-grau-rötlicher Schaum in der Mundhöhle, im Kehlkopf, in der Luftröhre und ihren Verzweigungen. Sehr starke Überblähung des Lungengewebes mit Elastizitätsverminderung und relativ trockener Schnittfläche (sog. Emphysema aquosum). Geringe Verwässerung des Mageninhaltes. Kleinere Unterblutungen an der Unterfläche der rechten Zwerchfellhälfte. 1 ml rötliche Flüssigkeit in der Keilbeinhöhle.« Aufgrund dieser Leichenbefunde konnte bei beiden Verstorbenen ein *Ertrinken* »zweifelsfrei als Todesursache« festgestellt werden.

Der Begriff Ertrinken ist nicht ganz korrekt. Der Irrtum geht auf den griechisch-römischen Arzt Galen zurück. Galen meinte, dass der Ertrinkende so viel Wasser schluckt, bis durch die Überfüllung des Magen-Darm-Kanals der Tod verursacht wird. Tatsächlich handelt es sich um einen Erstickungsvorgang, bei dem Flüssigkeit das Luftholen verhindert.

Das eindringende Wasser bewirkt in den Atemwegen die Absonderung von reichlich Schleim. Der vermengt sich durch die krampfhaften Atembewegungen mit der verbliebenen Luft und dem hinzukommenden Wasser. So entsteht ein feinblasiger Schaum. Bei gelandeten Leichen kurz zuvor Ertrunkener bildet sich daraus ein weißlicher, mitunter blutiger Schaumpilz vor Mund und Nase. Nicht immer ist dieser Befund festzustellen, denn der ausgetretene Schaum kann unter Wasser weggespült, vom Wind weggeblasen oder eingetrocknet sein.

Den Hauptbefund bei der Leichenöffnung bildet die typische Ertrinkungslunge. Durch das Anatmen gegen die Wassersäule ist das Gewebe so stark gebläht, dass es bei Eröffnung des Brustkorbs hervorquillt. Die Elastizität des Lungengewebes ist deutlich gemindert. Drückt der Obduzent Dellen in das Gewebe, so bleiben diese bestehen. Da die Herz-Kreislauf-Tätigkeit die Atmung kurzzeitig überdauert, wird das eingeatmete Wasser noch resorbiert. Daher zeigen die Lungen eine trockene (!) Schnittfläche. Unter dem Lungenfell liegen verwaschene Blutungen (Paltaufsche Flecke). Ihr Zustandekommen ist dadurch zu erklären, dass die Erstickungsblutungen verwässert werden.

Beim Ertrinken kann Wasser in die Keilbeinhöhle – eine der Nasennebenhöhlen – eindringen. Das prüft der Obduzent bei der Leichenöffnung, indem er diesen Knochenhohlraum mit einer Spritze punktiert. Zu Blutungen in den Mittelohrräumen und in den Warzenfortsatzzellen kommt es, wenn während des Ertrinkungsvorgangs starke Druckschwankungen auftreten.

Mitunter wird während des Ertrinkens Wasser auch verschluckt. Es vermengt sich mit Speisebrei, Magenschleim und Luft. Dadurch entsteht Schaum im Magen. Nach Aufbewahrung des entnommenen Mageninhalts in einem Standglas zeigt sich eine typische Dreischichtung: oben Schaum, in der Mitte Wasser, unten feste Bestandteile (Wydlersches Zeichen). Wurde viel Wasser verschluckt, kann die Überdehnung der Magenwand zu Schleimhauteinrissen führen.

Am 21. April 1976, rund drei Wochen nach dem Ruderunfall, wurde auch der dritte Sportler tot geborgen. Seine Leiche trieb in Ufernähe auf dem Müggelsee. Die Sportkleidung ließ keinen Zweifel an seiner Identität aufkommen. Die Trainingsjacke trug das Kürzel SC DHfK. Die Kleidungsstücke, die er am Oberkörper trug, waren zerfetzt. Kopf und Rumpf wiesen mehrere Verletzungen auf. Zudem bestand eine deutlich fortgeschrittene Leichenfäulnis. Die Fäulnisgase waren es, die das Auftauchen der Leiche bewirkt hatten.

Vor allem abhängig von der Wassertemperatur schreitet die Fäulnis unterschiedlich schnell voran. Der bakterielle Abbau der Körperbestandteile führt über einige Zwischenstufen zur Entstehung solcher Gase wie Ammoniak, Kohlendioxid, Methan und Schwefelwasserstoff. Diese durchsetzen die inneren Organe und sammeln sich in den Körperhöhlen. Ist der Auftrieb stark genug, gelangt die Leiche an die Wasseroberfläche.

Die Obduktion erfolgte im Institut für Gerichtliche Medizin der Charité (Sekt.-Nr. 385/76). Im Protokoll steht: »Die Beurteilung der Organe ist durch stärkere Fäulnisveränderungen deutlich eingeschränkt. Als Hinweise auf ein Ertrinken können der erhebliche Blähungszustand der Lungen aufgefaßt werden, ebenso die angedeutete Ausbildung Paltaufscher Flecke. Damit ist zwar (begründet durch die Leichenfäulnis) das Ertrinken nicht mehr sicher zu beweisen, es fanden sich bei der Sektion aber keine Befunde, die ein Ertrinken sicher ausschließen könnten.«

Den äußerlich sichtbaren Verletzungen ließen sich mehrfache Knochenbrüche an Kopf und Rumpf zuordnen. Außerdem stellten die Obduzenten eine Eröffnung der rechten Herzkammer an der Vorderwand und eine Zertrümmerung der Leber fest. Es handelte sich um *Verletzungen durch Schiffsschrauben.* Sämtliche Wunden zeigten keine Zeichen einer Entstehung zu Lebzeiten.

Typische Schiffsschraubenverletzungen sind parallel angeordnete, schnittartige Haut- und Weichteildurchtrennungen, manchmal mit Knochenzertrümmerungen, Eröffnung von Körperhöhlen sowie teilweiser oder vollständiger Abtrennung von Kopf und Gliedmaßen. Die parallelen Schnitte sind dadurch zu erklären, dass sich die Flügel der Schraube infolge der raschen Rotation wie rotierende Messer verhalten. Verfängt sich die Leiche am Schiffskörper, können einzelne Teile über weite Strecken mitgenommen werden. Bei ausgedehnten Zerstörungen und wenn Körperteile fehlen, kann mitunter der Eindruck entstehen, es handele sich um eine Leichenbeseitigung durch Zerstückeln.

Wird ein Badender bei einer Kollision verletzt, kann das zum Ertrinken führen. Auch der Tod durch eine so genannte Wasserembolie ist möglich. Dabei verursacht Wasser, das in das Blutgefäßsystem eindringt, eine Zerstörung der Blutzellen (Hämolyse). Andernfalls sind meist schwere Schädel-Hirn-Zertrümmerungen die Todesursache.

Im Rudersport ist der Zusammenstoß mit einem anderen Wasserfahrzeug eine der Hauptgefahren. Da der Ruderer mit dem Rücken zur Fahrtrichtung sitzt, muss er sich häufig umdrehen, um zu sehen, wohin er sich bewegt und ob ihm jemand entgegenkommt. Die Geschwindigkeit von aufeinander zufahrenden Booten wird nicht selten unterschätzt. Deshalb sind im Training wie im Wettkampf bestimmte Grundregeln auf dem Wasser einzuhalten. Dennoch kommt es bei vielen Regatten zu Unfällen.

Auch die Berufsschifffahrt mit hohen Geschwindigkeiten, geringem Personalbestand und hohen Borden gefährdet den Rudersportler. Bei Schubverbänden beträgt die nicht einsehbare Strecke, der so genannte tote Winkel, je nach Wasserlage 200 bis 300 Meter. Gefährdet sind vor allem die Ruderer der steuermannslosen Klassen, denn sie können sich nicht ausreichend auf dem Wasser orientieren.

Weiterhin drohen Gefahren an Wehren oder beim Schleusen. Selbst ein kräftiger Wassersportler kann dem Sog zum Opfer fallen, wenn er nicht ausreichend Abstand hält. Jeder Sportler muss wissen, wie groß die Gewalt des Wassers sein kann. Überdies hat er zu berücksichtigen, dass seine Wendigkeit im Boot eingeschränkt ist.

Eine andere Ursache für folgenschwere Unfälle liegt in der falschen Einschätzung der Witterungsbedingungen. In einem DDR-Lehrbuch für das Rudertraining heißt es dazu: »Es ist nicht zu akzeptieren, wenn sich Rudersportler bei Sturm und demzufolge hohem Wellengang auf gefährliche Gewässer begeben. So geschehen Unfälle insbesondere auf offenen breiten, aber auch kleineren runden Gewässern (von 2 bis 3 km Durchmesser). Geschützte Gewässer ermöglichen das Rudern auch bei größeren Windstärken. Überwiegend geschehen die Unfälle im Sturm auf den Seen, weil Ruderer den See bei ablandigem Wind befahren, d. h. sie fahren mit dem Wind auf den See und bemerken zu spät die Größe der Wellen und die Stärke des Windes. So kommt es, daß von einem bestimmten Punkt an die Welle plötzlich zu hoch wird, das Boot vollschlägt und mit dem Bord auf Höhe des Wasserspiegels sinkt, ohne zu kentern. Die Boote haben dann nur noch wenig Auftrieb und das Ufer ist meist schon weit entfernt. Bei wasserseitigem Wind ist der See gar nicht befahrbar. Unter den vorgenannten Bedingungen sind die Ruderer stets in Lebensgefahr.«

Todfeind Unterkühlung

Besonders ernst zu nehmen ist für den Ruderer die kalte Jahreszeit. Seitdem sich die Schifffahrtsmedizin mit der Unterkühlung im Wasser beschäftigt, hat sich immer wieder gezeigt, dass die Kältewirkung entscheidend zum Todeseintritt beiträgt. Als die Titanic im April 1912 bei Neufundland mit einem Eisberg kollidierte, waren rund 1 300 Passagiere und 900 Mann Besatzung an Bord. Überlebt haben nur diejenigen Schiffbrüchigen, die in Rettungsbooten saßen. Die anderen starben innerhalb von zwei Stunden im eiskalten Wasser. Es waren beinahe 1 500 Menschen.

Im Vorläufigen Gutachten zum Sterbefall mit der Sektionsnummer 303/76 beurteilten die Obduzenten die Kälteeinwirkung bei dem Unglück auf dem Müggelsee wie folgt: »Die niedrigen Temperaturen mußten in kurzer Zeit zu einer *Unterkühlung* der verunglückten Sportler geführt haben, die daraus resultierende schnellere Erschöpfung hat das Ertrinken mit großer Sicherheit begünstigt. Unterkühlungszeichen konnten nach der relativ kurzen Kälteexposition morphologisch nicht objektiviert werden.«

Der Mensch als gleichwarmes Lebewesen benötigt für eine optimale Funktion der Organe und Gewebe eine Körpertemperatur von 37 Grad Celsius. Das

Absinken unter diesen Normalwert stellt eine Unterkühlung dar. Im Wasser wird Körperwärme direkt an das umgebende Medium abgegeben. Die Wärmeleitfähigkeit des Wassers ist 25-mal höher als die der Luft. Schon bei angenehmen Schwimmbadtemperaturen verfünffacht sich die Wärmeproduktion im Organismus. Dennoch kann die Körperkerntemperatur nicht dauerhaft gehalten werden.

Der Wärmeverlust ist ganz erheblich von äußeren und inneren Faktoren abhängig. Beim Aufenthalt im Wasser sind das besonders die Art der Bekleidung, Wassertemperatur, Wellengang, Strömungsverhältnisse und Wind sowie körperliche Belastung, zusätzliche Risikofaktoren wie Krankheiten oder Verletzungen und schließlich die Körperkonstitution.

Ein fettleibiger Mensch ist im Vergleich zu einem genauso schweren muskulösen widerstandsfähiger gegenüber Kälteeinwirkung. Körperliche Aktivität wie Schwimmen oder andere Bewegungen führen im kalten Wasser nicht zu einer Erhöhung der Kerntemperatur. Das tritt erst bei Wassertemperaturen ab 30 Grad ein. Bei physischer Belastung im kalten Wasser sinkt die Isolationsfähigkeit der äußeren Körperschichten. Die Wärmeströmung nimmt zu. Hierbei können erheblich größere Wärmemengen übertragen werden als von ruhenden Medien durch Wärmeleitung. Jede Art der Bekleidung ist geeignet, die Auskühlung des Körpers zu verlangsamen. Mehrere Schichten von Kleidungsstücken erhöhen die Isolation. Der Effekt kommt aber nur bei körperlicher Inaktivität zur Wirkung. Einen direkten Einfluss auf den Wärmeverlust hat die Akklimatisation: Wer an Kälte gewöhnt ist, kommt länger und besser damit zurecht. Nicht zuletzt entscheiden Zuversicht und Überlebenswillen mit darüber, wie die Seenotsituation endet.

Bei Unterkühlten kann der Schweregrad aufgrund des Kältezitterns beurteilt werden. Dieses Zittern ist ein Anzeichen autonomer Wärmeproduktion. Es signalisiert eine noch mäßig schwere Unterkühlung. Fehlt das Muskelzittern, liegt die Körperkerntemperatur unter gefährlichen 34 Grad. In dieser Phase sind Herz-Kreislauf-Tätigkeit, Atmung und Energiestoffwechsel schon reduziert. Psychische Reaktionen, Bewusstsein und Schmerzempfinden lassen nach. Ein weiteres Absinken unter 28 Grad ermöglicht kaum noch ein Überleben. Es besteht eine tiefe Bewusstlosigkeit, die Atmung setzt aus und schließlich tritt der Kältetod ein, oft ausgelöst durch Herzrhythmusstörungen.

Allerdings muss beachtet werden, dass eine Gefährdung beim Aufenthalt im kalten Wasser schon vor einer signifikanten Erniedrigung der Körperkerntemperatur besteht. Insbesondere können Reaktionszeit, Orientierungsvermögen, Kurzzeitgedächtnis und allgemeine Leistungsfähigkeit des Verunglückten beeinträchtigt sein, auch wenn die Wassertemperatur deutlich über Null liegt. Nach dem Brand auf dem griechischen Luxusdampfer Lakonia im Dezember 1963 waren die Schiffbrüchigen im 18 Grad kalten Wasser des Atlantik nördlich von Madeira bereits nach drei Stunden derartig unterkühlt, dass ihnen ein geordnetes Handeln nicht mehr möglich war.

Andererseits sind Einzelfälle mit fast unglaublichen Zeiten im Wasser ohne wesentliche Unterkühlungsfolgen dokumentiert. Als am 14. September 1966 in der Nordsee das kleine deutsche U-Boot Hai sank, entkamen nur vier Besatzungsmitglieder. Drei von ihnen starben in den folgenden Stunden bei 12 Grad Wassertemperatur, Sturm und fünf Meter hohen Wellen. Als Einziger überlebte ein korpulenter Matrose, der nach mehr als zehn Stunden aus der kalten und stürmischen Nordsee bei relativ guter Stimmung gerettet werden konnte.

Noch nach der Bergung sind Nachtodesfälle möglich. Bei einem schwerst Unterkühlten wird im Körperinneren nahezu keine Wärme mehr produziert. Dennoch erfolgt ein Wärmeabstrom aus dem relativ warmen Körperkern zu der kälteren Körperoberfläche. Daraus resultiert ein weiteres Absinken der Temperatur im Körperinneren, obwohl die Kälteeinwirkung beendet ist. Der Wert kann bis zu mehrere Grad Celsius betragen. Wenn die Körperkerntemperatur 33 Grad unterschreitet, besteht immer akute Lebensgefahr durch schwerwiegende Herzrhythmusstörungen.

Bei den verunglückten Sportlern vom Müggelsee wirkten mehrere Faktoren zusammen. Als das Boot vollschlug, hatten sie bereits eine längere Trainingsfahrt absolviert. Keiner von ihnen war fettleibig. Sie gerieten bei stürmischem Wind und kräftigen Wellen in das vier Grad kalte Wasser des Müggelsees. Dick bekleidet waren sie lediglich am Oberkörper. Die zunehmende Unterkühlung förderte die Erschöpfung, die ihrerseits die Unterkühlung begünstigte. Es ist erstaunlich, dass sechs von ihnen das überlebt haben.

Verschärfte Vorschriften

Um einen Kältetod im Wasser zu verhindern, muss der Ruderer einige lebenswichtige Verhaltensmaßregeln für den Notfall beachten. Diese Empfehlungen können auch dem Freizeitsportler helfen, im kalten Wasser zu überleben. Entscheidend ist die Frage: Soll der Verunglückte am Boot bleiben oder versuchen, schwimmend das Ufer zu erreichen? Dazu heißt es in dem bereits zitierten Lehrbuch:

»Ein Verbleib am Boot ist abhängig von den herrschenden Wasser- und Lufttemperaturen. Empfohlen wird, da das Boot nicht völlig sinkt und Skulls oder Riemen noch Auftrieb geben, möglichst im Boot zu bleiben. Den Körper zusammenrollen, damit der Körperkern die Wärme langsamer abgibt. Die Kleidung, im Winter mehrere Schichten, anbehalten, so daß der Wärmeaustausch (kaltes Wasser gegen körpernahe wärmere Wasserschichten) verringert wird. Der Kopf sollte mit einer Mütze, möglichst Wollmütze, bedeckt sein. Eine Untersuchung schätzt die Chance des Überlebens auf 2 bis 3 Stunden ein. Schmerzen sollten ignoriert werden und sind der Auskühlung vorzuziehen. (...) Für Steuerleute wird besonders das Tragen von Schwimmwesten als Auftriebsmittel empfohlen.«

Der Unfall auf dem Müggelsee wurde im Deutschen Rudersportverband der DDR ausgewertet. Dasselbe geschah bei den Kanuten und Seglern. Bestehende Vorschriften wurden danach noch strenger kontrolliert und einige neue Bestimmungen kamen hinzu. Man belehrte die Sportler zu Beginn jeder Saison über wichtige Verhaltensgrundsätze. Jeder musste durch seine Unterschrift die Belehrung bestätigen. Ebenso erhielten Trainer und Übungsleiter veränderte Anweisungen für ihre Tätigkeit.

Wesentlich für das Überleben verunglückter Wassersportler ist das schnelle Einleiten von Rettungsmaßnahmen. Das setzt voraus, dass man im Bootshaus Bescheid weiß. Von nun an wurde konsequent darauf geachtet, dass der Verantwortliche alle erforderlichen Angaben in das ausliegende Fahrtenbuch eintrug. In der Sportschule Grünau musste er genau aufschreiben, wer wann wohin gefahren ist. Zusätzlich musste der ungefähre Zeitpunkt der Rückkehr angegeben werden.

Die Trainer waren fortan verpflichtet, möglichst bei der Mannschaft zu bleiben. Insbesondere durften Nachwuchsruderer nicht allein aufs Wasser geschickt werden. Es musste immer eine Begleitung der Sportler gewährleistet sein. Das wurde wie folgt geregelt: »Kann ein Trainer seiner Aufsichtspflicht durch Begleitung im Motorboot nicht nachkommen, so muß er die Sicherung und Kontrollmaßnahmen einleiten bzw. anordnen und einem Mitglied der Mannschaft die Leitung übertragen. Das sind: Fahrtrichtung angeben, ungefähre Rückkehr festlegen, Rückmeldung fordern. Bei Begleitung mehrerer Boote im Training mit dem Motorboot ist die einheitliche Fahrtrichtung aller Boote festzulegen. In kritischen Situationen ist die Rückfahrt einzuleiten und das gefährdetste Boot zu sichern. Ständige Übersicht über die Boote ist durch gezielte Kontrollfahrten mit dem Motorboot zu halten.«

Eine spezielle Anweisung gab es für das Training auf Seen: »In der kalten Jahreszeit sind Seen völlig zu meiden oder nur in Ufernähe zu befahren.« Überdies wurde nach dem Unfall auf dem Müggelsee angewiesen, im begleitenden Motorboot ständig einen betankten Reservekanister mitzuführen.

Diplomaten belagern das Institut

Neustrelitz, 1967

Manchmal kommt es vor, dass höhere Interessen in einen Katastrophenfall hineinspielen. Der Tote auf dem Sektionstisch erhält dann gewissermaßen politisches Gewicht. Ein Zustand, der die Arbeit der Gerichtsmediziner nicht gerade erleichtert.

Am Nachmittag des 27. Juni 1967 ereignete sich auf der damaligen Fernverkehrsstraße 96, heute Bundesstraße 96, etwa drei Kilometer nördlich von Neustrelitz ein schwerer Verkehrsunfall. Ein Dienstwagen der chinesischen Botschaft in der DDR war »beim Überholen mit hoher Geschwindigkeit auf einen entgegenkommenden LKW frontal aufgefahren«. Soweit der ausführlichste damals erhältliche Hinweis zum Geschehen, der sich auf den Totenscheinen fand.

Die vier Insassen, darunter der Botschafter der Volksrepublik China, kamen dabei ums Leben. Sie starben zwischen 15.35 Uhr und 16.15 Uhr am Unfallort, im Krankenwagen beziehungsweise kurz nach Einlieferung in das Krankenhaus. Ihr Tod war verursacht durch einen typischen Verkehrsunfall, wie er sich häufig auf schmalen Landstraßen ereignet. Das Unglück bei Neustrelitz sollte sich aber als ungewöhnlich und folgenschwer erweisen. Denn das politische Klima zwischen der DDR und China war damals ausgesprochen frostig. Das hing zusammen mit den heftigen politischen Spannungen zwischen der Sowjetunion und China. Die DDR hielt dabei als treuer Verbündeter zu Moskau. Nach einem zeitgenössischen Bonmot wurden in der DDR die Schirme aufgespannt, wenn es in Moskau regnete.

Sofort gab es Verdächtigungen, der Unfall sei ein Anschlag der DDR-Staatssicherheit oder des sowjetischen Geheimdienstes zur Liquidierung der chinesischen Genossen gewesen. An dem chinesischen Botschaftsgebäude, das sich in Berlin-Karlshorst in der heutigen Treskowallee befand, erschienen Spruchbänder mit Protestnoten. Auch das Institut für Gerichtliche Medizin der Charité sollte bald die angespannte Situation zu spüren bekommen.

Die Probleme hatten offensichtlich schon während der notärztlichen und der klinischen Bemühungen um die Verletzten begonnen: Auf den Totenscheinen findet sich der Vermerk des Ärztlichen Direktors der Klinik in Neustrelitz: »Eine möglichst genaue Feststellung der Todesursachen durch gründliche Untersuchung der Verunglückten wurde infolge des Ersuchens der chinesischen Botschaft erschwert.« Und weiter liest man dort: »Lt. Weisung des Stellv. d. Gesundheitsministers Prof. Dr. Mecklinger vom 27.6.1967, 20.45 Uhr, wurde keine Verwaltungs- bzw. Gerichtssektion durchgeführt.« Das sollte nun in Berlin nachgeholt werden.

Auf dem Gebiet der DDR galt anfangs noch die reichseinheitliche Strafprozessordnung aus dem Jahr 1877, welche auch Bestimmungen zur gerichtlichen Leichenschau und gerichtlichen Leichenöffnung enthielt. Der Umfang der gerichtlichen Leichenöffnung war schon in alten Sektionsvorschriften, beispielsweise den preußischen Vorschriften von 1922, vor allem aber in der alten deutschen Strafprozessordnung geregelt. Dort heißt es: »Die Leichenöffnung muß sich, soweit der Zustand der Leiche dies gestattet, stets auf die Öffnung der Kopf-, Brust- und Bauchhöhle erstrecken.« Am 15. Oktober 1952 trat die erste Strafprozessordnung der DDR in Kraft, die sich an den gerichtsmedizinisch entscheidenden Stellen weitgehend an die alten Bestimmungen hielt.

Seit 1949 gab es für die DDR eine einheitliche Regelung in Form der Anordnung über die ärztliche Leichenschau. Im Gegensatz dazu ist die ärztliche Leichenschau in der Bundesrepublik bis zum heutigen Tag durch unterschiedliche Gesetze auf Länderebene geregelt.

Keine Abweichungen ermittelt

Im Jahr 1967, zum Zeitpunkt des Verkehrsunfalls bei Neustrelitz, galt die Anordnung über die ärztliche Leichenschau vom 1. November 1961. Der Leichenschauarzt hatte danach durch eine gründliche Untersuchung den Tod, den Todeszeitpunkt, die Todesart und die Todesursache festzustellen und hierüber einen Totenschein auszustellen. Bei Anhaltspunkten für eine nichtnatürliche Todesart (Tod durch eigene Hand – damals hieß es Selbstmord, fremde Hand oder Unfall), bei nicht aufgeklärter Todesart oder bei unbekannten Toten hatte der Arzt die Polizei zu benachrichtigen – eine Vorschrift, wie sie auch heute im Interesse der Rechtssicherheit nach den Leichenschaugesetzen der deutschen Bundesländer gilt.

Nach § 69 der ersten Strafprozessordnung der DDR, die im Wesentlichen dem § 87 der heutigen entspricht, war geregelt: »Die Leichenschau wird vom Staatsanwalt unter Zuziehung eines Arztes, die Leichenöffnung im Beisein des Staatsanwaltes von zwei Ärzten (...) vorgenommen.« Diese Vorschrift bestimmt weiter, dass immer zwei Obduzenten für eine gerichtliche Leichenöffnung gebraucht werden. Deshalb stehen an den gerichtsmedizinischen Instituten Deutschlands auch immer zwei Ärzte in Dienstbereitschaft.

Als die Verunglückten aus dem chinesischen Botschaftsfahrzeug den Gerichtsärzten zur Leichenöffnung übergeben wurden, waren sie bereits identifiziert. Die Namen und Geburtsdaten waren auf der Anordnung des Generalstaatsanwalts vermerkt. Es handelte sich um vier Männer im Alter zwischen 30 und 43 Jahren.

Die Anordnung zur gerichtlichen Leichenöffnung nach § 69 der Strafprozessordnung der DDR einschließlich der »Blutalkoholbestimmung und sonstiger Untersuchungen, die zur Klärung der Sache erforderlich sind«, kam am 29. Juni 1967 vom Generalstaatsanwalt der DDR. Offenbar war inzwischen auf höherer Ebene das Für und Wider einer eigenmächtigen Untersuchung der DDR-Behörden ohne Beteiligung oder Zustimmung der chinesischen Diplomaten erörtert worden.

Der Institutsdirektor Professor Dr. Otto Prokop und fünf weitere Fachärzte nahmen in der Nacht vom 29. zum 30. Juni die Obduktionen vor. Anwesend war eine Staatsanwältin als Vertreterin der Generalstaatsanwaltschaft. Unter den Sektionsnummern 713–716/67 wurden auf jeweils 14 bis 16 engzeilig beschriebenen Schreibmaschinenseiten die Obduktionsergebnisse und die Vorläufigen Gutachten sorgfältig notiert. Grundsätzlich neue Erkenntnisse gab es dabei nicht. Die von den Ärzten aus Neustrelitz auf den Totenscheinen vermerkten Todesursachen »Schwere kombinierte äußere und innere Verletzungen« wurden bestätigt und präzisiert.

DER GENERALSTAATSANWALT
DER DEUTSCHEN DEMOKRATISCHEN REPUBLIK

Az. ....
(In jedem Schreiben anzugeben)

Berlin, den 29.6.1967
Scharnhorststraße 37
Telefon: 22 06

A n o r d n u n g

Gemäß § 69 StPO ordne ich die Leichenöffnung der chinesischen Botschaftsmitglieder

[redacted], geb. am 2.10.1928
x [redacted], geb. am 10.12.1930
[redacted], geb. am 1924
[redacted], geb. am 6.6.1937

an.
Desweiteren bitte ich um Blutalkoholbestimmung und sonstige Untersuchungen die zur Klärung der Sache erforderlich sind.

(Staatsanwalt [redacted])

Anordnung zur Leichenöffnung nach dem Verkehrsunfall des Fahrzeugs der chinesischen Botschaft in der DDR 1967

Totenschein für verstorbene Personen, die ein Jahr oder älter sind — männlich ☐ weiblich ☐ — Zutreffendes ankreuzen!

Ausfüllung mittels Schreibmaschine oder Blockschrift erwünscht

1. Familienname und Vornamen: [redacted]

2. Ständiger Wohnsitz: Chinesische Botschaft Berlin (Kreis) (Gemeinde) (Straße)

3. Geburtsdatum: Tag: Monat: Jahr:

Sterbeort: zu Hause ☐ stationäre Einrichtung ☐ wo sonst? F 96 im Krankenwagen auf der Fahrt zum Krankenhaus

4. Sterbedatum: Uhr: 15.45 Tag: 27. Monat: 6. Jahr: 1967

5. Feststellung des Todes: Uhr: 15.45 Tag: 27. Monat: 6. Jahr: 19 67 — durch den behandelnden Arzt ☐ nicht durch den behandelnden Arzt ☒ *)

6. Schwangerschaft und Entbindung: Liegt eine Schwangerschaft vor? ja ☐ .... Monat nein ☐ unbekannt ☐ — Erfolgte in den letzten 6 Wochen eine Entbindung? ja ☐ am .... nein ☐ unbekannt ☐

7. Todesart: Natürlicher Tod ☐ Unfall ☒ Tod durch fremde Hand ☐ Verdacht auf nicht natürlichen Tod ☐ Selbstmord ☐ nicht aufgeklärt ☐

Sind Anhaltspunkte für einen nicht natürlichen Tod vorhanden, ist die Todesart nicht aufgeklärt, oder handelt es sich um einen unbekannten Toten, so ist unverzüglich die Volkspolizei zu benachrichtigen.

8. Zweifelhafte Todesursache: Ist die Todesursache zweifelhaft? ja ☐ nein ☒ — Evtl. Zweifel anführen:

9. Nur ausfüllen bei Unfall: Unfall während der Arbeit ☐ Unfall beim Sport ☐ Unfall im Verkehr ☒ Sonstiger Unfall ☐ Unfall im Haushalt ☐ — Äußere Ursache (Zustandekommen) des Schadens: Beim Überholen mit hoher Geschwindigkeit auf entgegenkommenden LKW frontal aufgefahren.

10. Autopsieantrag: Wurde eine Autopsie beantragt? ja ☐ nein ☐ wo? Siehe Eintragung unter 15.)

11. Der Tod trat ein unter (nicht bei 12. und 15. wiederholen): Herzstillstand ☒ Kreislaufversagen ☐ Verblutung ☐ Marasmus ☐ Atemlähmung ☒ Koma ☐

12. Todesursache — Feststellungen bei der Leichenschau — Diagnosen-Nr.

a) Direkt zum Tode führende Krankheit (oder Zustand bzw. Komplikation): schwere kombinierte innere u. äußere Verletzungen — 9 4 9 K

b) **Krankheitszustände, welche zu der unter a) angegebenen Todesursache geführt haben (Grundleiden)**: — 9 4 9 K

c) Andere wesentliche Krankheitszustände, die zum Tode beigetragen haben (Begleitkrankh.): Begründeter Verdacht auf Schädelbasisbruch — 9 1 1 K

13. Geschwulstbetreuung — Datum und Stempel

14. Tbc-Beratung — Datum und Stempel

Datum und Ort der Ausstellung: Neustrelitz, 28.6.1967

Unterschrift und Namensstempel des ausstellenden Arztes — Ärztlicher Direktor

15. Todesursache; Feststellungen und Ergänzungen durch Prosektor, Geschwulstbetreuung und Tbc-Beratung — Diagnosen-Nr.

a) Direkt zum Tode führende Krankheit (oder Zustand bzw. Komplikation)
b) **Krankheitszustände, welche zu der unter a) angegebenen Todesursache geführt haben (Grundleiden)**
c) Andere wesentliche Krankheitszustände, die zum Tode beigetragen haben (Begleitkrankh.)

Lt. Weisung des stellv. d. Gesundheitsministers Prof. Dr. Mecklinger vom 27.6.1967, 2o.45 Uhr, wurde keine Verwlatungs- bzw. Gerichtssektion durchgeführt. Eine möglichst genaue Feststellung der Todesursachen durch gründliche Untersuchung des Verunglückten wurde infolge des Ersuchens der chinesischen Botschaft erschwert.

16. Sichtvermerk des Kreisarztes — Datum und Namensstempel — Feststellungen anerkannt ☐ Diagnose verändert ☐ Autopsie veranlaßt ☐

Datum und Ort der Ausstellung: 28. Juni 1967

Unterschrift und Namensstempel des Prosektors — Ärztlicher Direktor

*) Wenn der Totenschein nicht vom behandelnden Arzt ausgestellt wird, so ist nach Möglichkeit dessen Anschrift hier anzugeben:

Zur Beachtung für den Anzeigepflichtigen!

Der Sterbefall ist umgehend dem zuständigen Standesamt des Sterbeortes anzuzeigen. Der Totenschein und der Personalausweis des Verstorbenen sind abzugeben; Geburtsurkunde, gegebenenfalls Heiratsurkunde oder Scheidungsurteil usw. sind mitzunehmen und vorzulegen.

Best.-Nr. 1602 Vordruck-Leitverlag EDB Freiberg Ag/307/66 DDR — 260 1166 V 11 28 1072 B 9723

Totenschein für einen der verunglückten chinesischen Botschaftsangehörigen

Als Todesursachen wurden festgestellt:

Sekt.-Nr. 713/67: Verbluten in die Bauchhöhle, Einschleppung von Luft in die rechte Herzkammer, Zerreißung innerer Organe, Schädelbasisbruch

Sekt.-Nr. 714/67: Verbluten in die freien Körperhöhlen, ausgedehnte Risse von Leber, Nieren, Lungen und Milz

Sekt.-Nr. 715/67: Kompression des Brustkorbs mit Riss der Körperhauptschlagader

Sekt.-Nr. 716/67: Innere Verblutung, schwere kombinierte Verletzungen

Alle Verunglückten wiesen schwere äußere und innere Verletzungen auf, wie sie bei einer Kompression des Rumpfes entstehen. In den Vorläufigen Gutachten wurden die Befunde dann in Bezug auf die Vorgeschichte bewertet, es handelte sich um typische Kfz-Insassen-Verletzungen. Als Beispiel soll hier der Fall mit der Sektionsnummer 714/67 auszugsweise dargestellt werden:

»Den Obduzenten ist bekannt geworden, daß der Betroffene als Insasse eines Personenkraftwagens bei einem frontalen Zusammenstoß des Kraftwagens mit einem entgegenkommenden Kraftfahrzeug tödlich verletzt worden sein soll. Zwischen der oben geschilderten Vorgeschichte und den Sektionsergebnissen ergeben sich keine Widersprüche. Die festgestellten Befunde sprechen für eine erhebliche stumpfe Gewalteinwirkung mit Kompression des Brust- und Bauchraumes. Es fanden sich keine anderen vorbestehenden organischen Erkrankungen, die den Tod ursächlich oder mitursächlich herbeigeführt haben könnten. Ebenso fehlen Verletzungen, die auf gewaltsame Einwirkung durch dritte Hand schließen ließen.«

Passanten mit der Mao-Bibel

Überrascht waren die Gerichtsärzte, als sich bereits am folgenden Tag auf dem Gehweg in der Hannoverschen Straße gegenüber vom Institutsgebäude eine Gruppe von Chinesen einfand und Anstalten machte, dort auszuharren. Die Gruppe war einheitlich in die damals in China üblichen uniformartigen dunkelblauen Anzüge gekleidet, an der Brust ein Abzeichen mit dem Abbild von Mao Tse-tung, dem kultisch verehrten Führer der Revolution von 1949, langjährigem Vorsitzenden der Kommunistischen Partei und chinesischem Staatsoberhaupt.

Offensichtlich sollte mit dem Aufmarsch psychologischer Druck ausgeübt werden. Zwar unternahmen die Chinesen nichts, außer fleißig in kleinen Büchlein, der so genannten Mao-Bibel, zu lesen und daraus zu rezitieren. Die Institutsmitarbeiter fühlten sich dennoch belagert, wenn nicht gar bedroht. Solche Aktionen waren in der DDR keineswegs üblich. Das Institutsgelände wurde schließlich von Kräften der Volkspolizei und der Staatssicherheit umstellt, die alle Zugänge kontrollierten. Bald ging diesen Bewachern eine verdächtige Person mit asiatischem Aussehen ins Netz: ein Wissenschaftler aus Vietnam, der für sieben Jahre zur wissenschaftlichen Weiterbildung einschließlich Habilitation im Institut weilte. Er wurde festgenommen, doch die Institutsmitarbeiter sorgten dafür, dass er unverzüglich wieder frei kam.

Immerhin setzte die chinesische Botschaft bei den DDR-Behörden durch, dass die bereits obduzierten Leichen von ihren eigenen Experten nachuntersucht werden durften. Das geschah am 30. Juni und 1. Juli. Dabei tauchten Unstimmigkeiten wegen fehlender Organe und Organteile auf. In dem Bericht des damals zuständigen Prosektors, also des Leiters der Sektionsabteilung, heißt es: »Es wurde den chinesischen Untersuchern bedeutet, daß es herkömmliche Gepflogenheit in der DDR sei [auf der Grundlage der Strafprozessordnung, und nicht nur in der DDR], im Zusammenhang mit gerichtsärztlichen Untersuchungen ausreichend Organmaterial (...) vorsorglich für etwa später noch gewünschte oder erforderlich werdende chemisch-toxikologische bzw. anderweitige Ergänzungsuntersuchungen zurückzubehalten und zu asservieren. Die beiden asservierten Organe wurden sodann auf Wunsch den chinesischen Untersuchern vorgewiesen, worauf sich weitere Fragestellungen nicht mehr ergaben. Das Organmaterial wurde unserem Institut vielmehr wieder zur Aufbewahrung zurückgegeben.« Und weiter heißt es dort: »Bei der Nachuntersuchung der Leiche des F. wurde seitens der chinesischen Untersucher geltend gemacht, daß offensichtlich ein Stück der großen Körperschlagader fehle. Durch den Direktor des Instituts, Herrn Prof. Dr. med. habil. O. Prokop, wurde den chinesischen Untersuchungsorganen jedoch dargetan, daß es sich hierbei insoweit um eine kleine Fehldeutung handle, als der vorgewiesene Abschnitt der großen Körperschlagader jenem Bereich entspräche, in welchem im Zuge der Sektion ohnehin eine Abtrennung der großen Körperschlagader vom Herzen zu erfolgen pflege. Anderweitige Fragen wurden danach von der chinesischen Seite nicht weiter vorgetragen.«

Bleibt noch das Ergebnis der ergänzenden toxikologisch-chemischen Untersuchungen nachzutragen, das auch keine Überraschungen erbrachte.

Damals wie heute werden bei Opfern oder anderen Beteiligten von Verkehrsunfällen toxikologisch-chemische Analysen durchgeführt, um die Frage einer Beeinflussung durch Alkohol, Medikamente, Drogen oder Gifte zu prüfen. Grundsätzlich kann die Staatsanwaltschaft oder das Gericht bei Erfordernis im Rahmen einer gerichtlichen Leichenöffnung auch eine toxikologische Untersuchung anordnen. In der Strafprozessordnung heißt es dazu in § 91: »(1) Liegt der Verdacht einer Vergiftung vor, so ist die Untersuchung der in der Leiche oder sonst gefundenen verdächtigen Stoffe durch einen Chemiker oder durch eine für solche Untersuchungen bestehende Fachbehörde vorzunehmen.«

Wenn es keine konkreten Fragestellungen oder Anhaltspunkte für bestimmte Stoffe oder Stoffgruppen gibt, die eine gezielte Untersuchung gestatten, muss eine große Suchanalyse (general unknown analysis) durchgeführt werden. Naturgemäß kann diese Suchanalyse auf sehr viele Stoffe, vor allem auf die gängigen Mittel prüfen, aber sie kann niemals alle auf der Welt existierenden chemischen Verbindungen erfassen.

Doch gibt es durchaus modische Strömungen, was den Missbrauch von Medikamenten oder Rauschmitteln betrifft. Neben der seit Jahrhunderten beliebten Droge Alkohol wurden in den sechziger Jahren vor allem Barbiturate und barbituratfreie Schlafmittel, aber auch schon die Psychopharmaka bevorzugt. Diese Schlafmittel wirken je nach Dosis und individueller Disposition beruhigend, schlaffördernd oder narkotisierend. Beim Missbrauch wird meist die beruhigende Wirkung gesucht. Bei längerem Gebrauch besteht die Gefahr der Gewöhnung und Abhängigkeit, was wiederum zu einer allmählichen Dosissteigerung führt.

Ähnlich verhält es sich mit den Psychopharmaka. Neben der beruhigenden und schlaffördernden Wirkung kommt ihnen noch eine Stimmungsbeeinflussung zu. In diese Stoffgruppe gehören die Tranquilizer, die neben der beruhigenden Wirkung vor allem angstlösend wirken. Besonders bekannt und beliebt sind die Benzodiazepin-Derivate. Sie wurden von den Westdeutschen lange Zeit unter Präparatenamen wie Valium oder Librium geschluckt, von den Ostdeutschen unter den Namen Faustan oder Radepur, um nur einige zu nennen. Gefährlich und durchaus in Gebrauch war und ist die Kombination mit Alkohol, wodurch es zu einer erheblichen Wirkungsverstärkung kommt.

Mit dem Begriff Alkaloide werden kompliziert aufgebaute Naturstoffe bezeichnet, die Stickstoff enthalten und alkalisch reagieren. Es gibt mehrere tausend verschiedene Alkaloide, zum Teil mit hochspezifischen pharmakologischen oder toxischen Wirkungen. Zu den bekanntesten Alkaloiden zählen Atropin, Coffein, Morphin, Nikotin und Strychnin.

Mit den damals verfügbaren Methoden, der Papierchromatographie, der Photometrie und der Spektralphotometrie, wurden die Toten von Neustrelitz auf Alkohol (Ethanol), Barbiturate, barbituratfreie Schlafmittel, Alkaloide und alkaloidähnliche Substanzen, insbesondere Psychopharmaka, untersucht. Diese Analysen waren und sind zur umfassenden Aufklärung der Todesumstände bei Verkehrsunfällen angezeigt, und sie waren von der Staatsanwaltschaft angeordnet. Das Gutachten der Abteilung für Toxikologische Chemie unseres Instituts vom 28. Juli 1967 kam zusammenfassend zu folgendem Ergebnis:

»Wie dem Befund der chemisch-toxikologischen Untersuchungen zu entnehmen ist, konnten in den untersuchten Organen und Körperflüssigkeiten keine Anhaltspunkte für das Vorhandensein von Stoffen gewonnen werden, die für das Zustandekommen des Verkehrsunfalls verantwortlich bzw. mitverantwortlich gemacht werden können. Eine alkoholische Beeinflussung der Betroffenen konnte ebenfalls ausgeschlossen werden.«

Aus gerichtsmedizinischer Sicht handelte es sich also um einen der tragischen Unfälle, wie sie sich in allen industrialisierten Ländern tausendfach im Straßenverkehr ereignen, meist aufgrund menschlicher Fehler. Bei Prominenz der Opfer werden derartige Fälle leicht zur Grundlage von Legendenbildungen. Als herausragendes Beispiel dafür kann der tödliche Verkehrsunfall von Lady Diana im Jahr 1997 angesehen werden. Der Vorfall mit den chinesischen Botschaftsangehörigen in der DDR ist jedoch längst vergessen.

Vier Tote aus der Wüste

Libyen, 1978

Einen der merkwürdigsten Obduktionsaufträge zu DDR-Zeiten erhielten die Gerichtsmediziner des Charité-Instituts am Abend des 7. März 1978. Vier namenlose Tote wurden unter großem Geheimhaltungsaufwand in der Hannoverschen Straße eingeliefert und unter den Sektionsnummern 191/78, 192/78, 193/78 und 194/78 registriert. Die Ermittelnden – Offiziere der Kriminalpolizei und des Ministeriums für Staatssicherheit – drängten auf Eile.

Noch in der Nacht wurden die Leichen obduziert. Der Institutsdirektor und sieben weitere Fachärzte bildeten vier Obduktionsgruppen, für jeden Toten eine. Mit den Untersuchungen waren sie bis zu den frühen Morgenstunden beschäftigt. Gegen 6 Uhr lagen die Ergebnisse vor. Jeweils vier bis acht Seiten der äußeren und inneren Besichtigung waren protokolliert, und danach folgten zwei bis drei Seiten des Vorläufigen Gutachtens. Die Ermittler sammelten alles ein und verließen sofort das Institut.

Unter der Hand wusste natürlich jeder Beteiligte im Institut, um wen es sich bei den nächtlichen Obduktionen gehandelt hatte. Aber erst als am Morgen die Zeitungen in Ostberlin ausgetragen wurden, lüftete sich das Geheimnis offiziell. Am 8. März 1978 erschien in der allgewaltigen Tageszeitung der DDR Neues Deutschland in ungewöhnlich großer Aufmachung auf der Titelseite eine Traueranzeige für Werner Lamberz, Mitglied des Politbüros und Sekretär des Zentralkomitees der SED, Paul Markowski, Leiter der Abteilung Internationale Verbindungen im Zentralkomitee, den Dolmetscher Dr. Armin Ernst und den Fotoreporter Hans-Joachim Spremberg von der Nachrichtenagentur ADN. Die vier Männer waren zwei Tage zuvor in der Libyschen Wüste mit einem Hubschrauber abgestürzt. Der

Werner Lamberz, tödlich verunglückt in Libyen 1978

Mitteilung war zu entnehmen, dass bei diesem Unglück auch zwei Vertreter der Regierung Libyens ihr Leben verloren hatten.

Werner Lamberz war 48 Jahre alt und hatte nach dem Krieg über die Jugendorganisation FDJ eine stetige politische Karriere gemacht. In den siebziger Jahren, als der Kalte Krieg abflaute, die DDR zunehmend internationale Anerkennung fand und der Vertrag von Helsinki unterschrieben wurde, galt dieser mit Abstand jüngste Funktionär aus dem Politbüro als Hoffnungsträger für eine weniger dogmatische DDR-Politik mit internationaler Öffnung. Viele sahen in ihm bereits damals den Kronprinzen des Staats- und Parteichefs der DDR, Erich Honecker.

Dass Lamberz eines Tages eine solche Karriere machen würde, stand ihm nicht ins Geburtsregister geschrieben. Er wurde 1929 in Mayen in der Eifel geboren. Sein Vater, ein Maurer, hatte vor 1933 die Ortsgruppe der KPD geleitet. Dessen politische Biographie mit Konzentrationslagern, Strafbataillon, Überlaufen zur Roten Armee, Nationalkomitee Freies Deutschland und Beauftragter der Sowjetischen Militäradministration beim Wiederaufbau Ostdeutschlands mag den Lebensweg des Sohnes beeinflusst haben.

Den Jungen hatte man unterdessen als Zwölfjährigen in Bayern und später in der Eifel auf Adolf-Hitler-Schulen geschickt, Eliteschulen der Nazipartei. Ihn traf das offenbar auch deshalb, weil er mit seiner hochgewachsenen Statur dem Idealbild des Rassegermanen nahe zu kommen versprach. Nach Kriegsende fand der noch nicht 20-Jährige seinen Vater in Luckenwalde wieder, wo dieser in der Kreisverwaltung arbeitete. Zielstrebig begann Lamberz junior nun seinen politischen Aufstieg, von der FDJ-Leitung in Luckenwalde über die Landesleitung Brandenburg der SED bis zum ZK-Mitglied im Jahr 1967 und schließlich zum Mitglied des Politbüros, zuständig für die Abteilung Agitation und Propaganda, im Jahr 1971, wobei ihm die einstige Station der Adolf-Hitler-Schule offensichtlich als Jugendsünde verziehen wurde und ihm jedenfalls nicht hinderlich war.

Der junge Lamberz passte dank seiner Herkunft und als Arbeiter mit einem Lehrabschluss als Heizungsmonteur gut in das Kaderentwicklungsprogramm der SED. Schulische Defizite hatte er durch Intelligenz, Fleiß und Engagement ausgeglichen, denn man rühmte später seine geistigen Fähigkeiten und Sprachkenntnisse. Der Aufsteiger, der die zehnte Klasse nicht abgeschlossen hatte, war »dem

Beinahe-Landsmann (d. i. Erich Honecker) an Intelligenz, Charisma und Kompetenz haushoch überlegen«, schreibt der Publizist Jan Eik in seinem 1995 erschienenen Buch »Besondere Vorkommnisse«.

Lamberz verfügte über gute internationale Kontakte, vor allem nach Kuba und in afrikanische und arabische Staaten. Als sich 1977/78 die politischen und militärischen Probleme in Äthiopien, Somalia und Eritrea verschärften, wurde er als der am besten geeignete Mann auf diplomatische Missionen nach Afrika geschickt. Es ging der DDR um Vermittlung im militärischen Konflikt zwischen Äthiopien und Eritrea. Beide Staaten wurden von Regimen beherrscht, die sich marxistischen Vokabulars bedienten und an den Ostblock anlehnten. Zudem ging es um Wirtschaftsbeziehungen, vor allem um den äthiopischen Kaffee, und was Libyen betrifft, um Teilhabe an den dortigen Ölvorkommen.

So flog am 5. März 1978 eine DDR-Delegation, geleitet von Werner Lamberz, nach Tripolis. Geplant war der Weiterflug nach Bagdad, Aden und schließlich Addis Abeba. Die Gespräche mit der äthiopischen Führung waren für den 8. März vorgesehen.

Doch da stand schon die Traueranzeige im Neuen Deutschland.

Verhängnisvolle Eile

In Libyen weilte der DDR-Emissär nicht zum ersten Mal. Schon im Dezember 1977 hatte er eine Reise nach Tripolis unternommen und mit der libyschen Führung unter anderem über die Lieferung von Marinewaffen, einen libyschen Bargeldkredit und die Errichtung einer Moschee für muslimische Studenten in Leipzig verhandelt. Im Lichte der späteren Ereignisse erscheint es makaber, dass Lamberz bei dieser Gelegenheit den Libyern auch die Ausbildung von Offizieren, Raketenspezialisten und Hubschrauberpiloten anbot.

Die Geschäfte ließen sich gut an. Zwei Monate später kam eine libysche Delegation mit 35 Staatsfunktionären und Wirtschaftsfachleuten nach Ostberlin, um die von Lamberz vorbereiteten Abkommen mit einem Wertumfang von 200 Millionen Dollar zu unterzeichnen, allerdings fast ausschließlich für zivile Projekte. Auch hier ein bemerkenswertes Detail: Die DDR übernahm die Verpflichtung für den Aufbau einer Abteilung Luftbildvermessung in Libyen.

Im Gegensatz zur ersten Libyen-Reise, die diskret erfolgte, war bei der zweiten die propagandistische Wirkung eingeplant. Lamberz und seine Begleitung nahmen Quartier im Beach Hotel am Mittelmeerstrand von Tripolis. Für den Nachmittag des 6. März 1978 erhielt die Delegation eine Einladung zu einem Treffen mit Staatschef Moamar al-Gaddhafi. Der Beduinensohn, der 1969 zusammen mit anderen Offizieren die Monarchie in Libyen gestürzt hatte und seitdem die arabische Einheit auf der Basis eines sozialistischen Islam predigte, pflegte schon damals ausgewählte Gäste in seinem Zelt in der Wüste in Wadi Suf al-Jin nahe einem ausgetrockneten Flussbett 60 Kilometer südlich von Tripolis zu empfangen. Solche Einladungen sollten eine besondere Hochschätzung des Gastes ausweisen.

Über das Transportmittel konnten die Gäste aus der DDR selbst entscheiden. Die Libyer stellten einen Hubschrauberflug und eine zweieinhalbstündige Wüstenfahrt im Jeep zur Auswahl. Wie immer drängte die Zeit, und Lamberz entschied sich für den Helikopter. Da nur drei Begleiter zugelassen waren, bestimmte er neben dem ZK-Mitarbeiter Markowski und dem Dolmetscher als Dritten den ADN-Fotografen, der das Ereignis dokumentieren sollte. Der Personenschutz-Offizier Rolf Heidemann musste zurückbleiben. Ihm hat das Protokoll das Leben gerettet.

Der Hubschrauber vom Typ Super Frelon startete in Tripolis um 17.27 Uhr mit fast zweistündiger Verspätung. Nach acht Minuten Flug meldete der Pilot an den Kontrollturm, dass er eine Notlandung vornehmen müsse. Die Verkleidung des Motors hatte sich geöffnet. Der Schaden ließ sich offenbar leicht beheben, denn unmittelbar darauf flogen sie weiter nach Wadi Suf al-Jin.

Die Gespräche im Zelt von Gaddhafi dauerten etwa drei Stunden. Die Libyer boten ihren Gästen an, in dem Wüstencamp zu übernachten. Doch der Weiterflug nach Bagdad war schon für den nächsten Morgen 5 Uhr geplant, und Lamberz entschied sich für eine schnelle Rückkehr nach Tripolis. Sie wollten sich im Hotel noch kurz erholen.

Gegen 21.30 Uhr startete der Super Frelon zum Rückflug. Was dann genau geschah, ist bis heute ungeklärt. In der Dunkelheit wirbelten die Rotorblätter ganze Wolken von Wüstensand auf. Offenbar nahm das dem Piloten jede Sicht. Der Hubschrauber erreichte nur eine Höhe von etwa 30 Metern. Die Treibstofftanks waren noch voll gefüllt. Unmittelbar darauf stürzte die Maschine zu Boden und brannte völlig aus. Von irgendwelchen Löschversuchen auf dem unbefestigten Wüstenlandeplatz gibt es keine Kunde.

Nahrung für die Gerüchteküche

Aufbahrung von Werner Lamberz und seinen drei Begleitern in Tripolis

Von den Untersuchungen zur Unglücksursache wurden Diplomaten und Experten aus der DDR fern gehalten. Das behielt sich allein die libysche Regierung vor. Ein Gebaren, dass zu vielen Gerüchten Anlass gab. Spekuliert wurde, ob der sowjetische Geheimdienst KGB dahinter stecken könne, weil Lamberz eigenmächtig die Kreise der sowjetischen Diplomatie in Ostafrika gestört habe. Und dass Honecker sich zumindest die Hände gerieben habe, weil er auf diese Weise seinen angeblich schon gefährlich gewordenen Kronprinzen losgeworden sei. Die New York Times und andere Blätter behaupteten sogar zu wissen, dass es ein Attentatsversuch gewesen sei, durch den eigentlich Gaddhafi beseitigt werden sollte.

Die Gerichtsmediziner in Berlin waren die ersten, die für die DDR-Behörden genauere Erkenntnisse beisteuern konnten. Bei allen vier Fällen sind in den Sektionsprotokollen folgende Angaben festgehalten:

Die männlichen Leichen waren hochgradig verkohlt, zum Teil bis zum Torso, und boten Zeichen intensiver Hitzeeinwirkung im Bereich aller Körperabschnitte, auch mit hitzebedingter Eröffnung von Körperhöhlen sowie brandbedingten Gliedmaßendefekten. In den Atemwegen wurden Rußpartikeln nachgewiesen. Sichere Traumafolgen, außer den hitzebedingten Defekten, in Form von Knochenbrüchen oder Verrenkungen, konnten am Skelettsystem nicht nachgewiesen werden. Die detaillierten äußeren wie inneren Untersuchungen und umfangreiche Röntgenaufnahmen ergaben keinen Hinweis auf eingesprengte Metallteile.

Zur Identifizierung konnten bei den hochgradig verbrannten Leichen folgende Befunde herangezogen werden:

- Schätzung des Lebensalters anhand altersabhängiger Organveränderungen, wie Arteriosklerose der Schlagadern und degenerative Veränderungen am Skelettsystem, und Abnutzung der Zähne
- Folgen von Operationen, zum Beispiel Gaumenmandelentfernung
- Beschreibung und Sicherung von Kleidungsresten, Armbanduhren, Kugelschreibern und anderen persönlichen Gegenständen
- Errechnung der Körpergröße aus Maßen und innerer Struktur von langen Röhrenknochen, also der Oberarm- und Oberschenkelknochen
- Beschreibung des individuellen Zahnstatus, soweit der Gebisszustand erhalten war, mit Eintragung der Befunde in ein Formblatt
- Durchführung einer Blutgruppenbestimmung.

Den Ergebnissen der Identifizierung zufolge gab es keine Anhaltspunkte dafür, dass es sich bei den untersuchten Toten nicht um die vier angegebenen DDR-Bürger handeln könnte. Zwei Verstorbene waren jüngeren Alters um 25 beziehungsweise um 30 Jahre, die beiden anderen Toten wurden auf ein Lebensalter von etwa 50 Jahren geschätzt. Dazu gehörte auch Werner Lamberz.

Eine eindeutige Zuordnung von Personennamen zu den untersuchten Leichen ist seinerzeit gegenüber den Gerichtsmedizinern nicht erfolgt. So sind bis zum heutigen Tag die Sektionsnummern 191/78 bis 194/78 nicht entschlüsselt. Noch im Tod waren die Vorgänge um hohe Repräsentanten der DDR streng geheim.

In ihren Vorläufigen Gutachten formulierten die Gerichtsmediziner die Todesursache sehr vorsichtig. Zur Vorgeschichte wurde nur knapp ausgeführt, dass es sich um Opfer eines Hubschrauberabsturzes handele. Die Gerichtsmediziner hielten lediglich fest, dass »als Todesursache Verbrennen (bzw. hochgradige Hitzeeinwirkung) in Betracht« kommt. Zur Aufklärung technischer Ursachen können gerichtsmedizinische Untersuchungen kaum beitragen, sie können aber Hinweise auf Geschehensabläufe geben und helfen, aus verschiedenen Versionen zum Unfallhergang die richtige herauszufinden und andere als unwahrscheinlich zu bewerten.

Die Vorsicht resultierte nicht aus der politischen Brisanz des Geschehens, sondern aus den objektiven Schwierigkeiten bei der Untersuchung von Leichen mit erheblicher Brandzehrung. Durch die starke und offenbar auch länger dauernde Hitzeeinwirkung können naturgemäß verschiedene morphologische Organbefunde verloren gehen oder zerstört werden.

Für die Aussage zur Todesursache war von Bedeutung, dass sich eingeatmete Rußteilchen in Luftröhre, Luftröhrenästen und Lungenbläschen gefunden hatten, was nur zustande kommt, wenn ein Mensch während eines Brandes atmet, also noch lebt. Für die Entstehung dieser vitalen Zeichen ist es unerheblich, ob die Person noch bei Bewusstsein ist oder nicht. So kann entweder eine vorangegangene Gewalteinwirkung oder erst die Einatmung von giftigen Rauchgasen mit Kohlenmonoxid zur Bewusstlosigkeit der Opfer geführt haben. Ein Sturz aus größerer Höhe kam aufgrund des Fehlens eindeutig mechanisch traumatisierter Skelettteile nicht in Betracht.

Auch zur Unfallzeit ergab die Untersuchung der Toten Hinweise. Bei zwei Opfern wurde die Zeigerstellung der Armbanduhren mit 9.09 (bzw. 21.09) Uhr und mit 9.12 (bzw. 21.12) Uhr registriert. Beide Uhren blieben durch mechanische oder thermische Schädigung offenbar sofort stehen, als sich das Unglück ereignete.

Politisch besonders wichtig war die Feststellung, dass sich sowohl durch die äußere und innere Besichtigung der Leichen wie auch durch die Röntgenaufnahmen keine metalldichten Fremdkörper nachweisen ließen, wie man sie bei Bombenexplosionen oder Schusseinwirkungen erwarten dürfte. Die Version, dass es sich um ein Attentat gehandelt haben könnte, war damit durch keinerlei medizinische Befunde zu belegen.

Sieben Wochen Warten

Von libyscher Seite wurde die DDR-Führung noch lange im Ungewissen gelassen. Es vergingen fast sieben Wochen, bis am 26. April 1978 der Bericht einer offiziellen libyschen Untersuchungskommission beim Zentralkomitee der SED eintraf. Das siebenseitige Schriftstück sandte DDR-Botschafter Freimut Seidel mit Datum vom 24. April 1978 aus Tripolis an das »Mitglied des Politbüros und Sekretär des Zentralkomitees Gen. Axen«. Dieser setzte darunter den handschriftlichen Vermerk: »Gen. E. Honecker. Am 26. 4. eingegangen und übersetzt. Axen. 26. 4. 78« und reichte das Schriftstück weiter. Der Parteichef und Staatsratsvorsitzende hat das Dokument vom Tod noch am 26. April mit seinen Initialen »EH« abgezeichnet.

Bemerkenswert an dem libyschen Bericht sind folgende Feststellungen:

1. Der Kommandant des Hubschraubers war nur sichtflugtauglich.
2. Der Copilot hatte seinen Fliegerlehrgang noch nicht abgeschlossen.
3. Der Hubschrauber war schon von Tripolis verspätet gestartet.
4. Beim Hinflug musste der Hubschrauber sieben Meilen südlich des Flughafens von Tripolis notlanden, weil sich die Verkleidung des Motors geöffnet hatte. Nach Reparatur wurde der Flug 20 Minuten später fortgesetzt.
5. Zum Rückflug startete der Hubschrauber etwa um 21.30 Uhr, es war dunkel.
6. Alle Trümmer der Maschine mit Ausnahme des hinteren Rotors wurden vom Feuer erfasst.
7. Die Anzeige des Drehzahlmessers deutete darauf hin, dass die Motorkraft abgesunken war.
8. Ein Teil des Hauptverbindungsstücks (Dumpers) wurde in 20 Meter Entfernung, der hintere Rotor 10 Meter entfernt und eines der Hauptrotorblätter 200 Meter entfernt von den übrigen Trümmern gefunden.

Die Untersuchungskommission nannte drei mögliche Unfallursachen: 1. Havarie des Motors in der Startphase, 2. ein Blatt des Hauptrotors löste sich, 3. fehlende Sicht wegen der Dunkelheit und des aufgewirbelten Staubes, was oft zum Verlust des Gleichgewichts beim Piloten führe.

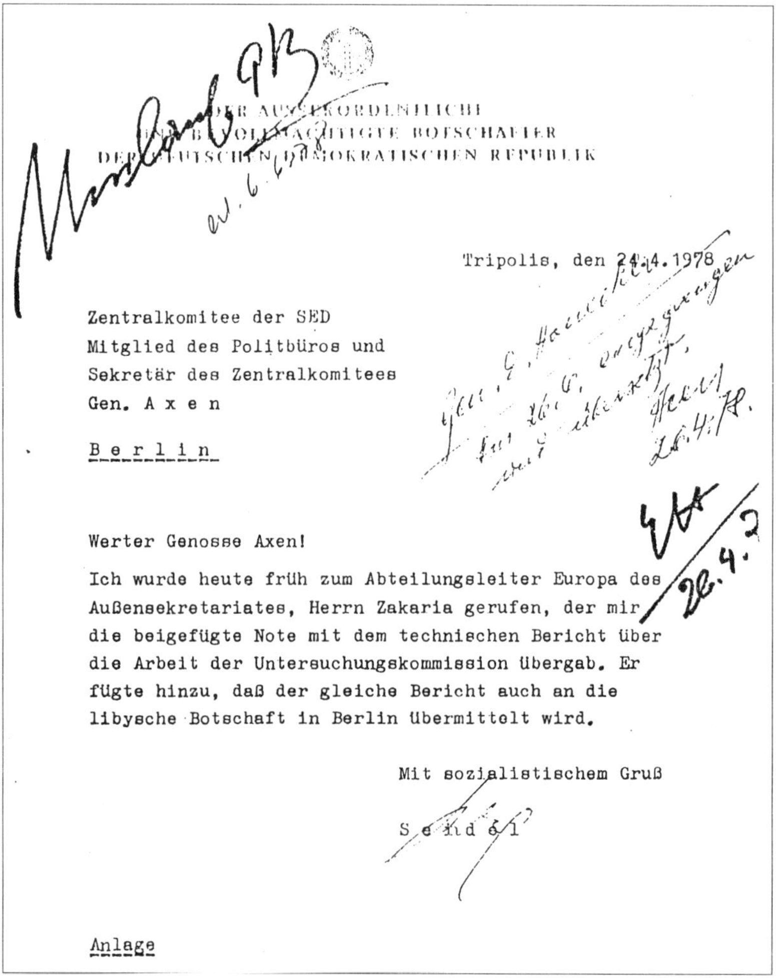

DER AUSSERORDENTLICHE UND BEVOLLMÄCHTIGTE BOTSCHAFTER DER DEUTSCHEN DEMOKRATISCHEN REPUBLIK

Tripolis, den 24.4.1978

Zentralkomitee der SED
Mitglied des Politbüros und
Sekretär des Zentralkomitees
Gen. A x e n

B e r l i n

Werter Genosse Axen!

Ich wurde heute früh zum Abteilungsleiter Europa des Außensekretariates, Herrn Zakaria gerufen, der mir die beigefügte Note mit dem technischen Bericht über die Arbeit der Untersuchungskommission übergab. Er fügte hinzu, daß der gleiche Bericht auch an die libysche Botschaft in Berlin übermittelt wird.

Mit sozialistischem Gruß

S e n d e l

Anlage

Schreiben des DDR-Botschafters in Libyen an Hermann Axen mit Vermerken von Erich Honecker

Nach Wertung aller Ermittlungsergebnisse kam die libysche Untersuchungskommission zu der Auffassung, dass der erste und zweite Pilot durch den Nachtflug gegen die geltenden militärischen und zivilen Instruktionen, Befehle und Regelungen verstoßen hätten.

Zur eigentlichen Unfallursache führte die Kommission aus: »Die erste und zweite Möglichkeit [Motorhavarie oder Lösung eines Rotorblatts] kommen der Wahrscheinlichkeit am nächsten. Der Untersuchungsausschuß neigt zur zweiten Möglichkeit. Andere Möglichkeiten außerhalb der oben erwähnten hält er für völlig unwahrscheinlich.« Als wahrscheinlichste Version der Unglücksursache wurde demzufolge die Lösung eines Rotorblatts angesehen.

Dieses Ermittlungsergebnis lässt auf einen ungenügenden Pflege- und Wartungszustand des Hubschraubers schließen. Manipulationen im Sinne eines Anschlags scheiden damit zwar nicht völlig aus, aber die Anmerkungen, die der Journalist Philip Klein dazu im März 1990 in der Wochenzeitung das blatt machte, scheinen durchaus angebracht: »Wer (...) an Manipulation (...) denkt, gerät wohl mehr in James-Bond-Gefilde. Schon der Fakt, daß dann weder Zeit noch Ort des Geschehens exakt planbar wären, beweist die Unsinnigkeit solcher Überlegungen. Gegen das Attentat spricht auch das Ergebnis einer Nachfrage im Institut für Gerichtliche Medizin der Humboldt-Universität zu Berlin.« Und weiter: »Mit Werner Lamberz starb ein Mann, der manches früher und besser in diesem Land bewegt hätte. Es wird Zeit, auch die mit seinem Tod verbundenen Legenden und Gerüchte zu begraben. Damit verhält es sich wohl eher so, wie es in dem libyschen Untersuchungsbericht abschließend heißt: ›Die Piloten verbürgten sich für den Flug und sagten nachdrücklich, das Flugzeug sei sicher, es sei denn, es ereigne sich etwas von Gottes Hand, d. h. durch die Macht des Schicksals‹.«

Im Nachhinein lässt sich noch darüber diskutieren, wo menschliche Fehler gegen die Macht des Schicksals abzugrenzen wären. Aber das träfe auf alle von Menschenhand herbeigeführten Katastrophen zu, die Menschenleben kosten. Wenn die Opfer erst im gerichtsmedizinischen Institut liegen, ist es immer zu spät. Unsere Aufgabe ist es dann nur noch, letzte Gewissheit herbeizuführen. Für die Weiterlebenden. Und das ist immer und in jedem Fall eine humane Handlung.

Literaturauswahl

Beveren, Tim van: Runter kommen sie immer. Die verschwiegenen Risiken des Flugverkehrs, Frankfurt am Main/New York 1995.

Bolling, Sigfrid (Hg.): Schiffbau – Schiffahrt, Leipzig 1964.

Dürwald, Wolfgang: Tote unter Eid. Ein Rechtsmediziner ermittelt, Leipzig 2001.

Eckhardt, Heinz: Das Eisenbahnunglück in Langenweddingen. In: Börde, Bode und Lappwald, Oschersleben 1997, S. 61–64.

Eik, Jan: Besondere Vorkommnisse. Politische Affären und Attentate, Berlin 1995.

Ernst, Walter: Die Entwicklung des Institutes für gerichtliche Medizin und Kriminalistik der Universität Berlin. Das Leichenschauhaus in Berlin, Med. Diss. Berlin 1941.

Fischer, Gerhard: Berliner Sportstätten. Geschichte und Geschichten, Berlin 1992.

Geserick, Gunther/Strauch, Hansjürg: Massenunfälle in der ehemaligen DDR – ein gerichtsmedizinischer Rückblick, Beiträge zur Gerichtlichen Medizin, Bd. 50 (1992), S. 255–260.

Glatzer, Ruth (Hg.): Das Wilhelminische Berlin. Panorama einer Metropole 1890–1918, Berlin 1997.

Glatzer, Ruth (Hg.): Berlin zur Weimarer Zeit. Panorama einer Metropole 1919–1933, Berlin 2000.

Groggert, Kurt: Personenschiffahrt auf Spree und Havel, Berlin 1988.

Gronen, Wolfgang/Lemke, Walter: Geschichte des Radsports und des Fahrrades, Eupen 1978.

Helfritsch, Wolfgang/Boehm, Heinz/Mahling, Achim: Vom »Nudeltopp« zur »UFO-Halle«. 120 Jahre Radsportstätten in Berlin – Historisches und Kurioses, Berlin 1997.

Holmsten, Georg: Die Berlin-Chronik. Daten, Personen, Dokumente, 3. Aufl., Düsseldorf 1990.

Hunger, Horst/Leopold, Dieter (Hg.): Identifikation, Leipzig 1978.

Kisch, Egon Erwin: Razzia auf der Spree. Berliner Reportagen, Berlin/Weimar 1986.

Kitschigin, Richard: Rennen, Reifen und Rekorde. Die Avus-Story, Stuttgart 1972.

Kitschigin, Richard: Mythos Avus. Automobilsport in Berlin, Berlin/Frankfurt am Main 1995.

Körner, Theodor/Schwanitz, Peter (Hg.): Rudern, Berlin 1985.

Kroll, Ekkehard: Radsport-Lexikon, Stuttgart 1993.

Kubisch, Ulrich/Rietner, Gert: Die AVUS im Rückspiegel. Rennen, Rekorde, Rückstaus, Berlin 1987.

Kuhlmann, Bernd: Bahnknoten Berlin. Die Entwicklung des Berliner Eisenbahnnetzes seit 1838, Berlin 2000.

Liman, Carl: Die Pariser Morgue mit vergleichenden Hinblicken auf das hiesige Institut gleichen Namens, Vierteljahrsschrift für gerichtliche und öffentliche Medicin, Neue Folge, Bd. 8 (1868), S. 309–329.

Liman, Carl: Das neue Leichenschauhaus in Berlin, Vierteljahrsschrift für gerichtliche Medicin und öffentliches Sanitätswesen, Neue Folge, Bd. 45 (1886), S. 170–178.

Meyer, Günther: Binnenschiffe zwischen Elbe und Oder, Ostsee und Sächsischer Schweiz. Versuch eines historischen Verzeichnisses maschinengetriebener Binnenschiffe 1816 bis 1990, Hamburg/Berlin 1994.

Micke, Tristan: Schiffsunglück in Treptow, Verkehrsgeschichtliche Blätter, 28. Jg. (2001), S. 87–90.

Niceforo, Alfredo/Lindenau, Heinrich: Die Kriminalpolizei und ihre Hilfswissenschaften, Groß-Lichterfelde-Ost 1908.

Preuß, Erich: Eisenbahnunfälle in Europa. Tatsachen, Berichte, Protokolle, 3. Aufl., Berlin 1993.

Reimann, Wolfgang/Prokop, Otto/Geserick, Gunther: Vademecum Gerichtsmedizin, 5. Aufl., Berlin 1990.

Richter, Jan-Arwed/Wolf, Christian: Jet-Airliner-Unfälle seit 1952, Karlsruhe 1997.

Ritzau, Hans Joachim: Katastrophen der deutschen Bahnen. – II. Chronik 1845–1992, 3. Aufl., Pürgen 2000.

Rollka, Bodo/Spiess, Volker/Thieme, Bernhard (Hg.): Berliner biographisches Lexikon, Berlin 1993.

Schmitz, Frank: Flughafen Tempelhof. Berlins Tor zur Welt, Berlin 1997.

Seifert, Karl-Dieter: Weg und Absturz der Interflug. Der Luftverkehr der DDR, Berlin 1994.

Strauch, Hansjürg/Lignitz, Eberhard/Geserick, Gunther/Dürwald, Wolfgang: Gerichtsmedizinische Erfahrungen bei der Untersuchung der Opfer des Flugzeugabsturzes in Berlin-Bohnsdorf, Kriminalistik und forensische Wissenschaften, Bd. 71/72 (1988), S. 207–213.

Strauch, Hansjürg/Wirth, Ingo/Klug, Ernst: Über die Gerichtliche Medizin in Berlin, Berlin 1992.

Stürzbecher, Manfred: Aus der Geschichte der gerichtlichen Medizin in Berlin, Deutsches Medizinisches Journal, 20. Jg. (1969), S. 665–672.

Stürzbecher, Manfred: »Todt gefundene Leichname ...«, Kriminalistik, 36. Jg. (1982), S. 421–425.

Thorwald, Jürgen: Das Jahrhundert der Detektive. Weg und Abenteuer der Kriminalistik, Bd. I: Das Zeichen des Kain, München/Zürich 1975.

Waßermann, Michael: Otto Lilienthal, 2. Aufl., Leipzig 1989.

Wirth, Ingo: Tote geben zu Protokoll. Berühmte Fälle der Gerichtsmedizin, Augsburg 1998.

Wirth, Ingo/Strauch, Hansjürg: Rechtsmedizin. Grundlagen für die Ermittlungspraxis, Heidelberg 2000.

Wirth, Ingo/Strauch, Hansjürg/Radam, Georg: Das Berliner Leichenschauhaus und das Institut für Gerichtliche Medizin 1886–1986, Berlin 1986.

Wolff, Friedrich/Laufer, Margot: Das Eisenbahnunglück von Langenweddingen aus der Sicht der forensischen Medizin, Kriminalistik und forensische Wissenschaften, Bd. 1 (1970), S. 219–233.

Bildnachweis

ADN, Berlin: S. 14, 16, 121, 206, 210

Archiv des Instituts für Rechtsmedizin der Charité: S. 13, 69, 72, 73, 114, 184

Archiv des Kriminalistischen Instituts der Deutschen Volkspolizei: S. 30 (2), 41, 42, 43, 51, 52

Eik, J.: Besondere Vorkommnisse, Berlin 1995, S. 144: S. 214

Groggert, K.: Personenschiffahrt auf Spree und Havel, Berlin 1988, S. 127: S. 159

Kitschigin, R.: Mythos Avus, Berlin/Frankfurt am Main 1995, S. 41: S. 141

Kitschigin, R.: Rennen, Reifen und Rekorde, Stuttgart 1972, S. 51: S. 151

Kuhlmann, B.: Bahnknoten Berlin, Berlin 2000, S. 14: S. 118

Kuhlmann, B.: Bahnknoten Berlin, Berlin 2000, S. 45: S. 122

Preuß, E.: Eisenbahnunfälle in Europa, Berlin 1993, S. 84: S. 78

Preuß, E.: Eisenbahnunfälle in Europa, Berlin 1993, S. 48: S. 88

Programm der 48. Jahrestagung der Deutschen Gesellschaft für Rechtsmedizin, Berlin 1969: S. 67

Redaktionsarchiv der Berliner Zeitung: S. 31

Ritzau, H. J.: Katastrophen der deutschen Bahnen, Teil II, Pürgen 2000, S. 50: S. 84

Ritzau, H. J.: Katastrophen der deutschen Bahnen, Teil II, Pürgen 2000, S. 81: S. 86

Ritzau, H. J.: Katastrophen der deutschen Bahnen, Teil II, Pürgen 2000, S. 297: S. 91

Ritzau, H. J.: Katastrophen der deutschen Bahnen, Teil II, Pürgen 2000; S. 300: S. 106

Ritzau, H. J.: Katastrophen der deutschen Bahnen, Teil II, Pürgen 2000. S. 308: S. 112

Sammlung Prof. Geserick: S. 34, 53, 93, 102 a, 200, 201

Sammlung Prof. Wirth: S. 80, 129

Schmitz, F.: Flughafen Tempelhof, Berlin 1997, S. 46: S. 20

Thorwald, J.: Das Jahrhundert der Detektive, Bd. I, München 1975, nach S. 64: S. 82

Untersuchungsbericht der Bundesstelle für Flugunfalluntersuchung: S. 26